U0376100

现代蔬菜
病虫害
防治丛书

瓜类蔬菜
病虫害诊治原色图鉴

高振江　吕佩珂　高 娃　主编

第三版

化学工业出版社

·北 京·

内容简介

本书紧密围绕瓜类蔬菜生产需要，针对生产上可能遇到的大多数病虫害，包括不断出现的新病虫害，不仅提供了可靠的传统防治方法，也挖掘了不少新的、现代的防治方法。本书图文并茂，介绍了黄瓜、西葫芦、苦瓜、南瓜等13类瓜类蔬菜常发生的284种病害、35种虫害，按不同地域，分析了病因、病原的生活史与生活习性、为害症状与特点、分布与寄主、传播途径和发病条件，给出了行之有效的生物、物理、化学防治方法，并给出了宏观的症状特写照片、病原生物各期照片，便于读者准确识别病虫害，做到有效防治。本书内容科学、实用、通俗，可作为各地家庭农场、蔬菜基地、农家书屋、农业技术服务部门参考书，指导现代瓜类蔬菜生产。

图书在版编目（CIP）数据

瓜类蔬菜病虫害诊治原色图鉴 / 高振江，吕佩珂，高娃主编. —3版. —北京：化学工业出版社，2024.6
（现代蔬菜病虫害防治丛书）
ISBN 978-7-122-45198-9

Ⅰ.①瓜… Ⅱ.①高…②吕…③高… Ⅲ.①瓜类蔬菜-病虫害防治-图谱 Ⅳ.①S436.42-64

中国国家版本馆CIP数据核字（2024）第049403号

责任编辑：李　丽　　　　　　　加工编辑：赵爱萍
责任校对：李雨晴　　　　　　　装帧设计：关　飞

出版发行：化学工业出版社
　　　　　（北京市东城区青年湖南街13号　邮政编码100011）
印　　装：河北京平诚乾印刷有限公司
850mm×1168mm　1/32　印张9¼　字数328千字
2024年5月北京第3版第1次印刷

购书咨询：010-64518888　　　售后服务：010-64518899
网　　址：http://www.cip.com.cn
凡购买本书，如有缺损质量问题，本社销售中心负责调换。

定　　价：59.90元　　　　　　　　版权所有　违者必究

编写人员名单

主　　编　高振江　吕佩珂　高　娃

副 主 编　苏慧兰　刘　丹　郑于莉

参 编 人　李秀英　王亮明　潘子旺

　　　　　高　翔　董晓菲

前言

近年来，随着全国经济转型发展，我国蔬菜产业发展迅速，蔬菜种植规模不断扩大，对加快全国现代农业和社会主义新农村建设具有重要意义。据中华人民共和国农业农村部统计，2018 年，我国蔬菜种植面积达 $2.4 \times 10^7 hm^2$，总产量 $7.03 \times 10^8 t$，同比增长 1.7%，我国蔬菜产量随着播种面积的扩张，保持平稳的增长趋势，2016 ~ 2021 年全国蔬菜产量复合增长率 2.18%，蔬菜产量和增长率均居世界第一位。目前，全国蔬菜播种面积约占农作物总播种面积的 1/10，产值占种植业总产值的 1/3，蔬菜生产成为了农民收入的主要来源。

2015 年，中华人民共和国农业部启动农药使用量零增长行动，同年 10 月 1 日，被称为"史上最严食品安全法"的《中华人民共和国食品安全法》正式实施；2017 年国务院修订《农药管理条例》并开始实施，一系列法规的出台，敲响了合理使用农药的警钟。

编者于 2017 年出版了"现代蔬菜病虫害防治丛书"（第二版），如今已有七年之久。与现如今的蔬菜病虫害种类和其防治技术相比较，内容不够全、不够新！为适应中国现代蔬菜生产对防治病虫害的新需要，编者对"现代蔬菜病虫害防治丛书"进行了全面修订。修订版保持原丛书的框架，增补了病例和病虫害。

本书结合中国现代蔬菜生产特点，重点介绍两方面新的关键技术：

一是强调科学用药。全书采用一大批确有实效的新杀虫杀菌剂、植物生长剂、复配剂，指导性强，效果好。推荐使用的农药种类均通过"中国农药信息网"核对，给出农药使用种类和剂型。针对部分蔬菜病虫害没有登记用药的情况，推荐使用其他方法进行防治。切实体现了"预防为主，综合防治"的绿色植保方针。

二是采用最新的现代技术防治蔬菜病虫害，包括商品化的抗病品种的推广，生物菌剂如枯草芽孢杆菌、生防菌的应用等，提倡生物农药结合化学农药共同防治病虫害，降低抗药性产生的同时，还可以降低农药残留，提高防治效果。

编者

2024 年 2 月

我国是世界最大的蔬菜（含瓜类）生产国和消费国。据 FAO 统计，2008 年中国蔬菜（含瓜类）收获面积 2408 万公顷 ($1hm^2=10^4m^2$)，总产量 4.577 亿吨，分占世界总量的 44.5% 和 50%。据我国农业部统计，2008 年全国蔬菜和瓜类人均占有量 503.9kg，对提高人民生活水平做出了贡献。该项产业产值达到 10730 多亿元，占种植业总产值的 38.1%；净产值 8529.83 多亿元，对全国农民人均纯收入的贡献额为 1182.48 元，占 24.84%，促进了农村经济发展与农民增收。

蔬菜病虫害是蔬菜生产中的主要生物灾害，无论是传染性病害或生理病害或害虫的为害，均直接影响蔬菜产品的产量和质量。据估算，如果没有植物保护系统的支撑，我国常年因病虫害造成的蔬菜损失率在 30% 以上，高于其他作物。此外，在防治病虫过程中不合理使用化学农药等，已成为污染生态环境、影响国民食用安全、制约我国蔬菜产业发展和出口创汇的重要问题。

本套丛书在四年前出版的《中国现代蔬菜病虫原色图鉴》的基础上，保持原图鉴的框架，增补病理和生理病害百余种，结合中国现代蔬菜生产的新特点，从五个方面加强和创新。一是育苗的革命。淘汰了几百年一直沿用的传统育苗法，采用了工厂化穴盘育苗，定植时进行药剂蘸根，不仅可防治苗期立枯病、猝倒病，还可有效地防治枯萎病、根腐病、黄萎病、根结线虫病等多种土传病害和地下害虫。二是蔬菜作为人们天天需要的副食品，集安全性、优质、营养于一体的无公害蔬菜受到每一个人的重视。随着人们对绿色食品需求不断增加，生物农药前景十分看好，在丛书中重点介绍了用我国"十一五"期间"863 计划"中大项目筛选的枯草芽孢杆菌 BAB-1 菌株防治灰霉病、叶霉病、白粉病。现在以农用抗生素为代表的中生菌素、春雷霉素、申嗪霉素、乙蒜素、井冈霉素、高效链霉素（桂林产）、新植霉素、阿维菌素等一大批生物农药应用成效显著。三是当前蔬菜生产上还离不开使用无公害的化学农药！如何做到科学合理使用农药至关重要！丛书采用了近年对我国山东、河北等蔬菜主产区的瓜类、茄果类蔬菜主要气传病害抗药性监测结果，提出了相应的防控对策，指导生产上科学用药。本书中停用了已经产生抗性的杀虫杀菌剂，全书启用了一大批确有实效的低毒的新杀虫杀菌剂及一大批成功的复配剂，指导性强，效果相当好。为我国当前生产无公害蔬菜防病灭虫所急需。四是科学性强，靠得住。我们找到一个病害时必须查出病原，经过鉴定才写在书上。五是蔬菜区域化布局进一步优化，随种植结构变化，变换防治方法。如采用轮作防治枯黄萎病，采用物理机械防治法防治一些病虫。如把黄色黏胶板放在棚室中，可诱杀有翅蚜虫、斑潜蝇、白粉虱等成虫。用蓝板可诱杀蓟马等。

本丛书始终把生产无公害蔬菜（绿色蔬菜）作为产业开发的突破口，有利于全国蔬菜质量水平不断提高。近年气候异常等温室效应不断给全国蔬菜生产带来复杂多变的新问题。本丛书针对制约我国蔬菜产业升级、农民关心的蔬菜病虫害无害化防控、国家主管部门关切和市场需求的蔬菜质量安全等问题，进一步挖掘新技术，注重解决生产中存在的实际问题。本丛书内容从五个方面加强和创新，涵盖了蔬菜生产上所能遇到的大多数病虫害，包括不断出现的新病虫害。本丛书9册介绍了176种现代蔬菜病虫害千余种，彩图2800幅和400多幅病原图，文字200万字，形式上图文并茂，科学性、实用性、通俗性强，既有传统的防治法，也挖掘了许多现代的防治技术和方法，是一套紧贴全国蔬菜生产，体现现代蔬菜生产技术的重要参考书。可作为中国进入21世纪诊断、防治病虫害指南，可供全国新建立的家庭农场、蔬菜专业合作社、全国各地农家书屋、广大菜家、农口各有关单位参考。

本丛书出版之际，邀请了中国农业科学院植物保护研究所赵廷昌研究员对全书细菌病害拉丁文学名进行了订正。对蔬菜新病害引用了李宝聚博士、李林、李惠明、石宝才等同行的研究成果和《北方蔬菜报》介绍的经验。对蔬菜叶斑病的命名采用了李宝聚建议，以利全国尽快统一，在此一并致谢。

由于防治病虫害涉及面广，技术性强，限于笔者水平，不妥之处在所难免，敬望专家、广大菜农批评指正。

编者

2013年6月

目录

一、黄瓜、水果型黄瓜病害

二、冬瓜、节瓜病害

三、南瓜、小南瓜病害

四、西葫芦、小西葫芦病害

五、飞碟西葫芦病害

六、丝瓜病害

七、苦瓜病害

八、越瓜、菜瓜病害

九、瓠瓜（瓠子、葫芦）病害

十、蛇瓜病害

十一、佛手瓜、笋瓜病害

十二、金瓜（金丝瓜）病害

附录　农药的稀释计算

参考文献

黄瓜　我国传统蔬菜。

水果型黄瓜　我国近年从国外引进的高级黄瓜新品种，具有瓜型短小、表面光滑无刺、瓜条流畅、果皮薄、心室数少、瓜码密、产量高、肉质较脆、口味偏甜等特点，相对于我国传统黄瓜而言，它的品质更好，更加适合我国人民的鲜食需要，常被称作名特优蔬菜或现代蔬菜。

从黄瓜品种发展趋势看，我国的黄瓜从有刺的大果型，向无刺小果型发展或两种果型较长时间并存。现在我国已培育出京研系列水果型黄瓜，如京研迷你1～5号。水果型黄瓜原多在现代化连栋温室中采用无土栽培法生产，引进我国以后一般栽培在塑料大棚，采用有土栽培，2022年山东省寿光市孙家集街道78个村均有种植，面积2.6万亩，品种繁多，远销日本、韩国、新加坡等国家。

黄瓜、水果型黄瓜猝倒病

北方或南方菜区育苗时，由于寒冷雨雪天气影响和管理不到位常诱发猝倒病和立枯病，造成瓜苗成片猝倒死亡。

症状　苗期露出土表的胚茎基部或中部呈水浸状，后变成黄褐色，干枯缩为线状，往往子叶尚未凋萎，幼苗即突然猝倒，致幼苗贴伏地面，有时瓜苗出土时胚轴和子叶已普遍腐烂，变褐枯死。湿度大时，病株附近长出白色棉絮状菌丝。该菌侵染果实引致绵腐病。初现水渍状斑点，后迅速扩大呈黄褐色水渍状大病斑，病健部分界明显，最后整个果实腐烂，且在病瓜外面长出一层白色茂密棉絮状菌丝。果实发病多始于脐部，也有的从伤口侵入，在其附近开始腐烂。

病原　*Pythium aphanidermatum*（Eds.）Fitzp.，称瓜果腐霉，属假菌界卵菌门腐霉属。

传播途径和发病条件　病菌以卵孢子在12～18cm表土层越冬，并在土中长期存活。翌春，遇有适宜条件萌发产生孢子囊，以游动孢子或直接长出芽管侵入寄主。此外，在土中营腐生生活的菌丝也可产生孢子囊，以游动孢子侵染瓜苗引起猝倒。田间再侵染主要因病苗上产出孢子囊及游动孢子，借灌溉水或雨水溅附到贴近地面的根茎或果实上导致更严重的损失。病菌侵入后，在皮层薄壁细胞中扩展，菌丝蔓延于细胞间或细胞内，后在病组织内形成卵孢子越冬。

黄瓜穴盘无土育苗腐霉猝倒病猝倒状

提倡采用营养钵无土育苗防治
猝倒病和立枯病

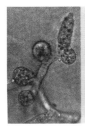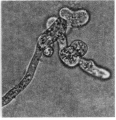

黄瓜猝倒病菌瓜果腐霉的孢子囊泡囊

穴盘育苗提倡用蘸根法补充营养或灭菌防病

防治方法　①种子进行包衣。用2.5%咯菌腈悬浮种衣剂10ml，加入35%甲霜灵拌种剂2ml，对水180ml，包衣4kg黄瓜、甜瓜等种子，能有效防治苗期猝倒病、立枯病、炭疽病等。②苗床土壤消毒。传统育苗方法的床土应选用无病新土，如用旧园土，有带菌可能，应进行苗床土壤消毒。方法为每平方米苗床用95%噁霉灵原药1g对水3000倍喷洒苗床，也可把1g噁霉灵对细土15～20kg，或54.5%噁霉·福可湿性粉剂3.5g对细土4～5kg拌匀，施药前先把苗床底水打好，且一次浇透，一般17～20cm深，水渗下后，取1/3充分拌匀的药土撒在畦面上，播种后再把其余2/3药土覆盖在种子上面，即上覆下垫。如覆土厚度不够可补撒堰土使其达到适宜厚度，这样种子夹在药土中间，防效明显。③提倡采用穴盘育苗法。营养土提前1个月堆制，要求含有机质多，用园土6份，腐熟有机肥或猪粪4份；每立方米营养土中加入腐熟鸡粪20kg、过磷酸钙1～1.5kg、草木灰8kg，充分拌匀。拌种前每立方米营养土均匀混入95%噁霉灵精品30g或54.5%噁霉·福可湿性粉剂10g或喷入营养土中拌匀装入穴盘育苗，能有效防治猝倒病，兼治立枯病和腐霉、疫霉根腐病及枯萎病。④药剂蘸根。定植时先配好激抗菌968苗宝1000倍液15kg，放在大容器中，再把穴盘整个浸入药液中蘸湿即可。⑤育苗畦（床）及时放风、降湿，即使阴天或雨雪天气也要适时适量放风排湿，严防瓜苗徒长染病。⑥果实发病重的地区，要采用高畦栽培，防止雨后积水。黄瓜定植后，前期宜少浇水，多中耕，注意及时插架，以减轻发病。⑦发病初期喷淋 30% 苯醚甲环唑·丙环唑乳油 2200 倍液，每平方米喷淋对好的药液 2 ～ 3L，或 15% 噁霉灵水剂 450 倍液或 3% 噁霉·甲霜水剂 600 倍液或 2.1% 丁子·香芹酚水剂 600 倍液。也可用 687.5g/L 氟菌·霜霉威悬浮剂 700 倍液。

黄瓜、水果型黄瓜立枯病

症状　主要为害幼苗茎基部或地下根部，病部初呈椭圆形的深褐色病斑，病苗早期白天萎蔫，夜间恢复，病部逐渐凹陷、缢缩，有的渐变为黑褐色，当病斑扩大绕茎一周时，植株干枯死亡，但不倒伏。轻病株仅见褐色凹陷病斑但不枯死。苗床湿度大时，病部可见不甚明显的淡褐色蛛丝状霉。本病不产生絮状白霉、不倒伏且病程进展慢，有别于猝倒病。

病原　*Rhizoctonia solani* Kühn，称立枯丝核菌 AG-4 丝核融合群，属真菌界担子菌门丝核菌属。其有性型为 *Thanatephorus cucumeris*，称瓜亡革菌，属担子菌门瓜亡革菌属。

传播途径和发病条件　以菌丝体和菌核在土中越冬，可在土中腐生 2 ～ 3 年。通过雨水、喷淋、带菌有机肥及农具等传播。病菌发育适温 20 ～ 24℃，刚出土的幼苗及大苗均能受害，一般多在育苗中后期发生。凡苗期床温高、土壤水分多、施用未腐熟肥料、播种过密、间苗不及时、徒长等均易诱发本病。

黄瓜立枯病典型症状

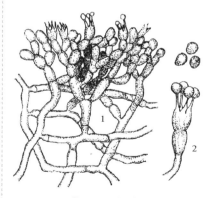

黄瓜立枯病病菌
1—菌丝；2—担子及担孢子

防治方法　①采用传统育苗方法的，每平方米苗床用 54.5% 噁霉·福可湿性粉剂 3.67 ～ 4.6g 掺入 15 ～ 20kg 细土制成药土，打足底水后将 1/3 药土作垫土，另 2/3 作盖土，把种子夹在药土之间，防效优异。②提倡采用穴盘育苗法。营养土配制：园土 6 份，腐熟有机肥 4 份，每立方米营养土中加入腐熟鸡粪 20kg、过磷酸钙 1.5kg、草木灰 8kg、54.5% 噁霉·福可湿性粉剂 10g。或 30% 苯醚甲环唑·丙环唑乳油 25ml，对水配成 2000 倍液，均匀喷入 1m³ 营养土中，装穴盘育苗，可有效地防治立枯病，兼治猝倒病、炭疽病、枯萎病等。未进行药剂处理的于发病初期喷洒 1% 申嗪霉素水剂 700 倍液或 5% 井冈霉素水剂 1500 倍液、2.1% 丁子·香芹酚水剂 600 倍液。若猝倒病与立枯病混合发生时，可用 30% 噁霉灵水剂 800 倍液喷淋，每平方米苗床用对好的药液 2 ～ 3L。

黄瓜、水果型黄瓜沤根

症状　沤根是育苗期常见病害，发生沤根时，根部不发新根或不定根，根皮发锈后腐烂，致地上部萎蔫，且容易拔起，地上部叶缘枯焦。严重时，成片干枯，似缺素症。沤根持续时间长的，土壤中腐生的茄病镰孢侵染后就会发展成镰刀菌根腐病；当土壤中腐生的腐霉菌侵染成功后，也会变成腐霉菌猝倒病或根腐病，这时由低温高湿引起的生理病害就会转化成侵染性病害。

病因　主要是地温低于 12℃，

且持续时间较长，再加上浇水过量或遇连阴雨天气，苗床温度和地温过低，瓜苗出现萎蔫，萎蔫持续时间一长，就会发生沤根。沤根后地上部子叶或真叶呈黄绿色或乳黄色，叶缘开始枯焦，严重的整叶皱缩枯焦，生长极为缓慢。在子叶期出现沤根，子叶即枯焦；在某片真叶期发生沤根，这片真叶就会枯焦，因此从地上部瓜苗表现可以判断发生沤根的时间及原因。长期处于 5 ～ 6℃低温，尤其是夜间低温，致生长点停止生长，老叶边缘逐渐变褐，致瓜苗干枯而死。

黄瓜苗期沤根症状

防治方法　①畦面要平，严防大水漫灌。②加强育苗期的地温管理，避免苗床地温过低或过湿，正确掌握放风时间及通风量大小。③采用电热线育苗，控制苗床温度在 16℃左右，一般不宜低于 12℃，使幼苗苗壮生长，千方百计地缩短低温高湿持续时间，防止转化成传染性根腐病。④发生轻微沤根后，要及时松土，提高地温，待新根长出后，再转入正常管理。⑤用 68% 精甲霜·锰锌水分散粒剂 600 倍液浸种，可提高发芽率，促发新根，增强瓜苗抗寒能力，能有效地防止沤根。⑥为了尽快恢复根系功能可喷洒甲壳素或植物动力 2003 营养液 1000 倍液。

黄瓜、水果型黄瓜苗期的13种生理病害

植物病害按照有无病原可分为侵染性病害和生理病害两种。生理病害没有侵染源，但还是有病因，是植物生理失衡引起的。我们怎样识别生理病害呢？生理病害在田间的表现常有两个特点：①大面积同时发生，全株表现同一症状，例如全田表现黄叶；②没有发病中心，不会出现逐步侵染的现象，而且当环境条件改变时可自行恢复。生产上根据这两点就可以判断出是侵染性病害还是生理病害。侵染性病害和生理病害在田间还是有很大相关性的。生理病害降低了植物对病原菌的抵抗能力和对环境的适应性，就犹如为病原菌侵染打开了门户。以黄瓜为例，冬季霜霉病大发生出现在植株长势弱、叶片薄而黄的部位。由于操作不当、浇水过大、追肥过多等原因造成的根系受伤，则很易造成根系受到病原菌侵染，造成瓜株死棵，这些情况发生较为普遍，这时生理病害也是引起侵染性病害发生的原因之一。因此正确判断生理

病害，培育健壮的植株，增强植株抗病力，对控制侵染性病害的发生意义重大。

1　黄瓜、水果型黄瓜苗期、成株期沤根和寒根

症状　ⅰ苗期沤根　黄瓜子叶期出现沤根，子叶就枯焦，在某片真叶期发生沤根，这片真叶就会枯焦，因此从地上部瓜苗的表现可以判断发生沤根的时间和原因。生产上幼苗根部根皮成锈黄色或锈褐色朽住不长或主根和须根上根毛少，会造成幼苗叶片变黄，病苗在阳光照射下萎蔫或叶片干枯脱落，重者会萎蔫而死，轻轻一提沤根苗即从苗床上被拔起，常造成幼苗成片变黄而死。

ⅱ成株期沤根　腊月初定植的黄瓜进入第二年初正结第一茬瓜，之前因气温较低怕水大伤根一直控水控冲肥，最近浇水时气温有所回升，就加大了浇水和施肥量，但地温提升慢，这次浇大水后，易引起瓜株发生沤根。低温高湿的土壤环境是造成沤根的主要原因。持续时间长受害重。

ⅲ寒根　幼苗根系停止生长，无根毛产生，但根系不腐烂、保持白色，只是幼苗矮小，叶片发黄萎蔫，持续时间长幼苗会因缺乏营养或水分而死。

病因　ⅰ沤根原因　瓜类幼苗易发生沤根。苗期幼苗遇连阴天或雨雪天气，气温下降不进行通风或浇水

过多或雨水进入苗床中，造成较长时间湿度高，温度低于12℃，光照不足易发生沤根。

ⅱ寒根原因　育苗床内地温低于根毛生长的最低温度，造成根毛不生长，若苗床内湿度高，地温低，持续时间长，寒根就会发展成沤根。

防治方法　i 苗期沤根　①采用穴盘工厂化育苗，寒根、沤根出现概率很低。②采用传统育苗的在冬春地温较低时育苗的，应采用电热线苗床或酿热物温床育苗以保持地温达标。③出现沤根或寒根时应及时松土，增加光照，提高地温、通风降湿，也可向苗床上撒一层干细土或草木灰降湿，促新根产生。

ⅱ成株期沤根　①通过提高棚内温度来提高地温。一般白天把棚温提高到30～32℃，夜温保持在15～20℃。②合理追肥促进根系再生。可选用顺藤生根剂667m² 用5kg，或激抗菌968生物菌冲施肥35kg，或顺欣全水溶性肥料5～8kg，既促进生根，又补充营养，地温提高了，根系强大了，植株长势变旺，也就不易发生成株期沤根了。

生产上一旦出现沤根，植株失水萎蔫，要坚持往瓜株上喷洒温水，缓慢通风，提高棚内湿度，缓解植株萎蔫现象。待地面稍微干燥后，要及时揭开地膜，划锄地表面，提高土壤透气性，促根系再生。

Ⅱ　黄瓜、水果型黄瓜无头苗

症状　又称封顶苗，种下去的瓜苗无芯是黄瓜育苗时较常见的一种生理病害，表现在幼苗出土或分苗后子叶张开没有生长点，有的生长点很小不生长，或生长点随幼苗未完全长出时，就逐渐萎蔫枯死，形成秃顶，但子叶肥大、浓绿色。

黄瓜无头苗

病因　①育苗时地温过高，但气温低，在育苗进程中某一段遇有低温寒冷，生长点分化受抑，不能正常发育成苗，幼苗出土子叶张开但见不着生长点。②幼苗生长前期发育正常，生长点已长出来，但其后由于低温或蹲苗时控水过度，造成生长点特小不生长。③幼苗在生长过程中生长点突然遭遇冷气流或有毒有害气体或不恰当施药造成伤害，致生长点停长或死亡。

防治方法　①先了解所种黄瓜的品种特性，育苗时满足该品种对温湿度等环境要求，创造适宜地温和湿度条件，使瓜苗健康成长。②加强育苗管理，防止苗期地温过高或过低。③遇有寒流时应提前喷洒1.4%复硝酚钠（爱多收）水剂4000～5000倍液或3.4%赤·吲乙·芸苔（碧护）

可湿性粉剂 7500 倍液。

Ⅲ　黄瓜、水果型黄瓜"闪苗"

症状　瓜苗产生"闪苗"是苗床温度较高时，突然遇到冷空气袭击，幼苗较嫩的叶片突然受害，叶片失水过多，而受到伤害，受害轻的恢复后叶片产生白干斑块，重者叶片不能复原，造成叶片干枯而死，这就是闪苗。

病因　育苗过程中突然遇到寒冷侵袭造成。

防治方法　①苗床通风时风量要由小到大，不要操之过急，要使瓜苗有个适应过程。尤其是早春瓜苗在穴盘上或苗床上的生长后期，瓜苗顶端已接近苗床上覆盖的薄膜或上午天气有云，苗床未进行通风散湿，而在中午云过日出后光照突然大增，造成畦温迅速升高，这时要突然开大风口放风，很易造成闪苗。②关键时刻要及时把薄膜向高抬，加盖苇毛或草苫等遮阳降温，同时观察天气变化，千万不要立刻进行大通风。③温室育苗通风时，应注意防止小股寒冷空气直接下降到瓜苗顶部。

黄瓜出现"闪苗"

Ⅳ　黄瓜、水果型黄瓜苗期肥害烧根

症状　黄瓜苗或定植后造成左侧一片子叶和一片真叶变黄，这是典型的鸡粪烧苗症状。幼苗的地上部叶片和地下根系逐渐变黄、萎蔫、抽缩。

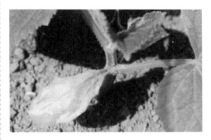

黄瓜苗左侧一片子叶变黄

病因　营养土中施用了偏多的干鸡粪，未经充分腐熟、细碎造成土壤溶液浓度偏高。

防治方法　①进行营养土配制时，掌握计算好肥料使用量，有机肥一定要充分腐熟、细碎。②苗床上可补充一些水分，降低烧根情况发生。③定植时发现干鸡粪没有发酵好，可在翻地前将发粪宝或肥力高（每667m² 用 5～6 瓶）均匀撒在粪肥上，翻地后马上浇水，10 天后即发好，达到完全腐熟，不会再烧苗，天气晴好时要适当通风。

Ⅴ　黄瓜壮苗标准和苗期子叶异常

（1）黄瓜壮苗标准　①看根，要求根白色，多而粗壮，从穴盘中拔出幼苗后基质不散坨；②看茎，要求茎秆粗壮，节间自然紧密；③看叶，要求叶色浓绿，且叶片肥厚；④无病虫害及根结线虫，叶片无损伤、无病斑，大小均匀。以上属于蔬菜壮苗的通用标准，具体到每一种蔬菜，壮苗又有一些特殊的要求。

看黄瓜苗壮不壮，先看南瓜砧木的茎！颜色越绿越好，最好是墨绿色或者黑绿色；苗茎粗壮直立，通常出厂的黄瓜嫁接苗高约 10cm，南瓜砧木茎高 6～7cm，直径 0.5cm 左右为宜；子叶完整、浓绿、肥而厚，叶柄与茎呈 45°角；真叶水平展开，色绿，比子叶颜色稍浅，株冠大而不尖。这样的苗就属于壮苗，长势强且墩实。

黄瓜苗子叶边缘下卷说明温度低

黄瓜苗子叶边缘变黄出现焦边说明苗床中
已产生有害气体

黄瓜光照不足子叶变薄，先端黄萎

购黄瓜苗时可参考上述标准，越接近这样的标准说明苗质量越好。反之，南瓜砧木茎发白、细弱，在苗盘中东倒西歪，或者茎开裂等，叶色淡黄或出现明显病斑，整盘幼苗高低参差不齐，这样的苗是坚决不能要的。

当然，由于个别南瓜砧木的品种问题，长出的子叶肉瓣颜色有所差异。目前市面上有绿瓣砧木和黄瓣砧木，绿瓣砧木的子叶颜色浓绿，卖相好，而黄瓣砧木的子叶略发黄，属品种原因，而非营养不足，卖相不如绿瓣砧木。为何黄瓣砧木依然有市场呢？据育苗厂技术员介绍，别看黄瓣砧木的子叶卖相差，但是后期结出的瓜条颜色鲜亮，产量高，而绿瓣砧木结出的瓜条色泽就稍差些。近几年，不少懂行的菜农来苗厂订苗，就专门要黄瓣砧木的黄瓜苗。

那如何鉴别南瓜砧木的子叶发黄是出于黄瓣砧木自身的品种原因，还是由于绿瓣砧木因缺乏营养而造成的黄弱苗呢？单从外表看，很难判断，发现一个窍门，那就是看葫芦头，若葫芦头的叶片、叶脉发亮，那就是黄瓣砧木，反之就是绿瓣砧木。提倡选用砧祥抗线 1 号砧木与黄瓜进行嫁接，高抗根结线虫达 95% 以上，预防死棵效果好。

（2）黄瓜子叶异常及防治方法 黄瓜子叶大而薄、呈浅绿色，或子叶向斜上方伸展，这是育苗时温度高、湿度大造成的，应采取逐渐通风、缓慢降温的措施。

①子叶边缘下卷，呈反匙状说明温度低，已严重妨碍幼苗生长。应尽快增温增加光照，促幼苗正常生长。②子叶边缘变黄或出现焦边。说明苗床里已产生有害气体，应加强放风，尽快排除有害气体。③子叶边缘向上卷，并失绿变为白色，这是育苗温室通风过快或突然降温造成的。应科学通风，加强苗床保温或适当喷施叶面肥。子叶焦枯，根系变黄腐烂。这是育苗温室地温低、湿度大。应提高地温降低湿度。④子叶变薄、先端黄萎，重者可造成部分根系糜烂。这是育苗温室光照不足，水分偏多造成的。应采取增加光照，适当通风排湿等方法。子叶尖端干燥枯黄。这是温室内缺水或穴盘中肥料过量造成的。应适量补水。⑤子叶一大一小或子叶同在一侧，这是种子本身不充实造成的，应马上拔掉。

水果型黄瓜子叶一大一小

VI　黄瓜、水果型黄瓜带帽出土

生产上经常遇到幼苗出土时种皮不脱落，夹在子叶之间，俗称"带帽"出土。造成幼苗发育缓慢形成弱苗。

病因　①点播种子时种子竖放了。②覆土厚度不够，种皮脱壳压力不够。③播种后表土过干。

黄瓜苗带帽出土

防治方法　应将种子平摆在育苗床上。露土厚度应为 0.5 ～ 1cm，药床保温。

VII　什么是正常雌花，怎样才能多形成雌花，怎样防止黄瓜有花无瓜

（1）正常雌花　在健康瓜株上发育成的雌花，小瓜条较长而下垂，长度 4cm 以上，花瓣大，花的直径在 4cm 左右，向下开入，这样的雌花，是在较弱瓜株上发育成的雌花，多横向开放，子房较小且弯曲，结出的瓜条短，前端钝圆。更弱瓜株上发育的雌花更小，有时向上开放，有时出现尖头瓜、大肚瓜、蜂腰瓜。当遇有高

温、干燥、偏施氮肥条件下易造成花芽分化异常，出现畸形雌花，易产生畸形瓜。

（2）形成正常雌花时期　黄瓜幼苗期就开始花芽分化。花芽分化初期具有两性型，也就是说，花芽可分化成雌花，也可分化成雄花。一般在黄瓜播种10天后，第1片真叶展开时，生长点内的叶芽已分化12节，第2片真叶展开时叶芽已分化14～16节，这时第3至第5节性型已确定，到第7片叶展开时，26节叶芽已分化，花芽分化到23节时，16节花芽性型已定。至于早熟品种发芽后12天第1片真叶展开时，主枝已分化出第7节，从第3节、第4节开始花芽分化。发芽后40天具有6片真叶时已分化出30节，24节开始分化出花芽，已有10～14个雌花的花芽。应设法满足多形成雌花的温度、光照、水分及瓜株体内激素含量。①温度。一般黄瓜品种都是依靠低温促进雌花分化，尤以夜温影响最大。保护地黄瓜白天25～30℃、夜间13～15℃，对雌花分化最适宜，形成的雌花多，出现雌花的节位低。若是夜间温度高，形成的雌花少而雄花多，出现雌花节位高。②光照。每天8h光照对雌花分化最好。若每天光照少于8h，易产生花打顶、化瓜等生理病害。若光照时间超过11h形成的雄花多。③水分。土壤和空气湿度大有利雌花分化。④瓜株体内激素含量高低。瓜株体内乙烯含量多，雌花多，若赤霉素含量高则雄花增加。使用乙烯利有促进雌花形成之功效。⑤空气中二氧化碳含量高有利于雌花形成。苗期施氮肥多易形成雄花。⑥严格掌握乙烯利处理浓度，高温季节用50～100mg/kg。冬春茬结果性好的黄瓜、水果型黄瓜品种可不进行乙烯利处理；每节选留1～2条瓜；水果型黄瓜可加倍，多余的及早疏掉。对于因喷乙烯利后出现雌花过多的，可通过喷赤霉素和加大肥水供应措施加以缓解。

黄瓜雌花

黄瓜有雄花无瓜

Ⅷ　黄瓜、水果型黄瓜苗期低温冷害和热害

冷害症状　黄瓜苗期遇到低温可造成沤籽或延长种子发芽及出苗时间或造成苗黄、苗弱，或出土幼苗子

叶边缘出现白边、叶片变黄或焦边、根系不烂也不长，出现沤根或寒根等，生产上遇有白天持续 6.5h 以上气温 20 ～ 25℃，夜间地温至 12℃左右时，就会出现幼苗生长缓慢、叶色浅或黄白色、叶缘枯黄等现象，当地温低于 10℃，出现雌花少、坐瓜率低，根的生长量减少。当夜温在 5℃以下时，瓜株生长停滞，幼苗萎蔫或黄萎，叶缘枯黄，不发新叶，结果少且小。当 0 ～ 5℃持续时间较长时，就会发展到伤害，多不表现局部症状，往往是不发根或花芽分化受到影响或不分化，严重时叶片呈水渍状，致叶片枯死。

黄瓜苗低温障碍子叶边缘出现白边

黄瓜苗冷害冻害

病因 ①保护地保温性差或通风量过大、过猛。②遇有寒流环境温度低于黄瓜适温，持续时间长。

防治方法 ①采用冷冻炼种，即在催芽时大部分种子的种皮开裂、少部分种子"露白"，胚根从种子发芽孔中伸出时，把种子慢慢放凉，用干净湿布包好，放入冰箱 -1 ～ -2℃的地方冷冻炼种。48h 后停止冰冻，把冻住的种子包依次放入 5℃、15℃、20℃的温水中各浸泡 30min，共 90min，然后把解冻后的种子继续催芽即成。并且在用温度计测种子包的升温、降温过程时都要缓慢进行，不能打开冰冻的种子包检查种子。②精心养护以维持黄瓜各生长阶段适宜的温度。③必要时可喷洒 0.136% 赤·吲乙·芸苔可湿性粉剂，每 667m² 用 7 ～ 14ml 喷雾。

热害症状 黄瓜幼苗生长期遇到过高温度或连续高温会出现幼苗徒长现象，子叶小、下垂，成苗期出现叶色浅，叶片大而薄不舒展，节间伸长或徒长。

黄瓜苗高温障碍子叶向下弯

病因 每年 4 月份以后随外界气温逐渐升高，保护地通风不及时，棚内温度有时可达 40 ～ 50℃，就会发生热害。

防治方法　精心养护维持黄瓜各生长阶段的适宜温度。

IX　黄瓜、水果型黄瓜出现老化苗

症状　又称僵苗、僵化苗、老头苗、小老苗等，是指黄瓜幼苗出土后生长发育迟缓，展叶慢，苗株瘦弱，节间短缩、茎秆短、叶片小、子叶或真叶变黄，新叶灰绿色，叶片增厚、皱缩，叶缘下卷，迟迟不长新叶或叶片小且厚、呈深暗绿色，幼苗脆硬无弹性；根少且小，根呈黄褐色衰弱甚至变褐色，不易发新根；定植后缓苗慢，花芽分化不正常，易落花、落果或产生花打顶或无头苗。

黄瓜老化苗

病因　①苗床土缺水过干或苗床内温度偏低，或苗床上黏重或配制苗床土的有机肥没有充分腐熟，或肥料过多或过少。②采用工厂化穴盘育苗的育苗期过长或蹲苗过度，定植地没有准备好，根系出现伤害或出现沤根、寒根或烧根等。③嫁接苗问题多，如出现嫁接口偏低或育苗厂从事嫁接的人员技术不熟练造成很多隐患。④管理不到位，温湿度条件控制

不住，花芽分化出现问题、出现徒长或旺长，造成畸形瓜多影响菜农效益。⑤采用营养钵育苗的，若浇水不及时或过干，易出现老化苗。

防治方法　①育苗质量非常重要，会影响生产全局，应对育苗厂各地应严格考核，必须达标才能进行商业育苗，不达标的必须取消，只有这样才能育出合格的嫁接苗。当前菜农要选择技术雄厚的工厂化育苗厂。②进行穴盘消毒。用40%福尔马林100倍液浸泡苗盘15～20min，育苗温室消毒后才能进行育苗，各地要制定壮苗或嫁接苗标准。育苗期要合理调控瓜苗的温、湿度及光照等环境条件，要求苗龄不要太长，育苗要控温不缺水，保持土壤湿润，发现土壤缺水时须适量浇温水。③发现瓜苗老化时，要找出老化原因，对症补救，可用4%赤霉酸乳油或水剂500～800倍液喷洒幼苗1次能诱导雌花形成，开花时再喷1次可提高坐果率。一般7天后幼苗恢复正常。④育苗时发现缺肥可在晴天上午喷洒0.2%磷酸二氢钾溶液或6%甲壳素（阿波罗963）水剂800倍液或氨基王金版叶面肥1500倍液。⑤对已严重老化的幼苗应淘汰不用。

X　黄瓜、水果型黄瓜徒长

设施栽培的瓜类蔬菜徒长十分普遍，有的甚至达到了疯狂的程度，出现光长秧不结果现象。

症状　瓜类蔬菜的生长，分为营养生长和生殖生长，营养生长就是

根、茎、叶的生长，生殖生长就是花和果实的生长，营养生长是生殖生长的基础，只有两者达到平衡，瓜株长势健壮，才能结出更多果实，但是营养生长过旺，出现叶片肥大，生长快，这就形成了徒长株，凡是徒长的瓜株，其同化的物资都会运送到茎端生长点和嫩芽中去，只有少部分运转到果实中，造成徒长株产量低，一般产量会减少20%左右。

黄瓜苗期徒长

病因 形成徒长的原因：①浇水过多，土壤湿度、空气湿度过大，是造成徒长的首要因素。②冬季和阴雨天多光照弱，再加上湿度大，很容易发生徒长。③瓜类生长适温为20～30℃，昼夜温差10℃左右，棚内温度高于生长适温，尤其是夜温高，昼夜温差小，容易发生徒长。④施肥不当，过早追肥，氮肥使用过多，前期生长过快，叶片肥大，抑制了生殖生长出现徒长株。⑤苗龄小，小苗定植比大苗定植更易徒长。采用穴盘育苗，苗龄3～4片叶时就定植，定植后未加控制很容易出现生长过快。⑥密度大，苗期播种过密，秧苗营养面积小，长势弱，出现高脚苗。⑦生长期管理问题，苗期和定植后结瓜前是徒长的危险期，浇水早、蹲苗时间短等会使茎叶长势快，有的大棚控制不好浇水时间年年发生病秧，被戏称病秧王。⑧使用品种不对，早熟品种不易徒长，晚熟品种长势旺易徒长。

防治方法 ①选用适宜的品种。大棚冬春茬应选早熟叶稀品种。②培育或购买大龄壮苗。瓜类幼苗出苗后两片子叶展开是最易徒长的时期，出苗前保持25～30℃高温、高湿环境，大部分幼苗出土后，马上揭去地膜降温散湿，温度降到20～25℃，覆盖1次草木灰或干沙土降湿，早揭晚盖草苫，延长见光时间，分苗后加大营养钵之间距离，定植前瓜类达到4～5片叶子，穴盘育苗用50孔或32孔穴盘培育大龄苗。③严把浇水关，水分大小是控制徒长的最关键因素。秋冬季光照弱，浇水早特易徒长。冬春茬多在定植前浇透水，定植时浇小水，缓苗水也不可过大，坐果前控制浇水，不旱不浇水，确实干旱时可浇一次小水。④调节好温度。缓苗后中耕蹲苗，降低温度，而温度22℃时放小风，使棚温保持在20～22℃，温度过高要延长放风时间，使夜温保持在10～12℃，加大昼夜温差。⑤增加光照时间，选透光好的无滴膜。必要时用反光幕补光。⑥合理施肥。少施氮肥，提倡氮磷钾、中微量元素配方施肥。⑦调整植株长势，黄瓜宜采用"S"形吊蔓，提倡采用弯头控旺法，黄瓜秧出现徒长时坐住的瓜出现生长缓慢或产生萎缩凋谢化瓜时，可把生长旺盛的秧头弯下来，使黄瓜生长点向下，削弱其顶端优势，促使营养向小黄瓜上输送，减弱顶端优势达到控旺目的。⑧勤中耕，覆膜，抑制地表根系生长，促根系向下深扎，一般在定植后15天左右覆膜，可使地温提高2～5℃，使棚温达到22～28℃，保温、保湿、防徒长效果好。

XI　水果型黄瓜（小黄瓜）、黄瓜化瓜

症状　小黄瓜、黄瓜雌花开败后，没有受精，小瓜条不继续生长膨大，其前端变黄而萎蔫，最后脱落。

水果型黄瓜化瓜

病因　①选用的品种不对，应选用单性结瓜能力强的黄瓜品种。②低温季节温度偏低，每日光照时数达不到8h，形成了较多的雌花。③进入结瓜期后白天温度达不到20℃，夜间达不到10℃，或连续多日夜温高于18℃，或遇高温开花授粉受抑，或浇水追肥不及时，或土壤含水量过高、过低或水温偏低等。④大棚内长期光照不足。⑤种植过密，出现徒长。⑥结瓜初期未及时摘瓜，出现养分不足或产生"跳节"现象，即不少瓜节上有小瓜而化瓜，不能节节有瓜。⑦棚室栽培时未能据天气变化调节瓜株上的小瓜数量。

防治方法　①冬、春季栽培的黄瓜、小黄瓜一定要选择耐低温、弱光的品种。②棚室育苗或栽培要采取保温增光措施，把温、湿度调控在适宜范围内，上午多见光。③进入结瓜期后应及时追肥、浇水使水温要达标。可冲施速藤新秀、果丽达、顺欣大量元素水溶肥，或喷洒含氨基酸叶面肥氨基王金版1400倍液，或氨基酸油质叶面肥光合动力600倍液，提高叶片光合作用，养根护叶。④注重先养棵减少留瓜数量，防止化瓜。⑤黄瓜开花期喷洒4%赤霉酸乳油400～800倍液促进坐果。⑥黄瓜在开花当天或前1天用0.1%氯吡脲（坐瓜灵）可溶液剂50～100倍液喷洒或涂抹瓜胎、瓜柄能防止化瓜、提高坐果率。当花期遇低温、阴雨光照不足，开花受精不良时，喷洒植物生长调节剂（植物激素），可以促进植物结果，使果实增大，现在社会上很多人不敢吃用了激素的瓜类、茄果类，为这种事北京晚报记者访问了中国农业大学农学院的食品专家。专家解释说，植物生长调节剂跟人体的激素调节系统完全不是一个概念，并且它们在植株体内以及自然条件下都会发生降解。研究表明：用浓度为30mg/kg的氯吡脲浸泡幼果30

天后，氯吡脲在西瓜上的残留浓度低于 0.005mg/kg，远远低于国家规定的残留标准 0.01mg/kg，正常适量食用用过植物激素的黄瓜、西瓜、甜瓜、番茄等对人体是无害的。

XII 黄瓜、水果型黄瓜根系不往下扎

症状 黄瓜幼苗出土后常出现新根不往下扎，土层表面能看见白色的根。有时幼苗进行分苗也常出现较长时间不发新根而出现死苗的现象。

黄瓜根系不往下扎

病因 ①播种后覆土厚度不够，覆土浅的遇上苗床地湿偏低或苗床下层土壤湿度过大或苗床底层很坚硬，都常造成瓜根不往下扎。②分苗畦准备不充分，现分苗现做畦，地温提不上来，或雨水漏进苗床，或分苗后浇水过多，或遇寒流或雨雪侵袭均不利于地温提高，出现床温过低都会造成根系不往下扎。③采用现代工厂化育苗的，定植偏晚或准备不充分或幼苗蘸根时天气不给力都会影响幼苗扎根的深度。

防治方法 ①选择大的正规的育苗工厂进行育苗，提前准备好定植地，做到适时播种、适时定植，定植前及时用激抗菌 968 蘸根宝进行蘸根。定植时穴施激抗菌 968 壮苗棵不死。②采用传统育苗的发现幼苗新根不往下扎，对症采取及时覆土或提高地温或进行松土配合通风降湿，改善幼苗生长条件。③改平畦为起垄定植。可增强土壤透气性，为根系生长发育提供所需要的氧气。定植时穴施生物菌肥刺激根系生长，促其生根。生物菌肥可选速改 1 号或窝里壮。夏季温度高时，定植后要注意遮阳，降低棚内温度，适当控水促进根系下扎。发现分苗后根不往土层下扎，可及时划锄，增加光照，夜间保温，也可往苗床内撒一层细干土，适时放风，进行通风降温。④促进黄瓜根系快速下扎条件：苗子根系要发达，土壤要疏松，地温要适宜，地力要肥沃，浇水要适当，苗期要适度干燥争取多划锄。此外还可浇灌 50% 嘧菌酯（阿米西达）水分散粒剂 2500 倍液或每桶对好的药液中加 1% 萘乙酸 5ml 灌根。对生根壮苗、增加雌花效果明显。

XIII 黄瓜、水果型黄瓜幼苗嫁接口腐烂

症状 黄瓜等瓜类蔬菜为防治枯萎病、根腐病等，已采用嫁接进行防治，为此每棵植株上都有个嫁接口。虽说这个嫁接口已愈合，但毕竟是瓜株上的一块伤疤，是瓜株上的一个薄弱部位，近年嫁接口出现问题的很多，如嫁接口上面有一段发生腐烂。

黄瓜嫁接口腐烂

病因　①嫁接伤口愈合不好，原因有砧木苗龄过小或过大，切口长度或深度不够，致接口处愈合面小，或伤口处被水或土污染，不愈合，或嫁接伤口处没有夹好，都会造成嫁接口上有一段腐烂，或导致嫁接苗萎蔫死亡。②有的嫁接口长出新芽、不定根，影响嫁接效果和嫁接苗的成活率，有的出现僵小苗。③嫁接伤口处膨大。④嫁接口处上粗下细或上细下粗。⑤嫁接苗根系腐烂。⑥细菌感染。由于嫁接口处幼苗处在高温弱光塑料膜覆盖下，有水滴时，非常适合细菌腐生，加上幼苗有伤口细菌乘机侵入引发软腐病。⑦切口处没有长好，使上下养分输送不畅，造成刀口处膨大鼓起，切伤口时动作要稳、要快，无论如何，确保一次成形，刀口处不要起伏不平才能愈合。

防治方法　①嫁接口的位置不能过低，以免与土壤接触感染土传病等，一般不能低于5cm。采用靠接的在南瓜砧木5cm处切嫁接口，采用顶接的在南瓜苗长到5cm时开始嫁接。②定植不要过深，否则发根慢，不利缓苗。易造成嫁接口与土壤接触感染上土传病害，失去嫁接意义。提倡采用起垄的方法可防止水淹。工厂化育出的瓜苗嫁接口偏低，更不能定植深了。瓜株茎基部的地膜破口要用土压严。防止湿气从破口处钻出，尽量保持干燥。③嫁接应在紫外光灭菌的操作箱里进行无菌操作。④出现真菌感染时应及时喷洒或涂抹75%百菌清800倍液或50%甲基硫菌灵1000溶液加水调成糊状，用刷子蘸药液涂秆和嫁接口，能有效防止病菌入侵。⑤出现细菌感染时嫁接口上边有一段腐烂，发臭发黏时，是果胶杆菌属细菌感染，喷洒或涂抹3%中生菌素水剂600倍液或72%农用高效链霉素2000倍液。⑥冬春茬黄瓜生长期长，又是连作连茬，要提高冬春茬黄瓜抗枯萎病的能力，提高接穗黄瓜的抗病性和耐低温性能力，现在嫁接的砧木已由前几年的黑籽南瓜为主变成了从国外引进的白籽或浅黄籽南瓜品种，如南砧1号、津绿砧、火凤凰等，其长势好于黑籽南瓜，嫁接出来的黄瓜瓜条亮、顺直，商品性好，植株抗枯萎病能力强。缺点是耐低温性能略差。

黄瓜、水果型黄瓜镰孢枯萎病

症状　开花结果后陆续发病，被害株最初表现为部分叶片或植株的一侧叶片，中午萎蔫下垂，似缺水状，但萎蔫叶早晚恢复，后萎蔫叶片不断增多，逐渐遍及全株，致整株枯死。主蔓基部纵裂，纵切病茎可见维管束变褐。湿度大时，病部表面现白色或粉红色霉状物，即病原菌子实体。有时病部溢出少许琥珀色胶质物。幼苗染病，子叶先变黄、萎蔫或全株枯萎，茎基部或茎部变褐缢缩或呈立枯状。

[病原]　*Fusarium oxysporum* Schlecht.，称尖孢镰孢。异名为 *Fusarium oxysporum* Schl. f. sp. *cucumerinum* Owen.，称尖镰孢菌黄瓜专化型，我国的是 4 号小种，属真菌界子囊菌门镰刀菌属。据报道，此菌有生理分化，但国内各地多为同一菌系。尖镰孢菌黄瓜专化型，强侵染黄瓜，弱侵染西瓜和甜瓜。

[传播途径和发病条件]　黄瓜枯萎病病茎 100% 带菌，病菌通过导管从病茎向果梗蔓延到达果实，由果梗进入果实后随果实腐烂扩展到种子上，致种子带菌。播种带菌的种子，苗期即染病。此外，病菌还可以菌丝体、厚垣孢子或菌核在土壤和未腐熟的带菌有机肥中越冬，成为翌年初侵染源。病菌从根部伤口或根毛顶端细胞间侵入，后进入维管束在导管内发育堵塞导管，引起寄主中毒，使瓜叶迅速萎蔫。地上部的重复侵染主要通过整枝或绑蔓引起的伤口而致。该病发生程度取决于当年的侵染量。水果型黄瓜喜湿怕涝，忌湿冷条件，适宜的空气相对湿度：苗期低成株高，夜间低白天高，高限为 85% ～ 90%，低限为 60% ～ 70%。生产上相对湿度高于 75%，放风不及时易发病。空气相

黄瓜枯萎病病株萎蔫状

黄瓜枯萎病被害茎在潮湿条件下出现霉层（李明远）

水果型黄瓜枯萎病病根颈部产生纵裂

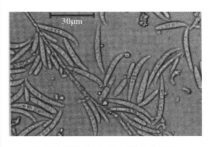

黄瓜镰孢枯萎病菌大型分生孢子

对湿度90%以上易感病。病菌发育和侵染适温24～25℃，最高34℃，最低4℃；土温15℃时潜育期15天，20℃时9～10天，25～30℃时4～6天，适宜pH值4.5～6。调查表明：秧苗老化、连作、有机肥不腐熟、土壤过分干旱或质地黏重的酸性土是引起该病发生的主要条件。第1批瓜采摘前3～4天发病重。

防治方法　农业防治为主，药剂防治为辅。①选用抗病品种。黄瓜品种间对枯萎病的抗性差异明显。黄瓜抗枯萎病品种有博美507、津优36、博美16-1、盛秋1号、津绿1号、津绿21-16号、新春5号、2008、中农8号、中农9号、中农15号、中农16号、中农19号、朝优3号、北京203、甘丰8号、新泰密刺、津优11号、津优12号、津优20号、津优30号、津优31号、津优32号、津旺1号、津旺12号、津旺6号、津旺11号、津旺30号、保护地2号。水果型黄瓜抗枯萎病品种有戴多星、MK160、壮瓜、春光2号、翠秀、碧玉、康德、拉迪特、夏多星、中农19号、2186、世纪、春天1号、春天5号、维娃等。②种植黄瓜、水果型黄瓜提倡采用穴盘育苗。③选择5年以上未种过瓜类蔬菜的土地种植，或与其他蔬菜实行轮作。④提倡利用氰氨化钙进行高温、高湿闷棚。方法见黄瓜、水果型黄瓜疫霉根腐病。⑤嫁接防病。利用南瓜对尖镰孢菌黄瓜专化型免疫的特点，选择云南黑籽南瓜或南砧1号作砧木，取

计划选用的黄瓜品种作接穗，采用靠接或插接法，进行嫁接后置于塑料棚中保温、保湿，白天控温28℃，夜间15℃，相对湿度90%左右，经半个月成活后，转为正常管理。采用靠接法的，成活后要把黄瓜根切断，定植时埋土深度掌握在接口之下，以确保防效。水果型黄瓜用云南黑籽南瓜作砧木，戴多星为接穗，采用靠接法进行嫁接。⑥加强管理，先把瓜株长势调整好，有经验的可用根瓜，瓜条长到7cm时，据瓜株长势调整，若瓜株茎叶细弱，叶片薄的要及时摘除，若瓜株节间较长，瓜株有徒长迹象的可继续保留。至于留条数量，春节期间留瓜不宜多，防止抑制茎叶生长，一般每株只留3条瓜（一条将要长成的，一条半大瓜，一条雌花刚开放的瓜），以后天气渐暖按2叶1瓜，天气再暖，日照变长，可按5片叶留3条瓜，可保持连续坐瓜。并特别注意补充肥水，保持瓜株营养生长和生殖生长齐头并进的势头，追施氮磷钾含量高的全水溶肥料，如顺欣、芳润等利于黄瓜吸收的水溶肥，前期用平衡型，坐果后用高钾型，钾也不要太多，必要时平衡型和高钾型交替冲施，也可叶面喷施氨基酸、甲壳素、海藻酸等叶面肥，促叶片吸收，做到供果供棵同时抓，营养供应就平衡了，抗病力才强。⑦药剂防治。a.种子处理，干种子用2.5%咯菌腈悬浮种衣剂包衣，使用剂量为黄瓜干种子重量的0.45%，包衣后晾干播种。采用穴盘育苗。b.消毒土壤，生长田定

植前每 667m² 用 50% 多菌灵可湿性粉剂 2～3kg 拌细土 30kg 撒入定植穴内。c. 药剂蘸根，黄瓜定植时先把 2.5% 咯菌腈悬浮剂 1000 倍液配好，取 15kg 放入长方形容器内，再将已育好黄瓜苗的穴盘整个浸入药液中，把根部蘸湿灭菌。d. 药剂灌根，发病初期单用 2.5% 咯菌腈（适乐时）悬浮剂 1000 倍液或 2.5% 咯菌腈悬浮剂 100 倍液混 50% 多菌灵可湿性粉剂 600 倍液或 2.5% 咯菌腈可溶液剂 1000 倍液混 68% 精甲霜·锰锌 600 倍液灌根，对枯萎病防效高。也可浇灌 25% 咪鲜胺乳油 1000 倍液或乙霉·多菌灵（多·霉威）可湿性粉剂 1000 倍液、70% 噁霉灵可湿性粉剂 1000 倍液、50% 异菌脲可湿性粉剂 1000 倍液、70% 甲基硫菌灵或 70% 多菌灵 700 倍液，隔 10 天 1 次，防治 2～3 次。e. 涂抹防治，黄瓜进入开花期后用 50% 多菌灵 50 倍液涂抹瓜株基部，10 天左右 1 次，连涂 2～3 次，防效不比灌根差。f. 试用棉隆和申嗪霉素熏蒸消毒法处理土壤防治枯萎病，具体做法参见药剂说明书。

黄瓜、水果型黄瓜蔓枯病

蔓枯病又称黑腐病，各地均有发生，侵染叶片、茎蔓和果实，是黄瓜、水果型黄瓜生产上的常发病害。

症状　叶片上病斑近圆形，有的自叶缘向内呈"V"字形，淡褐色至黄褐色，后期病斑易破碎，病斑轮纹不明显，上生许多黑色小点，即病原菌的分生孢子器，叶片上病斑直径 10～35mm，少数更大；蔓上病斑椭圆形至梭形，白色，有时溢出琥珀色的树脂胶状物，后期病茎干缩，纵裂呈乱麻状，严重时导致"蔓烂"。

病原　有性阶段为 *Didymella bryoniae*，称蔓枯亚隔孢壳，属真菌界子囊菌门亚隔孢壳属。无性态为 *Phoma cucurbitacearum*，称瓜茎点霉，属真菌界子囊菌门无性型。有性态的假囊壳埋生在寄主表皮下，散生，单生，黑色，球形或近球形，直径 94.5～98.5μm，有孔口。假囊壳内无侧丝，子囊着生在假囊壳底部，子囊束生，多为直的圆筒形至棍棒状，两侧稍屈曲。子囊大小（28.5～43）μm×（8.5～12.5）μm。子囊内有 8 个子囊孢子，子囊孢子无色，椭圆形至近纺锤形，双胞，分隔处缢缩，大小（10～20）μm×（3.5～6.5）μm。无性阶段分生孢子器球形或扁球形，顶端呈乳头状突起，有孔口，直径 52～74.5μm。分生孢子长椭圆形，无色，两端钝圆；初为单胞，后生 1 隔膜，分隔处缢缩，大小（9.25～16.4）μm×（3.3～5.2）μm。

黄瓜蔓枯病叶片症状及病斑上的小黑点（分生孢子器）

水果型黄瓜蔓枯病病蔓上的症状

【传播途径和发病条件】　主要以分生孢子器或子囊座随病残体在土中，或附在种子、架杆、温室、大棚棚架上越冬。翌年春天，产生子囊孢子和分生孢子，通过风雨及灌溉水传播，从气孔、水孔或伤口侵入。种子带菌导致子叶染病。成株由果实蒂部或果柄侵入，平均气温18～25℃，相对湿度高于85%，在黄瓜栽培75～83天后，病菌数量出现一次高

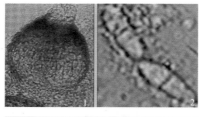

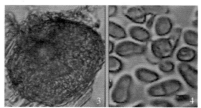

黄瓜蔓枯病菌无性型（余文英）
1—假囊壳；2—子囊孢子；
3—分生孢子器；4—分生孢子

峰，尤其是阴雨天及夜晚，子囊孢子数量大，夜间露水大或台风后水淹易发病，土壤水分高易发病，北方夏、秋季，南方春、夏季流行。此外，连作地、平畦栽培，或排水不良、密度过大、肥料不足、寄主生长衰弱则发病重。

【防治方法】　①实行2～3年轮作。②从无病株上选留种子及时清除病株，深埋或烧毁。③采用配方施肥技术，施用酵素菌沤制的堆肥或腐熟有机肥。④选用抗病品种如万青、春燕等。⑤干种子用2.5%咯菌腈悬浮种衣剂包衣，剂量为干种子重量的0.45%，包衣后晾干播种。⑥定植时先把60%唑醚·代森联水分散粒剂1500倍液配好，放入比穴盘大的容器中15kg，再把穴盘整个浸入药液中蘸透灭菌。⑦发病初期喷洒32.5%苯甲·嘧菌酯悬浮剂1500倍液混27.12%碱式硫酸铜（铜高尚）悬浮剂500倍液，或10%苯醚甲环唑水分散粒剂1500倍液混加3%中生菌素可湿性粉剂600倍液，或21%硅唑·多菌灵悬浮剂900倍液、560g/L嘧菌·百菌清悬浮剂700倍液、75%肟菌·戊唑醇水分散粒剂3000倍液、2.5%咯菌腈悬浮剂1000倍液，掌握在发病初期全田用药，隔3～4天后再防治1次，以后视病情变化决定是否用药。也可用上述杀菌剂50～100倍液涂抹病部。⑧棚室保护地用45%百菌清烟雾剂，每100m³用药25～40g，分放5～6个点，由里向外点燃，熏1夜，隔6

天 1 次，连熏 2～3 次。也可用康普润静电粉尘剂，800g/667m²，喷粉，持效 20 天。

黄瓜、水果型黄瓜霜霉病

霜霉病发生时期现已打破常规，大棚春茬、日光温室早春茬、大棚秋茬、节能日光温室秋冬茬均可发生且受害重，成为黄瓜、水果型黄瓜生产上年年发生或茬茬发生、危害颇重的常发病害。

症状　苗期、成株期均可发病。主要为害叶片。子叶被害初呈褪绿色黄斑，扩大后变黄褐色。真叶染病，叶缘或叶背面出现水浸状病斑，早晨尤为明显，病斑逐渐扩大，受叶脉限制，呈多角形淡褐色或黄褐色斑块，湿度大时叶背面或叶面长出灰黑色霉层，即病菌孢囊梗及孢子囊。后期病斑破裂或连片，致叶缘卷缩干枯，严重的田块一片枯黄。该病症状的表现与品种抗病性有关，感病品种如密刺类呈典型症状，病斑大，易连接成大块黄斑后迅速变干枯；抗病品种如津研、津杂类叶色深绿型系列，病斑小，褪绿斑持续时间长，在叶面形成圆形或多角形黄褐色斑，扩展速度慢，病斑背面霉稀疏或很少，一般较前者迟落架 7～12 天。

水果型黄瓜易感染霜霉病，受害也重，是造成水果型黄瓜落架的重要病害。

病原　*Pseudoperonospora cubensis*（Berk. et Curt.）Rostov.，称古巴假霜霉菌，属假菌界卵菌门。

传播途径和发病条件　南方或北方有温室、塑料棚地区周年均可种植黄瓜，病菌在病叶上越冬或越夏；北方冬季不种黄瓜地区，则靠季风从邻近地区把孢子囊吹去，孢子囊在温度 15～20℃、空气相对湿度高于83% 时才大量产生，且湿度越高产孢越多，叶面有水滴或水膜、持续 3h 以上，孢子囊萌发和侵入。试验表明：夜间气温由 20℃ 逐渐降到 12℃，叶面有水 6h，或夜温由 20℃ 逐渐降到 10℃，叶面有水 12h，此菌才能完成发芽和侵入。日均温 15～16℃，潜育期 5 天；17～18℃，潜育期 4 天；20～25℃，潜育期 3 天。田间始发期均温 15～16℃，流行气温 20～24℃；低于 15℃ 或高于 30℃ 发病受抑制。10℃ 温差最利于病原菌侵染、扩展和繁殖，温度 20～35℃、高湿 2h 足以导致黄瓜、水果型黄瓜霜霉病的发生。该病主要侵害功能叶片，幼嫩叶片和老叶受害少。对于一株黄瓜，该病侵入是逐渐向上扩展的。多数地区 4 月上旬开始发病，延

黄瓜霜霉病发病初期叶背的水浸状病斑（早晨或阴雨天可见）

黄瓜霜霉病发病初期症状

黄瓜霜霉病发病初期叶面现多角形黄色病斑

水果型黄瓜霜霉病发病中期叶背的
孢囊梗和孢子囊

寄生在黄瓜叶片上的古巴假霜霉菌的
孢囊梗和孢子囊

续到 4 月中下旬，有些地区水果型黄瓜茬茬发病，生产上只要棚室内出现发病条件，霜霉病随时都可发生。从点片发生到蔓延全棚仅需 5 ～ 7 天。

防治方法　①因地制宜地选用抗病品种。抗霜霉黄瓜品种有津优 36 号、津绿 1 号、津绿 2 号、津绿 21-16、绿衣天使、盛秋 1 号、博美 169、博美 16-1、博美 507、中农 12 号、中农 16 号、中农 26 号、津优 30 号、津优 31 号、津优 32 号、津旺 1 号、津旺 3 号、津旺 12 号、津旺 30 号、北京 203、亨优 402、新春 5 号、保护地 2 号、保护地 3 号、单性 1 号等。水果型黄瓜对霜霉病抗性差。国产的京乐 5 号迷你黄瓜、绿秀 1 号较抗霜霉病。②栽培无病苗，改进栽培技术。育苗温室与生产温室分开，减少苗期染病。采用电热或加温温床育苗，温度较高，湿度低，无结露，发病少；定植要选择地势高、平坦、易排水地块，采用地膜覆盖，降低棚内湿度；生产前期，尤其是定植后结瓜前应控制浇水，并改在上午进行，以降低棚内湿度；适时中耕，提高地温。③施用腐熟有机肥或有机活性肥或海藻肥；采用配方施肥技术，补施 CO_2，或黄瓜生长后期，植株汁液氮、糖含量下降时，叶面喷施 1% 尿素或 0.3% 磷酸二氢钾，或叶面施用喷施宝，每毫升对水 11 ～ 12L，可提高植株抗病力。④生态防治。采用生态防治法，上午棚温控制在 25 ～ 30℃，最高不超过 33℃，湿度降到 75%，下午温度降至 20 ~ 25℃，湿度降至 70% 左右，夜间控温在 15 ~ 20℃（下半夜最好控温在 12 ~ 13℃），实行三段或四段管理，既可满足黄瓜生长发育需要，又可有效地控制霜霉病。方法：上午，日出后使棚温迅速进入 25 ~ 30℃，湿度降到 75% 左右，有条件的早晨可排湿 0.5h，实现温、湿度双限制，抑制发病，同时满足黄瓜光合成条件，增强抗病性。下午，温度降至 20 ~ 25℃，湿度降至 70% 左右，即实现湿度单限制控制病害，温度利于光合物质的输送和转化。夜间，温、湿度交替限制控制病害，前半夜相对湿度小于 80%，温度控制在 15 ~ 20℃，利用低温限制病害，有条件的下半夜湿度大于 90%，除采取控温 10 ~ 13℃，低温限制发病，抑制黄瓜呼吸消耗外，尽量缩短叶缘吐水及叶面结露持续的时间和数量，以减少发病；夜间气温达到 10℃ 以上，日落后采用"破堂"通风加底风，通风面积为大棚面积的 1/10 左右，通风时间 1 ~ 2h；当夜间气温高于 12℃ 时，即可整夜通风；遇有阴雨天气，夜间也应通风降湿，但不宜浇水。早晨浇水后要注意把棚温提高到 30℃，维持 1.5h 左右，再放风降温排湿，然后再提温，避免湿度升高，利于控制病害。此外，采用滴灌或地膜覆盖浇暗水技术，以减少棚内结露持续时间。浇暗水后72h 内，结露持续 36h，可较浇明水减少 21h，可使由高湿引起的霜霉病明显减轻。方法是采用大小行定

植，大行 60 ~ 70cm，不走水供管理用，小行 40cm，且在其中留出 15cm 瓦垄沟，小行上覆 90cm 宽地膜，要求地膜紧贴小沟内地面，不宜有空间。浇水时，水走膜下，水渗下后膜又紧贴地面。浇水最好在晴天早晨进行，忌阴雨天浇水，要做到因时、因地看苗情及对水分的需求，确定浇水量和间隔天数，结瓜期土壤含水量以 20% ~ 25% 为宜，低于这一指标即应浇水，由于土壤水分蒸发是造成空气湿度高的主要原因，尤其浇水后连续数日饱和，是发病的重要条件。因此，浇水后马上关闭门窗，使棚温升到 33℃，持续 1h，然后迅速放风排湿，3 ~ 4h 后，如棚温低于 25℃，可再闭棚升温至 33℃，持续 1h，再放风，这样当天夜间叶面结露量及水膜面积减少 2/3，可减少发病。提倡采用高温高湿闷棚防治黄瓜霜霉病。技术关键是最佳温度为 45℃、1h 或 40℃、2h，相对湿度 80%。⑤越冬茬黄瓜栽培密度普遍都大，每 667m² 栽 3200 ~ 3600 株，立春前长势较弱，霜霉病发生较轻。进入 2 月中下旬后随气温上升，植株进入旺盛生长状态，茎蔓粗壮、叶片肥大，这时如果追肥过多施用氮肥，霜霉病很快就会发生。因此，生产上对 1 月中下旬种植密度过大的棚室，要进行适当疏秧，把过密的植株按 1/4 或 1/5 的比例进行摘心，直到现有瓜摘完，春节后拔秧。实践证明这样做的好处是春季植株长势旺，产量不减，有利于通风透光，霜

霉病发生轻。⑥温室、大棚可用臭氧防治。用 3BC-660 型温室病害臭氧防治器，臭氧浓度控制在 0.06×10^{-6}mg/kg，处理 20min，防治黄瓜霜霉病效果达 90%～100%。此方法十分有效，但必须严格控制浓度和作用时间，否则会造成全棚毁秧。⑦提倡结合浇水使用肥力钾、顺欣、灯塔等全水溶性肥料，与功能型肥料阿波罗 963 养根素、顺藤生根剂、甲壳素、生物菌肥等配合施用，以利促进根系的生长及对营养物质的吸收利用，提高根系活性，保证根系吸收的营养能满足植物生长需要。功能型肥料虽然功效显著，但不能单独连续使用，必须与全水溶肥料配施功效才能持久，否则会引起蔬菜徒长或早衰。使用水溶性肥料氮、磷、钾搭配比例为 20∶20∶20，既能促进植物营养生长，又可促进果实发育，有利培养壮棵，冲施含氨基酸、甲壳素、海藻酸的肥料及氮磷钾的复合叶面肥如乐多收、光合动力等起到以叶促根、以根养叶的良性循环，使抗病力增强。⑧药剂防治：a. 保护地棚室可选用烟雾法或粉尘法。烟雾法：在发病初期 667m^2 用 20% 锰锌·霜脲烟剂或 20% 锰锌·乙铝烟剂 250g，分放在棚内 4～5 处，用香或卷烟等暗火点燃，发烟时闭棚，熏 1 夜，次晨通风，隔 7 天熏 1 次，可单独使用，也可与粉尘法、喷雾法交替轮换使用。粉尘法：发病初期傍晚用喷粉器喷撒 5% 百菌清粉尘剂，或 5% 春雷·王铜粉尘剂，每 667m^2 每次

1kg，隔 9～11 天 1 次。提倡用康普润静电粉尘剂，667m^2 用量 800g，防效好。b. 喷洒高效杀菌剂。近年经过对山东、河北、辽宁、湖北监测发现黄瓜霜霉病菌已对甲霜灵、精甲霜灵、噁霉灵普遍产生耐药性，造成 68% 精甲霜·锰锌（金雷）水分散粒剂、64% 噁霜·锰锌（杀毒矾）可湿性粉剂、瑞毒锰锌及 25% 嘧菌酯悬浮剂防效大幅下降，现应暂时停用。改用或建议生产上用代森锰锌、丙森锌、氢氧化铜等保护剂预防发病。发病后于发病初期喷洒 0.3% 丁子香酚·72.5% 霜霉威盐酸盐 1000 倍液；或 32.5% 苯甲·嘧菌酯悬浮剂 1500 倍液混 27.12% 碱式硫酸铜 500 倍液混 68% 精甲霜·锰锌 500 倍液；或 72.2% 霜威水剂 700 倍液混 77% 氢氧化铜可湿性粉剂 700 倍液；或 100g/L 氰霜唑悬浮剂 2000～2500 倍液；或 69% 烯酰吗啉·代森锰锌（安克）可湿性粉剂 700 倍液；或 687.5% 氟吡菌胺·霜霉威（银法利）悬浮剂 700 倍液；或 52.5% 噁唑菌酮·霜脲氰（抑快净）水分散粒剂 900 倍液；或 18.7% 吡唑醚菌酯·烯酰吗啉水分散粒剂（75～125g/667m^2，对水 100kg）、250g/L 双炔酰胺悬浮剂（30～50ml/667m^2）、66% 二氰蒽醌水分散粒剂（25～30g/667m^2，对水 60～75kg 均匀喷雾），隔 10 天左右 1 次，防治 2～3 次。⑨采用微生态调控防病理论，千方百计地降低黄瓜叶面微环境的酸度，可大大减轻霜霉病的发生。

黄瓜、水果型黄瓜疫病

黄瓜、水果型黄瓜疫病在南、北方菜区常常流行成灾,近年南方露地春瓜和北方夏秋瓜及保护地栽培常造成连片死秧和烂瓜,对黄瓜、水果型黄瓜生产造成严重威胁。

症状 苗期至成株期均可染病,主要危害黄瓜、水果型黄瓜茎基部、叶及果实。幼苗染病多始于嫩尖,初呈暗绿色水渍状萎蔫,逐渐干枯呈秃尖状,不倒伏。成株发病,主要在茎基部或嫩茎节部出现暗绿色水渍状斑,后变软,显著缢缩,病部以上叶片萎蔫或全株枯死;同株上往往有几处节部受害,维管束不变色;叶片染病产生圆形或不规则形水浸状大病斑,直径可达25mm,边缘不明显,扩展迅速,干燥时呈青白色,易破裂,病斑扩展到叶柄时,叶片下垂。瓜条或其他任何部位染病,初为水浸状暗绿色,逐渐缢缩凹陷,潮湿时表面长出稀疏白霉,迅速腐烂,发出腥臭气味。

病原 *Phytophthora cryptogea* Pethybridge & Lafferty,称隐地疫霉,属假菌界卵菌门。异名为 *P. drechsleri* Tucker,称掘氏疫霉。掘氏疫霉和隐地疫霉应视为同一个种。黄瓜疫病应为隐地疫霉。中国真菌志为慎重和照顾传统习惯,目前仍保留了掘氏疫霉这个名称。

黄瓜疫病扩展后变成褐绿色

黄瓜疫病田间受害状

黄瓜疫病初发病叶叶柄、叶片上现
水渍状病变

黄瓜疫病茎部及病瓜上长出白色
菌丝、孢囊梗及孢子囊

隐地疫霉（掘氏疫霉）孢子囊及藏卵器

传播途径和发病条件　该病为土传病害，以卵孢子及厚垣孢子随病残体在土壤或粪肥中越冬，翌年条件适宜时长出孢子囊，借风、雨、灌溉水传播蔓延，寄主被侵染后，病菌在有水条件下经 4～5h 产生大量孢子囊和游动孢子。在 25～30℃下，经 24h 潜育即发病，病斑上新产生的孢子囊及其萌发后形成的游动孢子，借气流传播，进行再侵染，使病害迅速扩散。发病适温 28～30℃，在适温范围内，土壤水分是此病流行的决定因素。因此，凡雨季来临早、雨量大、雨日多的年份或浇水过多则发病早，传播蔓延快，危害也重。地势低洼、排水不良、浇水过勤的黏土地则发病重。卵孢子可在土壤中存活 5年，连作地、田园不洁及施用带病残物或未腐熟的厩肥易发病。

防治方法　①选用耐疫病品种，如保护地用中农 5 号、保护地

1 号、保护地 2 号、长春密刺等。露地选用湘黄瓜 4 号、湘黄瓜 5 号、早青 2 号、中农 1101、京旭 2 号、津杂 3 号、津杂 4 号、湘黄瓜 1 号、湘黄瓜 2 号。②嫁接防病。用云南黑籽南瓜或南砧 1 号作砧木与黄瓜嫁接，可防止疫病及枯萎病。③苗床或大棚土壤处理。每平方米苗床用 25% 甲霜灵可湿性粉剂 8g 与适量土拌匀撒在苗床上，大棚于定植前用 25% 甲霜灵可湿性粉剂 750 倍液喷淋地面。④药剂浸种。72.2% 霜霉威（普力克）水剂或 25% 甲霜灵可湿性粉剂 800 倍液浸种半小时后催芽。⑤采用配方施肥技术，同时施放二氧化碳 700～1000mg/kg，持续十几天，增强抗病力。⑥与非瓜类作物实行 5 年以上轮作，覆盖地膜，阻挡土壤中的病菌溅附到植株上，减少侵染机会。⑦加强田间管理。移栽后 7～10 天隔沟轻浇 1 次缓苗水，待根瓜 10cm 长时再浇水，如墒情好可延长到根瓜采收前浇水。黄瓜生育期浇水一定掌握隔一沟浇一沟，以浇透为宜，不要大水漫灌，下次浇水再浇另一沟，如此循环。进入严冬黄瓜用水量少，浇水过多易诱发疫病，天气以晴为主时一般 10～15 天浇 1 次水，天气忽阴忽晴可延到 15～20 天浇 1 次水。浇水一定在上午，生产上瓜秧深绿、叶片有光泽、龙头舒展说明水分合适；当卷须呈弧状下垂，叶柄、主茎之间夹角大于 45°，中午叶片有下垂，说明缺水，同时还要看土壤含水量，取地膜下 5cm 土握成

团，从 1m 高处放开，土团落地散开说明土中水分不足，然后再看天气预报，掌握在浇水后有几个晴天才能浇水。浇水当天尽量提高棚内温度，保持次日清晨达 12℃，第 2 天揭开草苫温度达到 33℃时进行通风，下午适当早关通风口，室内温度 25℃就可关闭风口，降至 20℃就要放草苫，第 3 天上午棚温上升至 32℃开始通风，第 4 天上午棚温达 31℃时通风，以后转入正常管理，此时地温已提高、减湿成功可减少疫病发生。⑧于浇水前 2 天或浇水后 3 天喷洒 50% 烯酰吗啉水分散粒剂或可湿性粉剂 1500～2000 倍液，或 20% 氟吗啉可湿性粉剂 1000 倍液、80% 烯酰吗啉水分散粒剂 2000～3000 倍液、60% 锰锌·氟吗啉可湿性粉剂 600～800 倍液、60% 唑醚·代森联水分散粒剂 2000 倍液、0.3% 丁子香酚·72.5% 霜霉威盐酸盐 1000 倍液，或 32.5% 苯甲·嘧菌酯悬浮剂 1500 倍液混 27.12% 碱式硫酸铜 500 倍液混 68% 精甲霜·锰锌 500 倍液，或 72.2% 霜霉威水剂 700 倍液混 77% 氢氧化铜可湿性粉剂 700 倍液，同时可结合浇水冲施速效有机肥，如氨基酸、腐殖酸冲施肥，一次量不要过多，每 667m² 冲施 15～20kg 加氮磷钾复合肥 15～20kg，以满足黄瓜生长的需要，提高抗疫病能力。保护地可选用康普润静电粉尘剂，667m² 用药 800g，经济有效。

黄瓜、水果型黄瓜绵腐病

症状 苗期染病，侵染幼苗的茎基部，导致幼苗猝倒。成株期染病主要危害果实，多在植株下部果实上发病，果实染病多从脐部或伤口附近出现水渍状斑点，后扩展为黄褐色水渍状大型病斑，病健部分界明显，湿度大时病部迅速扩展至半个果实，造成果实腐烂，病部长出茂密的白色棉絮状菌丝体。除侵染黄瓜外，还危害丝瓜、西瓜、瓠瓜、冬瓜、节瓜、番茄、茄子、甜（辣）椒等。北方棚室及长江以南地区发生普遍。

病原 *Pythium aphanidermatum* (Eds.) Fitzp.，称瓜果腐霉，属假菌界卵菌门腐霉属。

黄瓜绵腐病病瓜上的棉絮状厚密菌丝体

传播途径和发病条件 黄瓜与潮湿土壤中的瓜果腐霉菌接触后，条件适宜即发病。腐霉菌分泌的酶使黄瓜组织分崩离析，接种 3 天后，菌丝体在肉质组织内扩展时，可以胀破表皮，发病初期产生小片气生菌丝体，随即增大和合并为成片的生长茂密的棉絮状菌丝体。湿度大易诱发该病。

防治方法 ①苗期防治法参见黄瓜、水果型黄瓜猝倒病。②采收时要轻拿轻放，以减少伤口，尽量不与土壤接触，储运期间注意湿度不要太高，温度适当。③必要时喷洒 60%唑醚·代森联水分散粒剂 2000 倍液或 32.5%嘧菌酯·苯醚甲环唑悬浮剂 1500 倍液。

黄瓜、水果型黄瓜黑星病

症状 幼苗染病，真叶较子叶敏感，子叶上产生黄白色近圆形斑，发展后导致全叶干枯。嫩茎染病，初现水渍状暗绿色梭形斑，后变暗色，凹陷龟裂，湿度大时长出灰黑色霉层，即病菌分生孢子梗和分生孢子。卷须染病则变褐腐烂。生长点染病，经 2～3 天烂掉形成秃桩。叶片染病，初为污绿色近圆形斑点，穿孔后，孔的边缘不整齐、略皱，且具黄晕。叶柄、瓜蔓被害，病部中间凹陷，形成疮痂状，表面生灰黑色霉层。瓜条染病，初流胶，渐扩为暗绿色凹陷斑，表面长出灰黑色霉层，致病部呈疮痂状，病部停止生长，形成畸形瓜。

黄瓜黑星病病叶上的星纹状病斑

黄瓜黑星病病茎和龙头上的梭形斑及其融合状

黄瓜黑星病病瓜上溢出褐色胶质物

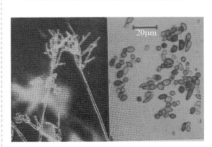

瓜枝孢分生孢子梗和分生孢子

病原 *Cladosporium cucumerinum* Ell. et Arthur，称瓜枝孢或瓜芽枝霉，属真菌界子囊菌门枝孢属。

传播途径和发病条件 以菌丝体在病残体内于田间或土壤中越冬，成为翌年初侵染源。黄瓜种子带菌，其带菌率随品种、地点而异，最高可达 37%，种子各部位带菌率以种皮为多。病菌主要从叶片、果实、茎蔓的表皮直接穿透，或从气孔和伤口侵入，潜育期随温度而异，一般棚室为 3～6 天，露地 9～10 天。该菌在相对湿度 93% 以上、均温 15～30℃ 较易产生分生孢子，相对湿度 100% 时产孢最多。分生孢子在 5～30℃ 均可萌发，适宜萌发的条件是温度 15～25℃，并要求有水滴和营养。当棚内最低温度超过 10℃，相对湿度从下午 6 时到次日 10 时均高于 90%，棚顶及植株叶面结露，是该病发生和流行的重要条件。露地该病发生与降雨量和降雨天数多少有关。如遇降雨量大、次数多，田间湿度大及连续冷凉条件则发病重。

防治方法 ①选用抗病品种，如津优 31 号、津优 32 号、中农 13 号、中农 11 号、中农 8 号、中农 15 号、中农 201、中农 202、春光 2 号、青杂 1 号、青杂 2 号、津春 3 号、白头霜、吉杂 2 号、银刺、圆丰园 6 号等。水果型黄瓜中戴多星和从荷兰引进的 MK160 及国产的中农 19 号、春光 2 号、京乐 5 号迷你黄瓜等抗黑星病。②选留无病种子，做到从无病棚、无病株上留种，采用冰冻滤纸法检验种子是否带菌。③温汤或药剂浸种。55～60℃ 恒温浸种 15min，或 50% 多菌灵可湿性粉剂 500 倍液浸种 20min 后冲净再催芽，或用 0.3% 的 50% 多菌灵可湿性粉剂拌种，均可取得良好的杀菌效果。④覆盖地膜，采用滴灌等节水技术，轮作倒茬，重病棚（田）应与非瓜类作物进行轮作。⑤熏蒸消毒。温室、塑料棚定植前 10 天，每 55m³ 空间用硫黄粉 0.13kg、锯末 0.25kg 混合后分放数处，点燃后密闭大棚，熏 1 夜。⑥加强栽培管理。尤其定植后至结瓜期控制浇水十分重要。保护地栽培，尽可能采用生态防治，尤其要注意温、湿度管理，采用放风排湿、控制灌水等措施降低棚内湿度，减少叶面结露，抑制病菌萌发和侵入，白天控温 28～30℃，夜间 15℃，相对湿度低于 90%。中温低湿棚平均温度 21～25℃，或控制大棚湿度高于 90% 不超过 8h，可减轻发病。提倡使用高温、高湿闷杀控制黄瓜黑星病的技术。高温高湿防治黄瓜黑星病的最佳温湿度为 45℃·1h 或 40℃·2h，相对湿度 80%。⑦用粉尘法或烟雾法施药。于发病初期开始用喷粉器喷撒 10% 多百粉尘剂或 5% 防黑星粉尘剂 1kg/（667m²·次），或施用 45% 百菌清烟剂 200g/（667m²·次），连续防治 3～4 次。⑧药剂防治。首选 5% 亚胺唑（霉能灵）可湿性粉剂 2000 倍液或 1.5% 噻霉酮（金霉唑）水乳剂 1000 倍液或 12% 腈菌唑（冠信）乳油 2000 倍液，腈菌唑半衰期 66 天，每个生长季节用 1 次即可，不可长期连续使用。40% 氟硅唑（福星）乳油 6000～8000 倍液，对瓜类黑星病防效高。氟硅唑间隔期 10 天以上，苯醚甲环唑（世高）水分散粒剂 1000～1500 倍液，持效期保持在 7 天以上。大多三唑类药剂使用浓度应严格控制，每个生长季使用次数不得超过 2 次。

黄瓜、水果型黄瓜灰霉病

症状　主要危害幼瓜、叶、茎。病菌多从开败的雌花侵入，致花瓣腐烂，并长出淡灰褐色的霉层，进而向幼瓜扩展，致脐部呈水渍状，幼花迅速变软、萎缩、腐烂，表面密生霉层。较大的瓜被害时，组织先变黄并生灰霉，后霉层变为淡灰色，被害瓜受害部位停止生长、腐烂或脱落。叶片一般由脱落的烂花或病卷须附着在叶面引起发病，形成直径 20 ～ 50mm 的大型病斑，近圆形或不规则形，边缘明显，表面着生少量

黄瓜灰霉病病花及成长幼瓜上的灰霉

脱落的病花引起叶片发生灰霉病
产生的轮纹斑

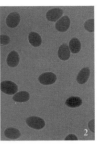

黄瓜灰葡萄孢的形态（张静）
1—分生孢子梗；2—分生孢子

灰霉。烂瓜或烂花附着在茎上时，能引起茎部腐烂，严重时下部的节腐烂致蔓折断，植株枯死。

病原　*Botrytis cinerea* Pers. : Fr.，称灰葡萄孢，属真菌界子囊菌门葡萄孢核盘菌属。

传播途径和发病条件　病菌以菌丝或分生孢子及菌核附着在病残体上，或遗留在土壤中越冬。越冬的分生孢子和从其他菜田汇集来的灰霉菌分生孢子随气流、雨水及农事操作进行传播蔓延，黄瓜结瓜期是该病侵染和烂瓜的高峰期。病菌先侵染开放的花，长出灰褐色霉层，后侵入瓜条和茎秆，病花落在叶片上引起叶片发病。

本菌发育适温 18 ～ 23℃，最高 30 ～ 32℃，最低 4℃，适宜湿度为持续 90% 以上的高湿条件。春季连阴天多，气温不高，棚内湿度大，结露持续时间长，放风不及时，发病重。近年越冬栽培的黄瓜、水果型黄瓜灰霉病发生普遍且严重，进入 11 月或 12 月以后，大雾持续时间长，

灰霉病发生严重。棚温高于31℃，孢子萌发速度趋缓，产孢量下降，病情不扩展。黄瓜进入初冬结瓜期是侵染和发病高峰期，病瓜上产生的分生孢子随气流传播，可进行多次再侵染。浇水或田间农事操作都会传播病菌。灰霉病发病适温20℃左右，低于15℃或高于25℃发病轻。温度低于4℃或高于30℃则病害停止扩展。生产上在光照不足的深冬或早春，遇有连阴雨雪大雾天气，空气湿度大，温度低，结露时间长，就会造成该病的大流行，苗期和花器很易感病。

[防治方法] ①栽培措施和生态防治。棚内温度高于25℃发病轻，30℃以上不发病，据此提高白天棚内温度就能抑制该病扩展。及时放风和盖地膜可降低田间空气湿度，减少结露时间，控制病菌的侵染。黄瓜结瓜期抗病力下降是该病侵染的另一因素，这时叶面喷施磷酸二氢钾＋芸薹素内酯可提高抗病力。②发病初期喷洒BAB-1枯草芽孢杆菌菌株发酵液，桶混液含有0.5亿芽胞/ml，对黄瓜灰霉病防效达81%～94%。发现病叶、病花、病果，及时剪除并装入小塑料袋中携出田外，可减少田间菌源。需要蘸花时，可在蘸花药中加入咯菌腈与异菌脲1000倍液，可兼防病害的发生。③药剂防治。采用烟雾法或粉尘法预防，每667m²用10%腐霉利烟雾剂250g或45%百菌清烟雾剂250g，于傍晚盖草苫后熏1夜，第2天拉草苫后及时放风。粉尘法，用10%百菌清粉尘剂于早晨用喷粉机把250g粉尘剂喷在667m²黄瓜上，用药后闭棚2～3h再放风。也可用康普润静电粉尘剂，667m²用药800g，持效20天。喷雾法，经过10多年耐药性监测发现，山东、河北主菜区灰霉菌已对多菌灵、腐霉利、异菌脲、嘧霉胺普遍产生耐药性。生产上不要再用上述4种杀菌剂防治灰霉病。建议选用75%肟菌·戊唑醇水分散粒剂3000倍液、50%啶酰菌胺（烟酰胺）水分散粒剂1200～1500倍液、41%聚砹·嘧霉胺水剂800倍液、2.1%丁子·香芹酚水剂600倍液、25%啶菌噁唑乳油1000倍液、60%唑醚·代森联水分散粒剂1500倍液混50%啶酰菌胺水分散粒剂1200倍液，也可选用50%啶酰菌胺水分散粒剂1000倍液混50%异菌脲1000倍液或50%咯菌腈可湿性粉剂5000倍液混50%异菌脲1000倍液混27.12%碱式硫酸铜500倍液。几种杀菌剂轮换交替使用。④用微生态调控防病理论防治灰霉病。在保护地高湿条件下，叶面浸出物中糖等营养物质含量增高，叶片细胞壁木质素、酚类物质等抗病物质含量减少，使叶片趋于感病。但叶面微环境中的半胱氨酸、甲硫氨酸能够抑制黄瓜灰霉病、霜霉病、黑星病的发生，偏酸环境可（pH值4.2～6.2）促进孢子萌发和致病力增强，而偏碱环境（pH值7.5～10.4）则明显抑制发病，生产上应千方百计地降低叶面微环境的酸度，可大大减轻灰霉病的发生。⑤提倡用等离子体种子处理技术。⑥棚室

发病初期提倡采用 3BC-660 型温室病害臭氧防治器，用法参见黄瓜霜霉病。

黄瓜、水果型黄瓜炭疽病

近几年来炭疽病发生较少，但 2012 年春季山东、河北等地突然暴发成灾。由原来的次要病害，上升为主要病害。危害很严重。

症状 苗期到成株期均可发病，幼苗发病，多在子叶边缘出现半椭圆形淡褐色病斑，上生橙黄色点状胶质物，即病原菌的分生孢子盘和分生孢子。重者幼苗近地面茎基部变黄褐色，逐渐缢缩，致幼苗折倒。叶片上病斑近圆形，直径 4～18mm，棚室湿度大，病斑呈淡灰至红褐色，略呈湿润状，严重的叶片干枯。在高温或低温条件下，症状常具不同表现型，易与叶斑病混淆。主蔓及叶柄上病斑椭圆形，黄褐色，稍凹陷，严重时病斑连接，包围主蔓，致植株部分或全部枯死。瓜条染病，病斑近圆形，初呈淡绿色，后为黄褐色或暗褐色，病部稍凹陷，表面有粉红色黏稠物，后期常开裂。叶柄或瓜条上有时出现琥珀色流胶。

病原 *Colletotrichum orbiculare* Arx，称瓜类炭疽菌，属真菌界子囊菌门瓜类刺盘孢属。

传播途径和发病条件 主要以菌丝体或拟菌核在种子上，或随病残株在田间越冬，亦可在温室或塑料温室旧木料上存活。越冬后的病菌产生

黄瓜苗期子叶上的炭疽病斑

黄瓜炭疽病病叶上的病斑放大

黄瓜成株发生炭疽病中下部叶片受害状

黄瓜炭疽病病瓜上的炭疽斑

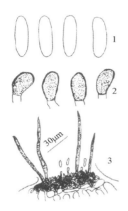

黄瓜炭疽病菌
1—分生孢子；2—附着孢；
3—分生孢子盘及刚毛

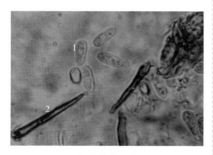

黄瓜炭疽病菌
1—细长单细胞的分生孢子；2—黑色的刚毛

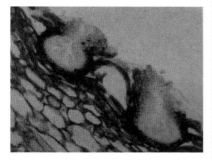

葫芦小丛壳子囊壳切面

大量分生孢子，成为初侵染源。此外，潜伏在种子上的菌丝体也可直接侵入子叶，导致苗期发病。病菌分生孢子通过雨水传播，孢子萌发适温 22 ～ 27℃，病菌生长适温 24℃，8℃以下、30℃以上即停止生长。10 ～ 30℃均可发病，其中 24℃发病重。湿度是诱发本病的重要因素，在适宜温度范围内，空气湿度大，易发病，相对湿度 87% ～ 98%、温度 24℃潜育期 3 天，相对湿度低于 54% 则不能发病。早春塑料棚温度低，湿度高，叶面结有大量水珠，黄瓜吐水或叶面结露，发病的湿度条件经常处于满足状态，易流行。露地条件下发病不一，南方 5 ～ 6 月，北方 7 ～ 9 月，低温多雨条件下易发生，气温超过 30℃，相对湿度低于 60%，病势发展缓慢。此外，采用不放风栽培法及连作、氮肥过多、大水漫灌、通风不良、植株衰弱则发病重。

防治方法 ①选用抗病品种。如津研 4 号、盛秋 1 号、保护地 1 号、保护地 2 号、9206、早青 2 号、中农 1101、夏丰 1 号。此外，中农 5 号、夏青 2 号较耐病。采用无病种子，做到从无病瓜上留种，对生产用种以 50 ～ 51℃温水浸种 20min，或每 50kg 种子用 10% 咯菌腈（适乐时）悬浮剂 50ml，以 0.25 ～ 0.5kg 水稀释药液后均匀拌和种子，晾干后即可催芽或直播。②实行 3 年以上轮作，对苗床应选用无病土或进行苗床土壤消毒，减少初侵染源。采用地膜覆盖可减少病菌传播机会，减轻危害；增施磷钾肥以提高植株抗病力。③加强棚室温、湿度管理。黄瓜苗经低温处理 7 天后，对炭疽病能产生抗性，这种诱导抗性持续时间可达 8 天。在棚室进行生态防治，即进行通风排湿，使棚内湿度保持在 70% 以下，减少叶面结露和吐水。田间操作如除病灭虫、绑蔓、采收等均应在露水落干后进行，减少人为传播蔓延。④塑料棚或温室采用烟雾法或粉尘法施药。于傍晚选用 45% 百菌清烟剂，每 667m^2 每次 250g，或 8% 克炭疽粉尘剂，每 667m^2 每次 1kg，隔 9 ～ 11 天 1 次，连续或交替使用。提倡使用康普润静电粉尘剂，667m^2 用药 800g，持效 20 天，安全有效。⑤棚室或露地于发病初期浇水前 2 天或浇水后 3 天喷洒 20% 抑霉唑水乳剂 800 倍液特效或 21.4% 氟吡菌酰胺·肟菌酯（露娜森）悬浮剂 1500 倍液、32.5% 苯甲·嘧菌酯悬浮剂 1500 倍液混加 27.12% 碱式硫酸铜（铜高尚）500 倍液、75% 肟菌·戊唑醇水分散粒剂 3000 倍液、10% 己唑醇乳油 3500 倍液、560g/L 嘧菌·百菌清悬浮剂 700 倍液、50% 咪鲜胺锰盐可湿性粉剂 1500 ～ 2000 倍液、15% 亚胺唑可湿性粉剂 2000 ～ 2500 倍液、30% 戊唑·多菌灵悬浮剂 700 ～ 1000 倍液、60% 唑醚·代森联水分散粒剂 1500 倍液、55% 硅唑·多菌灵可湿性粉剂 1100 倍液、66% 二氰蒽醌水分散粒剂（每 667m^2 用 25 ～ 30g，对水 60 ～ 75kg 均匀喷雾），隔 10 天左右 1 次，防治 2 ～ 3

次。⑥用添加了蚯蚓粪的土壤种植黄瓜，能明显抑制炭疽病的发生，相对防效达 76.9%。

黄瓜、水果型黄瓜斑点病

症状　主要为害叶片。病斑初现水渍状斑，后变淡褐色，中部色较淡，渐干枯，周围具水渍状淡绿色晕环，病斑大小 15 ～ 20mm，后期病斑中部呈薄纸状，淡黄色或灰白色，易破碎，多发生在生育后期下部叶片上，病斑上有少数不明显的小黑点，即病原菌分生孢子器。

黄瓜斑点病病叶

病原　*Phyllosticta cucurbitacearum* Sacc.，称南瓜叶点霉，属真菌界子囊菌门叶点霉属。

传播途径和发病条件　主要以菌丝体和分生孢子器随病残体遗落土中越冬，翌年以分生孢子进行初侵染和再侵染，靠雨水溅射传播蔓延。通常温暖多湿的天气利其发生。

防治方法　①实行轮作。②加强瓜田中后期管理。③发病初期喷洒 20% 戊唑·多菌灵可湿性粉剂 800

倍液或 75% 百菌清可湿性粉剂 700 倍液，隔 7～10 天 1 次，连续防治 2～3 次。

黄瓜、水果型黄瓜菌核病

症状 近年黄瓜、水果型黄瓜菌核病在秋冬茬栽培中，有日趋严重之势。塑料棚、温室或露地栽培均可发病，但以塑料棚黄瓜受害重，从苗期至成株期均可被侵染。主要危害果实和茎蔓。果实染病多在残花部，先呈水浸状腐烂，并长出白色菌丝，后菌丝纠结成黑色菌核。茎蔓染病初在近地面的茎部或主侧枝分权处，产生褪色水浸状斑，后逐渐扩大呈淡褐色，高湿条件下，病茎软腐，长出白色棉毛状菌丝。病茎髓部遭破坏腐烂中空，或纵裂干枯。叶柄、叶、幼果染病初呈水浸状并迅速软腐，后长出大量白色菌丝，菌丝密集形成黑色鼠粪状菌核。菌核一般长在腐败了的茎基部或烂叶、叶柄、瓜条等组织上，茎表皮纵裂，但木质部不腐败，故植株不表现萎蔫，最后病部以上叶、蔓萎凋枯死。

黄瓜菌核病残花部及幼瓜上的菌丝

黄瓜菌核病病瓜

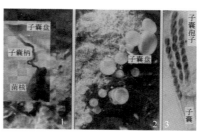

核盘菌形态特征（李国庆）
1—菌核萌发产生子囊柄及子囊盘；
2—子囊盘；3—子囊孢子

病原 *Sclerotinia sclerotiorum* (Lib.) de Bary，称核盘菌，属真菌界子囊菌门核盘菌属。0～35℃菌丝均能生长，菌丝生长及菌核形成最适温度 20℃，最高 35℃，50℃经 5min 致死。

传播途径和发病条件 菌核遗留在土中，或混杂在种子中越冬或越夏。混在种子中的菌核，随播种带病种子进入田间，或遗留在土中的菌核遇适宜温、湿度条件即萌发产出子囊盘，散放出子囊孢子，随气流传播蔓延，侵染衰老花瓣或叶片，长出白色菌丝，开始为害柱头或幼瓜。在田间带菌雄花落在健叶或茎上经菌丝接触，易引起发病，并以这种方式进行重复侵染，直到条件恶化，又形成菌核落入土中或随种株混入种子间越冬或越夏。南方 2～4 月及 11～12 月适其发病，北方 2～4 月和 10～11 月发病多。本菌对水分要求较高，相对湿度高于 85%、温度 15～20℃利于菌核萌发和菌丝生长、侵入及子囊盘产生。因此，低温、湿度大或多雨的早春或晚秋有利于该病发生和流行，菌核形成时间短，数量多。连年种植葫芦科、茄科及十字花科蔬菜的田块，排水不良的低洼地或偏施氮肥或霜害、冻害条件下发病重。此外，定植期对发病有一定影响。

【防治方法】 以生态防治为主，辅之以药剂防治，可以控制该病流行。①农业防治。施用有机活性肥或生物有机复合肥；有条件的实行与水生作物轮作，或夏季把病田灌水浸泡半个月，或收获后及时深翻，深度要求达到 25cm，将菌核埋入深层，抑制子囊盘出土。同时采用配方施肥技术，增强寄主抗病力。②物理防治。播前用 10% 盐水漂种 2～3 次，清除菌核，或塑料棚采用紫外线塑料膜，可抑制子囊盘及子囊孢子形成。也可采用高畦覆盖地膜抑制子囊盘出土释放子囊孢子，减少菌源。③种子和土壤消毒。定植前用 50% 乙烯菌核利可湿性粉剂配成药土耙入土中，667m² 用药 1kg，对细土 20kg 拌匀；种子用 50℃温水浸种 10min，即可杀死菌核。④生态防治。棚室上午以闷棚提温为主，下午及时放风排湿，发病后可适当提高夜温以减少结露，早春日均温控制在 29℃或 31℃高温、相对湿度低于 65% 可减少发病；防止浇水过量，土壤湿度大时，适当延长浇水间隔期。⑤茎部涂抹防治。当菌核病感染茎部时可以用小刀将白色菌丝和腐烂组织刮掉，露出新组织，然后用多菌灵原药或异菌脲原药直接涂抹上去，当天控制病情发展，第 2 天便可治愈，只要病斑还未绕茎一周，用此法就可治好。菌核病感染茎部时前期不易发现，可在叶部发病后，利用中午高温光线强时，到棚中查找表现出萎蔫状的植株，便是感染了菌核病。⑥棚室或露地出现子囊盘时，采用烟雾或喷雾法防治。用 10% 腐霉利烟剂，每 100m³ 每次 25～40g，熏 1 夜，隔 8～10 天 1 次，连续或与其他方法交替防治 3～4 次；或喷撒 5% 百菌清粉尘剂，每 667m² 每次 1kg；或喷撒康普润静电粉尘剂，每 667m² 用药 800g，持效 20 天。也可喷洒 50% 咯菌腈可湿性粉剂 5000 倍液混加 50% 异菌脲 1000 倍液混 27.12% 碱式硫酸铜 500 倍液或 25% 咪鲜胺 1500 倍液混加 25% 嘧菌酯 1000 倍液或 50% 嘧菌环胺水分散粒剂 900 倍液或 50% 啶酰菌胺水分散粒剂 1200 倍液或 500g/L 氟啶胺悬浮剂 1500～2000 倍液或 50% 乙烯菌核利水分散粒剂 700 倍液，每次用药前先把病组织清除后再喷药。

黄瓜、水果型黄瓜白绢病

症状　主要危害近地面的茎基部或果实。茎部染病，初为暗褐色，其上长出白色绢丝状菌丝体，多呈辐射状，边缘明显。后期病部生出许多茶褐色、萝卜子样小菌核。湿度大时，菌丝扩展到根部四周或果实靠近的地表，并产生菌核。植株基部腐烂后，致地上部茎叶萎蔫或枯死。

黄瓜白绢病病瓜

病原　*Sclerotium rolfsii* Sacc.，称齐整小核菌，属真菌界子囊菌门小核菌属。有性态为 *Athelia rolfsii*（Curiz.）Tu.&.Kimbrough.，称罗耳阿太菌，属真菌界担子菌门阿太菌属。

传播途径和发病条件　主要以菌核或菌丝体在土壤中越冬，条件适宜时，菌核萌发产生菌丝，从寄主茎基部或根部侵入，潜育期 3～10 天，出现中心病株后，地表菌丝向四周蔓延。发病适温 30℃，特别是高温及时晴时雨利于菌核萌发。连作地、酸性土或沙地发病重。

防治方法　① 667m² 施用消石灰 100～150kg 以调节土壤酸碱度，调到中性为宜，或施用有机活性肥或生物有机复合肥或腐熟有机肥。②发现病株及时拔除，集中销毁。③发病初期施用 50% 异菌脲可湿性粉剂或 20% 甲基立枯磷可湿性粉剂 1 份，对细土 100～200 份，撒在病部根茎处，防效明显，必要时也可喷洒 30% 戊唑·多菌灵悬浮剂 900 倍液或 20% 甲基立枯磷乳油 1000 倍液，隔 10 天 1 次，防治 1～2 次。④利用木霉菌防治白绢病。用培养好的哈茨木霉 0.4～0.45kg 加 50kg 细土，混匀后撒覆在病株基部，每 667m² 用 1kg，能有效地控制病害发展。

黄瓜、水果型黄瓜白粉病

白粉病全国各地普遍发生，华北地区保护地进入 3 月就见到黄瓜、西葫芦、南瓜、甜瓜发生白粉病，尤其是保护地常造成严重危害。长江中下游、华东地区多在 4～11 月发生。

症状　苗期至收获期均可染病，叶片发病重，叶柄、茎次之，果实受害少。发病初期叶面或叶背及茎上产生白色近圆形星状小粉斑，以叶面居多，后向四周扩展成边缘不明显的连片白粉，严重时整叶布满白粉，即病原菌无性阶段。发病后期，白色霉斑因菌丝老熟变为灰色，病叶黄枯。有时病斑上长出成堆的黄褐色小粒点，后变黑，即病菌的闭囊壳。

病原　引起黄瓜白粉病的病原

菌主要是 *Podosphaera xanthii*，称苍耳叉丝单囊壳和奥隆特高氏白粉菌，其中苍耳叉丝单囊壳发生更普遍，属真菌界子囊菌门叉丝单囊壳属。

苍耳叉丝单囊壳的菌丝壁薄，光滑或近光滑，附着器不明显至轻微乳头状；分生孢子椭圆形，内有明显的纤维体，芽管侧面生，简单至叉状，短；分生孢子梗直立，脚胞圆筒形；闭囊壳球形，内含单个子囊，每个子囊内含有8个子囊孢子；附属丝丝状；子囊孢子广卵形至亚球形。

分布在河北、内蒙古、辽宁、江苏、台湾、广西、云南、四川、黑龙江、北京、海南、陕西、吉林、浙江、新疆、山西、河南等地。

黄瓜白粉病病叶上的白粉

黄瓜白粉病病叶

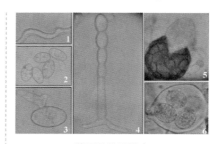

苍耳叉丝单囊壳
1—附着器；2—分生孢子；3—芽管；
4—分生孢子梗；5—闭囊壳和子囊；
6—子囊及子囊孢子

奥隆特高氏白粉菌的无性态和有性态
1—分生孢子梗；2—分生孢子；3—子囊和
子囊孢子；4—附着胞；5—闭囊壳

奥隆特高氏白粉菌（*Golovinomyces orontii*）属子囊菌门高氏白粉菌属。菌丝略弯曲，附着器乳头状，分生孢子内无纤维体，芽管从分生孢子顶端或底部长出，很短，与分生孢子等长或短，通常扭曲，有时直或弯，但很少叉状，闭囊壳少见，通常含有5～14个子囊，子囊内含2～4个子囊孢子。主要分布在黑龙江、甘肃、青海、新疆、江苏等地。

传播途径和发病条件 白粉菌是专性寄生菌，必须在活寄主上才能发育与生长。全年种植黄瓜、甜瓜、西瓜的南方及北方保护地中，病菌无明显越冬现象，能以菌丝及分生孢子在病株上持续为害和生存；在寒冷地区则以闭囊壳随病残体遗留在土壤里越冬成为翌年初侵染源。闭囊壳只在南瓜和黄瓜上产生，其他葫芦科蔬菜上很少形成，经初侵染发病的瓜株上可产生大量的致病性很强的分生孢子，通过气流传播，可被大风传到很远，萌发后以侵染丝直接侵入寄主表皮细胞，菌丝体不断伸长，产生吸器伸入寄主表皮细胞内固定和吸收养分。对于露地的葫芦科病害多在8月中下旬至9月上中旬干旱时发生与流行，而保护地内栽培的瓜类蔬菜整个生育期均可发病。传播途径主要是气流和雨水及灌溉水通过分生孢子进行传播，引起该病蔓延。此外，雨后干燥有利于分生孢子繁殖和病情扩展，分生孢子萌发温度为 10 ~ 30℃，以 20 ~ 25℃ 最适宜，白粉菌孢子萌发时并不要求有水滴，相对湿度以 50% ~ 85% 最为有利，超过 95% 会受到抑制，生产上黄瓜霜霉病菌萌发时至少要有 80% 以上的相对湿度，这是两病发生期分先后的关键所在。当气温 16 ~ 24℃，遇连阴天，光照不足，天气闷热或雨后放晴、但田间湿度仍高时，白粉病很易流行，保护地比露地发病早且重。华北温室黄瓜在 4 ~ 5月，大棚在 5 ~ 6月，露地在 6 ~ 8月最易发病。南瓜、西葫芦亦重。东北发生晚。长江流域在梅雨和多雨潮湿的秋季发病重。嫩叶、老叶比较抗病，叶片展开后 16 ~ 28 天最

易感病，这段时间是防治的最重要时期。其中南瓜、黄瓜、西葫芦抗性较低，可 100% 发病，至于丝瓜抗性强较少发病。

防治方法 ①选用抗病品种。黄瓜露地栽培可选用津春4号、津春5号、中农4号、中农8号、夏青4号、津研4号等比较抗病。大棚栽培选用中农5号、中农7号、津春1号、津春2号、津优1号、津优3号、龙杂黄5号。加温温室选用中农13号、农大春光1号、津春3号、津优3号、津优2号、鲁黄瓜10号等。②生物防治。喷洒 BAB-1 枯草芽孢杆菌发酵液，桶混液含有 0.5 亿芽胞 /ml，对黄瓜白粉病防效达 81%。或 2% 农抗120 或 2% 武夷菌素（BO-10）水剂200 倍液，隔 6 ~ 7 天再防治 1 次，防效达 90% 以上。发病初期提倡喷洒 3% 多氧清水剂 600 ~ 900 倍液、0.25% 帕克素水剂 50 倍液，隔7天1次。③物理防治。采用 27% 高脂膜乳剂 80 倍液，于发病初期喷洒在叶片上，形成一层薄膜，不仅可防止病菌侵入，还可造成缺氧条件使白粉菌死亡。一般隔 5 ~ 6 天喷 1次，连续喷 3 ~ 4 次。④药剂防治。2008 ~ 2009 年对山东、河北耐药性监测表明白粉病对嘧菌酯普遍产生了耐药性。建议改用 10% 苯醚甲环唑（世高）水分散粒剂 600 倍液或 25% 乙嘧酚（粉星）悬浮剂 800 ~ 1000倍液。也可喷洒 20% 唑菌酯悬浮剂800 ~ 1000 倍液、25% 戊唑醇水乳剂 3000 倍液、75% 肟菌·戊唑醇水

分散粒剂 3000 倍液、25% 吡唑醚菌酯乳油 1500 ～ 2000 倍液、10% 己唑醇乳油 3000 ～ 4000 倍液、5% 烯肟菌胺乳油（60 ～ 100ml/667m²，对水 45 ～ 75kg）、75% 肟菌·戊唑醇水分散粒剂 3000 倍液混加 70% 丙森锌 600 倍液、1% 蛇床子素水乳剂 600 ～ 1000 倍液、6% 井冈·蛇床子素可湿性粉剂（667m² 用制剂 40 ～ 60g，对水喷雾）。⑤保护地采用烟雾法。即定植前几天，将棚室密闭，每 100m³ 用硫黄粉 250g，锯末 500g，掺匀后分别装入小塑料袋分放在室内，于晚上点燃熏 1 夜。⑥保护地选用新粉尘法。中国农业科学院蔬菜花卉研究所李宝聚等研发的新粉尘剂喷粉量每 667m² 用 300g，仅相当于传统粉尘剂 1/3，施药后不会在植株上留下粉状附着物。喷粉器采用改进型 3WF-3 机动喷粉器或寿光新上市喷粉器喷撒。新型粉尘剂应用前景看好，可单独使用，也可与喷雾法轮换使用。

黄瓜、水果型黄瓜 瓜链格孢叶斑病

[症状] 中下部叶片先发病，后逐渐向上扩展，重病株除心叶外，均可染病。病斑圆形或不规则形，中间黄白色，边缘黄绿或黄褐色，其上可见病原菌的分生孢子梗和分生孢子。叶面病斑稍隆起，表面粗糙，叶背病斑呈水渍状，四周明显，且出现褪绿的晕圈，病斑大多出现在叶脉之间，

很少生于叶脉上，条件适宜时病斑迅速扩大连接。重病田，数个病斑连片，叶肉组织枯死，或整叶焦枯，似火烤状，但不脱落。本病有日趋严重之势。

黄瓜瓜链格孢叶斑病病叶

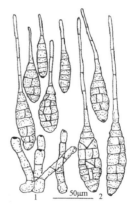

黄瓜叶斑病菌瓜链格孢
1—分生孢子；2—分生孢子梗

[病原] *Alternaria cucumerina*（Ell. et Ev.）Elliott，称瓜链格孢，属真菌界子囊菌门链格孢属。该菌 5 ～ 40℃均可萌发，25 ～ 32℃萌发率最高，菌丝生长最快。

[传播途径和发病条件] 以菌丝

体或分生孢子在病残体上，或以分生孢子在病组织外，或黏附在种表越冬，成为翌年初侵染源。借气流或雨水传播，分生孢子萌发可直接侵入叶片，条件适宜3天即显症，很快形成分生孢子进行再侵染。种子带菌是远距离传播的重要途径。该病的发生主要与黄瓜生育期、温湿度关系密切。坐瓜后遇高温、高湿该病易流行，特别是浇水或风雨过后病情扩展迅速，土壤肥沃，植株健壮发病轻。

防治方法　①选用无病种瓜留种。②轮作倒茬。③增施腐熟有机肥或有机活性肥，提高植株抗病力，严防大水漫灌。④棚室发病初期采用粉尘法或烟雾法。a. 粉尘法，于傍晚喷撒5%百菌清粉尘剂（每667m² 1次1kg）或康普润静电粉尘剂（每667m²用药800g），持效20天。b. 烟雾法，于傍晚点燃45%百菌清烟剂，每667m² 1次200～250g，隔7～9天1次，视病情连续或交替轮换使用。⑤露地发病初期浇水前2天或浇水后3天喷洒10%苯醚甲环唑水分散粒剂600倍液、56%嘧菌酯·百菌清悬浮剂700倍液、32.5%嘧菌酯·苯醚甲环唑悬浮剂1500倍液、50%吡唑醚菌酯乳油1500倍液、68.75%噁唑菌酮·锰锌水分散粒剂800～1000倍液，隔10天左右1次，防治2～3次。

黄瓜、水果型黄瓜链格孢叶斑病

症状　主要危害叶片，叶片上病斑近圆形至不规则形，直径4～10mm，褐色至黑褐色，常扩大使叶片的大半部分枯死，上生黑色霉状物，即病菌的分生孢子梗和分生孢子。

黄瓜链格孢叶斑病病叶背面的黑霉

病原　*Alternaria alternate*（Fr.）Keissler，称链格孢，属真菌界子囊菌门链格孢属。

传播途径和发病条件　在自然界中，链格孢常在植株叶斑、茎斑或种子内外及空气中大量存在，也可腐生在多种有机物质上或土壤中，植株衰弱时，分生孢子萌发产生芽管，从寄主表皮气孔侵入，进行初侵染和多次再侵染。多雨年份易发病，管理跟不上、缺肥则发病重。

防治方法　参见黄瓜、水果型黄瓜瓜链格孢叶斑病。

黄瓜、水果型黄瓜多主棒孢叶斑病

棒孢叶斑病又称黄瓜褐斑病、靶斑病、黄点子病。该病已上升为我国保护地和露地黄瓜、水果型黄瓜生产

上的重要病害，发生普遍。尤其是进
入坐果期后，病害扩展速度快，造成
叶片坏死脱落。近年该病已是山东、
河北、北京、天津、河南、辽宁、内
蒙古、陕西、上海、广东、海南等地
及全国黄瓜设施栽培中最重要的病
害，据山东、辽宁调查叶发病率达
20%～30%，严重的达60%～70%，
甚至造成毁棚，成为黄瓜生产上的突
出问题，其危害已超过黄瓜霜霉病。

　　症状　　主要危害叶片，严重时
也为害叶柄和茎蔓。叶片染病，初在
叶片上产生黄褐色伴有晕环的芝麻粒
大小的水渍状斑点，后扩展成灰白色
凹陷斑，严重时1张叶片上有数十个
至数百个病斑；进入发病中期病斑扩
展成圆形至不规则形，易穿孔；到发
病中后期多个病斑易融合成片，病健
部分界明显，呈深黄色，后逐渐变
成灰褐色，干裂坏死，造成叶片枯
死或脱落。病斑大小3～30mm，以
10～15mm中型病斑居多。高温、
高湿条件下易产生大病斑，干燥时多
产生小病斑。湿度大时病斑上可见稀
疏的灰褐色霉状物，即病原菌的分生
孢子梗和分生孢子。该病发病初期病

水果型黄瓜棒孢叶斑病发病中期症状

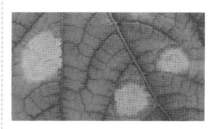

水果型黄瓜棒孢叶斑病叶面的
大型病斑（李宝聚）

山东黄瓜棒孢叶斑病不同
发病期的症状（李林）

黄瓜棒孢叶斑病初发病时症状

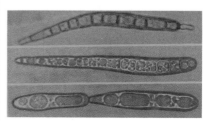

多主棒孢霉的分生孢子放大（李宝聚）

斑呈多角形，与黄瓜细菌性角斑病、霜霉病相似，后期又与炭疽病不易区分，需镜检病原进行确诊。

病原 *Corynespora cassiicola* (Berk. & Curt.) Wei.，称多主棒孢霉，属真菌界子囊菌门棒孢属。

传播途径和发病条件 病菌以菌丝体或分生孢子随病残体、杂草在土壤中或随其他寄主植物越冬存活，也可产生厚垣孢子及菌核度过不良环境，病菌在残体中能存活2年，成为该病初侵染源，也可在种表附着状态下存活6个月以上，翌年产生分生孢子成为田间初侵染菌源，发病后病斑上产生的分生孢子借风雨向四周蔓延，一个生长季节可进行多次再侵染，使病情不断加重。分生孢子萌发产生芽管，可从气孔、伤口侵入，也可直接穿透表皮侵入或从叶脉处侵入，潜育期5～7天。该菌分生孢子萌发形式多样，可通过孢子一端或两端或两端一侧或一端一侧方式萌发伸出芽管，其中以一端和两端萌发方式为主。温度不同对萌发方式有明显影响。该菌菌丝生长最适温度为28℃，产孢最适温度为30℃，孢子萌发需要较高的湿度，相对湿度90%以上才能萌发，在水滴中萌发率最高，看来多主棒孢真菌具喜温好湿之特点，高温、高湿有利于该病流行和扩展，叶面结露、叶缘吐水、光照不足、昼夜温差大都会加重发病程度，昼夜温差越大，病菌繁殖越快。此外，氮肥施用过量，造成徒长或多年连作、通风条件差、多雨、凉夏及秋延后栽培均利其发病，此外，种子带菌也是造成该病流行的重要原因。各地发病多在生长后期。辽宁保护地10月中下旬育苗的始发期为12月底至翌年1月底，进入采瓜期的下部叶片先发病，始盛期在2～3月，盛期在4～6月。山东保护地多在4月初发病，4月中下旬迅速扩展，5月中下旬进入发病高峰，6月拉秧。据王芳德调查山东大棚5～6月或8～9月本病发病速度非常快，从发现零星病叶到满棚只需5～7天。

防治方法 ①蔬菜生产一线专家王芳德的处方。采取综合防治方法，在结瓜盛期5～6月或8～9月相对湿度86%以上、温度22～26℃时易发病。从发现零星病叶到满棚只需要5～7天。进入结瓜盛期或浇水后棚内湿度大又遇阴天，植株结瓜多，长势弱易发病，对已发病的应摘除植株中下部病斑较多的病叶，减少病原菌基数，同时放风排湿，改善通风透光条件。发病后易引起花打顶，为此要适当疏瓜或摘除大瓜，结合浇水冲施含有氨基酸或腐殖酸的优质冲施肥，同时喷施斯德考普叶面肥，促瓜株迅速生长，增强抗病性。化学防治：喷施80%福美双（金纳海）水分散粒剂800倍液+25%丙环唑（金力士）乳油5000倍液，兼治蔓枯病、白粉病、黑星病；喷施60%唑醚·代森联（百泰）水分散粒剂1000～1500倍液+33.5%喹啉铜悬浮剂1500倍液+有机硅3000倍液（调解水质）。以上配方在发病前或发病初期交替使用，可考虑加入斯德考普、钙伽力或金克拉，能有效促进植株迅速恢复生长。对发病严重地块建议 3 ～ 5 天喷药 1 次，连续 2 ～ 3 次，可有效防治该病，且能起到预防蔓延的效果。②笔者同意王芳德处方，补充如下。a. 选用抗病品种，如农友 118、津优 35、冬美 2-1 等。b. 适时轮作，实行与非瓜类作物 2 ～ 3 年以上轮作。c. 种子消毒，种子用常温水浸 15min，后转入 55 ～ 60℃热水中浸 10 ～ 15min，不断搅拌，水温降至 30℃，继续 3 ～ 4h，捞出沥干后 25 ～ 28℃催芽。d. 加强温、湿度及肥水管理，科学浇水，浇小水，防止大水漫灌，注意通风散湿，防止湿度过高。密度适宜、增加光照，创造有利于黄瓜生长发育，不利于病菌萌发入侵的温、湿度条件，适时追肥，避免偏施氮肥，增施磷钾肥和硼肥，提倡叶面喷洒或冲施依露丹 N15-P15-K30 高钾型叶面肥 500 ～ 800 倍液，增强抗病性。③调节植株长势，合理留瓜，增强抗病力。一般冬季每株留 3 条瓜（一条将要长成的瓜，一条半大瓜，一条雌花刚刚开放的瓜），养蔓与留瓜并重，这样留瓜利于营养生长和生殖生长保持平衡，长势旺盛。天气晴好按 2 叶 1 瓜，天气转暖，日照时间变长可按 5 片叶留 3 条瓜，可保连续坐瓜。并注意补充营养、追施氮磷钾含量高的全水溶肥料，如顺欣、芳润等利于黄瓜吸收的肥料，叶上同时喷施氨基酸、海藻酸、甲壳素等叶面肥，供果供棵同时

抓，营养跟上了，抗病能力大幅提高。生产上有人看见，黄瓜长势好效益高时，采用 1 叶 1 瓜方式留瓜造成瓜株不堪重负，根系得不到足够营养，生长不良，长势衰弱，引起黄瓜早衰而发病。④现在河北对黄瓜褐斑病（又称棒孢叶斑病）耐药性监测已明确，黄瓜棒孢叶斑病对多菌灵、嘧菌酯已产生抗药性。但对苯醚甲环唑、嘧霉胺较敏感，对氟啶胺、乙霉威、咯菌腈非常敏感，说明尚未产生耐药性。生产上发病之前浇水前 2 天或浇水后 3 天建议喷洒 10% 苯醚甲环唑水分散粒剂 600 倍液或 40% 嘧霉胺悬浮剂 1000 倍液预防。发病后喷洒 32.5% 苯甲·嘧菌酯悬浮剂 1500 倍液混加 27.12% 碱式硫酸铜（铜高尚）悬浮剂 500 倍液，或 70% 甲基硫菌灵 500 倍液混加 12.5% 腈菌唑乳油 1000 倍液，或 32.5% 苯甲·嘧菌酯悬浮剂 1500 倍液混加 27.12% 碱式硫酸铜 500 倍液混 68% 精甲霜·锰锌 500 倍液，或 500g/L 氟啶胺悬浮剂 1500 ～ 2000 倍液，或 50% 咯菌腈可湿性粉剂 5000 倍液，或 50% 乙霉威·多菌灵可湿性粉剂 1000 倍液，或 40% 腈菌唑乳油 3000 倍液，5 ～ 6 天 1 次，连续防治 2 ～ 3 次。提倡喷洒康普润静电粉尘剂，每 $667m^2$ 用药 800g，持效 20 天，安全高效。也可用烟剂 1 号，每 $667m^2$ 用 350g，隔 7 ～ 10 天 1 次，连续用 2 ～ 3 次。⑤注意防治南瓜、小南瓜上的褐斑病，防止其传播，可减少该病的初始菌源。

黄瓜、水果型黄瓜尾孢叶斑病

症状 又称灰斑病。主要发生在叶片上，病斑褐色至灰褐色，圆形或椭圆形至不规则形，直径 0.5～12mm，病斑边缘明显或不大明显，湿度大时，病部表面生灰色霉层。

黄瓜尾孢叶斑病发病初期病叶

黄瓜尾孢叶斑病中期病叶

病原 *Cercospora citrullina* Cooke，称瓜类尾孢，属真菌界子囊菌门尾孢属。

传播途径和发病条件 以菌丝块或分生孢子在病残体及种子上越冬，翌年产生分生孢子借气流及雨水传播，从气孔侵入，经 7～10 天发病后产生新的分生孢子进行再侵染。多雨季节此病易发生和流行。

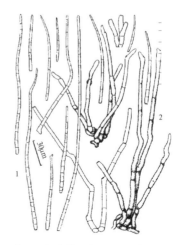

黄瓜叶斑病菌瓜类尾孢 （李明远）
1—分生孢子；2—分生孢子梗

防治方法 ①选用无病种子，或用 2 年以上的陈种播种。②种子用 55℃温水恒温浸种 15min。③实行与非瓜类蔬菜 2 年以上轮作。④发病初期及时喷洒 20% 噻菌酮悬浮剂 500 倍液或 40% 百菌清悬浮剂 600 倍液，隔 10 天左右 1 次，连续防治 2～3 次。保护地可用 45% 百菌清烟剂熏烟，用量每 667m² 每次 200～250g，或喷撒 5% 百菌清粉尘剂，每 667m² 每次 1kg，隔 7～9 天 1 次，视病情防治 1～2 次。

黄瓜、水果型黄瓜镰孢根腐病

症状 主要侵染根及茎部，黄瓜开花后 5～20 天至第 1 条瓜采收时，初呈水浸状，后腐烂。茎缢缩不明显，侧根、毛细根变褐腐烂，病部腐烂处的维管束变褐，不向上发展，有别于枯萎病。进入腰瓜采收的中后期病部往往变重，仅留下丝状维管束。病株地上部初期症状不明显，后叶片中午萎蔫，早晚尚能恢复。严重的则多数不能恢复而枯死。该病为害日趋严重。本病症状与腐霉菌根腐病相类似，需镜检病原确定，防止误诊。

[病原]　*Fusarium solani*（Mart.）Sacc.，称茄腐镰孢；异名为 *Fusarium solani*（Mart.）App.et Wollenw.f. *cucurbitae* Snyder et Hansen，称瓜类腐皮镰孢菌，属真菌界子囊菌门镰刀菌属。

[传播途径和发病条件]　茄腐镰孢菌是弱寄生土壤习居菌，病残体腐烂后以厚垣孢子在土壤中长期存活，

茄腐镰孢
大型分生孢子

发病条件出现后通过苗茎的受伤部位侵入，后扩展到维管束组织，成为主要侵染源。病菌从根部伤口侵入，后在病部产生分生孢子，借雨水或灌溉水传播蔓延，进行再侵染。高温、高湿利其发病，连作地、低洼地、黏土地或下水头发病重。

[防治方法]　①黄瓜镰孢根腐病严重地区提倡进行种子包衣，每50kg种子用10%咯菌腈悬浮种衣剂50ml，先以0.25～0.5kg水稀释药液，均匀拌和种子，晾干后催芽或播种。②进行土壤消毒。方法参见黄瓜细菌枯萎病。③药剂蘸根。定植时先把70%噁霉灵可湿性粉剂1500倍液混加72.2%霜霉威水剂700倍液配好15kg，放在长方形大容器中，再把整个育好苗的穴盘浸入药液中，把根部蘸湿即可。注意提高地温。④防止根系出现第1次生理性死亡，根瓜要及早采收，加强肥水管理，并喷洒3%噁霉·甲霜水剂600倍液或54.5%噁霉·福可湿性粉剂800倍液混2.5%咯菌腈悬浮剂1000倍液或2.5%咯菌腈1200倍液混70%多菌

黄瓜镰孢根腐病田间发病情形

黄瓜镰孢根腐病病根症状

灵 500 倍液。⑤腰瓜采收时防止根系衰老出现第 2 次生理性死亡，保护地应适当松土增加氧气含量，防止脱肥。⑥越冬茬黄瓜在深冬季节，由于光照弱，温度低，植株易出现早衰，土壤中的有效养分得不到充分吸收，造成产量上不去，尤其是春节前后要特别注意养根促产量。留瓜数量据植株长势确定，一般每株只留 3 条瓜（一条将要长成的瓜、一条半大瓜、一条雌花刚开放的瓜）。天气不好时还要少留，并注意补充营养，追施氮磷钾含量高的全水溶肥料，如顺欣、芳润等利于黄瓜吸收的肥料。水溶性肥料采用二次稀释法，保证冲施均匀，少量多次，一般每 667m² 冲施 5kg 即可。也可冲施美国 Kom 复合肥，坐瓜后用 N∶P∶K 为 16∶5∶19 的复合肥，每 667m² 用 15kg。必要时喷洒 50% 多菌灵混 2.5% 咯菌腈 1000 倍液或 25% 嘧菌酯 1500 倍液混 14% 络氨铜 500 倍液，每桶药水加 3ml 萘乙酸、5ml 复硝酚钠灌根，5 ～ 7 天 1 次。

黄瓜、水果型黄瓜腐霉根腐病

近年华北地区大棚早春茬黄瓜、秋延后茬及越冬茬黄瓜腐霉根腐病的危害突显出来，若防治不及时，常造成较大的损失。

症状 黄瓜、水果型黄瓜定植后 1 个月，瓜株主根、次生根、根茎部初呈水渍状，后产生浅褐色水渍状斑，扩大后病部凹陷，当病部扩展到绕根基部或根茎部一周后，病部干缩变细，从地表就可见到。拔出病株，主要表现为根系少。纵剖根茎部维管束变成浅褐色，根系的须根呈水浸状腐烂，不发新根，致地上部植株出现新叶萎蔫，2 ～ 3 天后，整株呈萎蔫状，5 ～ 6 天后青枯死亡，有别于生理性萎蔫。后者根系多且粗大，无水渍状腐烂，根颈不干缩，不变细。德里腐霉在黄瓜、水果型黄瓜春茬苗期侵染易发生腐霉猝倒病，在大棚秋茬或秋冬茬易发生腐霉根腐病。

病原 *Pythium deliense* Meurs.，称德里腐霉，*Pythium volutum* Vanterp. et Trasc.，称卷旋腐霉，均属假菌界卵菌门腐霉属。

黄瓜腐霉根腐病地上部症状

黄瓜定植后腐霉根腐病病根变褐

水果型迷你黄瓜腐霉根腐病茎基部
变褐水渍状

黄瓜成株腐霉根腐病病根（李林）

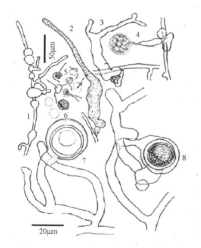

黄瓜腐霉根腐病菌德里腐霉（余永年）
1～3—孢子囊；4—泡囊；5—游动孢子；
6—休止孢子；7,8—藏卵器、雄器和卵孢子

传播途径和发病条件　该病系土传病害，可在种植蔬菜的保护地土壤中腐生，带菌率高。土壤中的卵孢子在种植黄瓜、水果型黄瓜的苗期或成长期只要遇有低温高湿或高温高湿的条件持续一定时间，向根部移动的病菌可直接侵入根尖，并在细胞中增殖，致侧根或须根迅速崩溃和死亡。病菌扩展到较老的根时多局限在根的皮层，幼嫩的根受害范围较大。病菌在根组织里产生大量卵孢子，造成根部表皮肿大或皮层破裂。当坏死部分扩展到土面上后，造成植株萎蔫。研究中发现黄瓜根际的腐霉和镰刀菌种群数量因黄瓜品种、生育期不同差异很大，在黄瓜整个生育期中，抽蔓期腐霉种群数量高，主蔓结瓜期镰刀菌种群数量高。生产上随黄瓜、水果型黄瓜茬次的增多，该病在大棚秋茬、节能日光温室秋冬茬发病日趋严重。据苍山县农业技术推广中心观察：鲁南地区日光温室越冬茬黄瓜于12月上中旬开始发病，大棚早春茬黄瓜在3月上中旬开始发病，这时正值黄瓜定植30天左右，株高1m左右，叶数9～10片，处于初花期，日光温室内南侧和两端发病重，植株长势差，低洼积水处发病重，且有发病中心，发病适温18～20℃，发病速度快。

防治方法　①种子消毒。用50℃温水浸泡种子20min或用0.5%氨基寡糖水剂300倍液浸种6h，也可用2.5%咯菌腈悬浮种衣剂4ml，加水少许快速拌入1kg黄瓜、水果型

黄瓜种子上。②苗床和棚室进行土壤消毒。苗床在整畦施肥浇水后用30%噁霉灵（土菌消）可湿性粉剂600倍液均匀喷洒苗床。也可每平方米用药 8 ～ 10g，与适量细干土混匀撒施，采用常规阳畦育苗的取配好的药土 1/3 撒在床面上或播种沟中，再把剩余的 2/3 药土撒在已播完的黄瓜种子上，防效优异。但要保持床面表土湿润，防止产生药害。对采用营养钵或穴盘育苗的，每立方米营养土中混入上述药剂 150g，拌匀后装钵播种效果更好。栽植黄瓜的棚室，提倡用氰氨化钙进行高温高湿闷棚，消毒方法参见黄瓜、水果型黄瓜疫霉根腐病。③药剂蘸根。定植时先把 722g/L 霜霉威水剂 700 倍液配好，放在长方形大容器中 15kg，再将育苗穴盘整个浸入药液中蘸湿即可。半个月持效期过后再用上述药液灌根 1 次，每株灌 250ml。④药剂防治。发病初期用72.2% 霜霉威水剂 700 倍液混 70% 噁霉灵可湿性粉剂 1500 倍液，或 2.5% 咯菌腈悬浮剂 1200 倍液混 50% 多菌灵可湿性粉剂 600 倍液，或 25% 嘧菌酯 1500 倍液混加 14% 络氨铜 500倍液，每桶（30kg）对好的药液中加3ml 萘乙酸，再加 5ml 复硝酚钠灌根，5 ～ 7 天 1 次，灌 2 次。

黄瓜、水果型黄瓜疫霉根腐病

　　黄瓜、水果型黄瓜疫霉根腐病是我国新发现的毁灭性病害，在一些保护地或露地发生，造成严重危害。

黄瓜疫霉根腐病成株田间受害状

水果型黄瓜疫霉根腐病定植后
茎基部呈水渍状

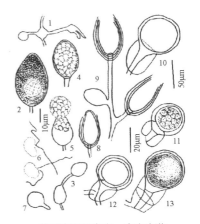

黄瓜疫霉根腐病、疫病病菌
掘氏疫霉（隐地疫霉）

1—菌丝膨大体；2 ～ 5—孢子囊及其萌发；
6—游动孢子；7—休止孢子萌发；8,9—孢囊
层；10 ～ 13—藏卵器、雄器和卵孢子

症状 疫霉根腐病主要为害黄瓜、水果型黄瓜根部和地下的茎基部，染病后病部呈水渍状、暗绿色，茎基部略缢缩，病部维管束（又称导管）不变色，地上部植株呈萎蔫状。发病初期症状不明显，往往1个温室中只有几株中午气温高时出现萎蔫，早晚尚能恢复。浇水后很快传遍整棚，造成病株失水而死。该病与腐霉菌引起的根腐病、疫霉菌引起的疫病、镰孢引起的根腐病、枯萎病症状近似，发病初期病株都呈萎蔫状，后萎蔫枯死。区别点：一是本病初呈水渍状、略缢缩，镰孢根腐病、枯萎病缢缩不明显；二是疫霉根腐病、疫病茎基部导管不变色，镰孢根腐病导管变成褐色，但上部茎的导管不变色，枯萎病的导管变色且向上发展；三是疫霉根腐病湿度大时有稀疏的白霉，腐霉、镰孢根腐病生有较多的白霉或略带粉色、白色菌丝，必要时需镜检病原进行区别，确保诊断正确。

病原 *Phytophthora drechsleri* Tucker，称掘氏疫霉，异名为 *P. melonis* Katsura（称甜瓜疫霉）、*P. sinesis* Yu et Zhuang，属假菌界卵菌门疫霉属。

传播途径和发病条件 该病系土传病害，病菌以卵孢子、厚垣孢子或菌丝体在黄瓜、水果型黄瓜病株根部或土壤内越冬。翌春菌丝体生长产生的游动孢子囊释放出游动孢子与卵孢子及厚垣孢子产生的游动孢子汇合在一起，在土壤水内到处游动，当接触到染病的黄瓜根部时，就可从根尖侵入，气温26～29℃时菌丝和游动孢子产生较多，使该病传到更多瓜株的根上，引起根腐病。黄瓜、水果型黄瓜秋延后茬遇有气温高，土壤持续高湿，即可引起疫霉根腐病的发生。土壤黏重、浇水过量、雨日多、湿度大、光照不足，发病重。

防治方法 ①利用氰氨化钙防治土传病害。氰氨化钙过去曾误译为石灰氮。如今在土传病害严重的情况下，用氰氨化钙进行高温高湿闷棚，可有效防治疫霉根腐病、腐霉根腐病、镰孢根腐病、枯萎病、根结线虫病等。方法：a. 在6～8月气温最高的季节，先把大棚里的土壤深翻疏松，然后按所栽培蔬菜需要宽度起垄，垄高15cm，以利灌水，提高地温。b. 每667m² 用粉碎稻草或麦秸（长度1～3cm）1300kg、氰氨化钙70kg，均匀地撒在土壤上面，然后耕翻土壤，把秸秆和床土充分混匀。c. 往土壤里漫灌水直至饱和。d. 灌水后大棚土壤上面加盖完整的塑料薄膜，四周要盖严以利提高地温，确保消毒效果。e. 密闭大棚1个月确保棚温达到60℃。f. 闷棚结束后，据土壤湿度开棚放风，调节土壤湿度，然后栽培蔬菜。土壤消毒后第1年施肥量可较标准量少些，追肥据测土配方施肥结果确定。②防治时要注意生产上出现的根腐病是哪一种，同为根腐病，因病原不同用药是不同的，对疫霉、腐霉菌引起的根腐病与镰孢引起的根腐病用药是有区别的。生产上大

棚秋茬、节能日光温室秋冬茬需注意
防治疫霉、腐霉菌引起的根腐病，春
茬也可能出现疫霉根腐病，疫霉根腐
病、腐霉根腐病病原菌都属卵菌，用
药相同。至于镰孢根腐病，主要用对
镰孢有效的多菌灵、甲基硫菌灵等，
这些杀菌剂对卵菌无效，因此，防治
腐霉、疫霉病害效果不佳。防治疫霉
根腐病定植时用"高巧+银法利"蘸
穴盘，使用时用 2 包高巧 +2 包银法
利对水 15kg 蘸苗盘，银法利蘸根后
能有效地防治疫霉根腐病、黄瓜疫病
及猝倒病，高巧对蚜虫、粉虱及蛴螬
都有很好的防治效果。其他药剂参见
黄瓜腐霉根腐病。

黄瓜、水果型黄瓜绿粉病

症状 黄瓜、水果型黄瓜发病
初期叶片正、背面出现不规则形黄色
小粉团，常从叶正面的叶脉处发生，
后扩大互相愈合，覆盖全叶，呈黄绿
色丝绒状粉层。病叶叶脉多皱缩，变
形，叶肉较粗糙。严重的叶柄、卷
须、残花、蔓均常受害，覆盖一层绿
粉。该病先从基部叶片发生，后向上
扩展，严重的可扩展至全株。

病原 *Palmellococcus* sp.，称
一种集球藻，属绿藻门卵囊藻科。

传播途径和发病条件 据甘肃
农业大学在甘肃白银、靖远、武威、
张掖、高台等市县的塑料棚调查，每
年 1～3 月发生，该病发生与棚内湿
度关系密切，每日温棚中相对湿度不
低于 80% 或相对湿度 100%，持续 12h

以上，藻斑生长旺盛；当中午有 1h 以
上相对湿度低于 70% 时，藻孢的发育
受到抑制。生产上栽植过密或浇水过
多，湿气滞留时间长则发病重。

黄瓜绿粉病（魏永良、陈秀蓉）

黄瓜绿粉病菌—一种集球藻

防治方法 ① 来自南方的竹
竿等架材可能带菌，生产上应注意。
② 1～3 月要注意通风散湿，防止高
湿持续时间长是预防该病发生的重要
措施。

黄瓜、水果型黄瓜红粉病

症状 黄瓜红粉病是近年塑料
大棚或温室黄瓜等瓜类作物生产中新

发生的病害之一。黄瓜生育后期在叶片上现暗绿色圆形至椭圆形或不规则形浅褐色病斑，大小1～5cm，湿度大时边缘呈水浸状，病斑薄易破裂，高湿持续时间长，病斑上生有浅橙色霉状物，且迅速扩大，致叶片腐烂或干枯。该病病斑比炭疽病大，薄，暗绿色，不产生黑色小粒点，有别于炭疽病和蔓枯病。

【病原】 *Trichothecium roseum* (Pers. : Fr.) Link，称粉红单端孢，属真菌界子囊菌门无性型单端孢属。

【传播途径和发病条件】 病菌以菌丝体随病残体留在土壤中越冬，翌春条件适宜时产生分生孢子，传播到黄瓜叶片上，由伤口侵入。发病后，病部又产生大量分生孢

黄瓜红粉病大病斑上的菌丝和分生孢子

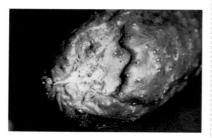

黄瓜果实上的红粉病病斑变褐

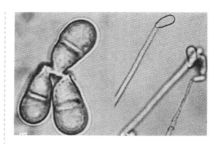

黄瓜红粉病菌粉红单端孢分生孢子（左）和菌丝放大（李宝聚）

子，借风雨或灌溉水传播蔓延，进行再侵染。病菌发育适温25～30℃，相对湿度高于85%易发病。因此，该病易于春季发生在温度高、光照不足、通风不良的大棚或温室。露地栽培的黄瓜，北京、河北7～8月高温期发病重。该菌生长温限10～35℃，适宜生长温度15～30℃，25℃生长最好，温度低于5℃、高于40℃菌丝不能生长。适宜pH值3～11.5，在中性偏酸条件下比中性偏碱条件菌丝生长好。甜瓜上分生孢子致死温度是54℃，棉花是52℃。

【防治方法】 ①棚室栽培黄瓜应适度密植，及时整枝、绑蔓，注意通风透光。②合理灌溉。采用膜下灌溉，适当控制浇水，及时放风，降低棚室湿度，抑制发病。③发病初期喷洒50%多菌灵可湿性粉剂600倍液或25%溴菌腈可湿性粉剂500倍液。

黄瓜、水果型黄瓜圆叶枯病

【症状】 主要为害棚室栽培黄瓜的叶片。病斑初为暗绿色水浸状，病

斑圆形，直径 10 ～ 30mm，后变褐色，湿度大时病斑表面生黑褐色的霉层，即病菌分生孢子梗和分生孢子。

黄瓜圆叶枯病病叶上的圆斑

病原 *Helminthosporium cucumerinum* Garbowski，称黄瓜圆叶枯菌，属真菌界子囊菌门长蠕孢属。分生孢子梗具隔膜，单枝或分枝，梗长 88 ～ 188μm；分生孢子梭形至长椭圆形或倒棍棒状，向一边弯曲，大小（36 ～ 104）μm×（10 ～ 20）μm，具 4 ～ 10 个隔膜。

传播途径和发病条件 主要以菌丝体随病残体于田间越冬。条件适宜时产生分生孢子，借气流、雨水反溅到寄主植株上，从气孔侵入，潜育期 2 ～ 3 天。病菌发育适温 25 ～ 28℃，高温高湿，特别是多雨的高温季节易流行。此外，菜地潮湿、黄瓜生长衰弱、种植过密、通风透光差或肥料不足则发病重。

防治方法 ①选用抗病品种。②加强田间管理，低洼或易积水地应采用高畦深沟种植，不宜过密，改善田间通透性；采用配方施肥技术，喷施多效好 4000 倍液或 1.4% 复硝酚

钠水剂 6000 倍液，提高植株抗病力；采收后清除病残体，及时深翻。③发病初期喷洒 25% 嘧菌酯悬浮剂 900 倍液或 30% 氟硅唑微乳剂 3500 倍液或 75% 肟菌·戊唑醇水分散粒剂 3000 倍液，隔 10 天左右 1 次，连续防治 2 ～ 3 次。

黄瓜、水果型黄瓜死棵

症状 引起水果型黄瓜、黄瓜死棵的主要是黄瓜根腐病或黄瓜疫病。根腐病主要侵染黄瓜的茎基部和根部，初发病时根系变褐、根毛少，根部维管束变褐、缢缩，严重时全株枯死。

近年黄瓜疫病在河南一带造成死棵比较严重。发病初期茎基部出现暗绿色水渍状病变或病斑，后迅速缢缩，造成上部茎叶萎蔫死亡。也有一部分是在节间附近出现这种情况而造成植株死棵，河南新乡一带黄瓜死棵都是疫病造成的。

黄瓜根腐病或疫病引起的死棵

病原 ①根部病害引起死棵，根腐病病原 *Fusarium solani*，称腐皮

镰孢，属真菌界无性态子囊菌镰刀菌属。黄瓜疫病的病原为 *Phytophthora melonis*，称甜瓜疫霉，属假菌界卵菌门疫霉属。②营养不良引起越夏黄瓜死棵。除了病害以外归根结底是由于根系不良引起的，根系不良导致黄瓜吸收水分和养分能力降低，水分和养分的吸收量无法满足黄瓜正常的生长需求导致死棵。生产上在高温季节造成根系不良的原因主要是黄瓜在高温季节生长快，造成留瓜过多，植株光合作用产物不够用。光照不足，尤其是有遮阳网整天遮着，光合作用弱，瓜株营养制造不足、引起黄瓜早衰或瓜打顶，地下部根系生长缓慢、根量少。③高温的影响。黄瓜根系生长适温为 20～25℃，而夏季大多数情况下温度都在 30℃以上，这种高温条件不利于根系的生长，易衰老。④土壤透气性差。土壤透气性是黄瓜根系生长的必需条件，生产上在越夏栽培中过量浇水，会造成土壤中氧气不足，根系不能正常进行呼吸作用，出现沤根死棵，尤其是土壤黏重的大棚情况更加严重。⑤土壤盐积化引起死棵。

传播途径和发病条件 根腐病病原随病残体在土壤中越冬，条件适宜时从根部伤口侵入，引起瓜株发病。黄瓜疫病病原菌以卵孢子或厚垣孢子在土壤中或病残体上越冬，翌年雨水多或田间灌溉水与近地面的瓜株茎叶接触时间长引起发病，雨日多、持续时间长发病重。

防治方法 ①种植密刺类大黄瓜时，在夏季多按照 5 叶 2 瓜的方式留瓜。从蘸花到采收约 9 天，生长时间较长，并且距离瓜条最远的叶片制造的营养物质还能供应植株生长，生产上密刺类大黄瓜常按 5 片叶留 2 条瓜，可预防黄瓜死棵。②定植前一定要药剂蘸盘。药剂蘸盘目前是防治土传病害的一个有效方法。可选择枯草芽孢杆菌，不仅能够预防病害，而且能够促进根系生长。③生物熏蒸消毒。定植前 3～5 天在整好地的土壤表面铺滴灌管，密闭覆盖地膜，采用生物熏蒸剂，如每 $667m^2$ 用 20% 辣根素水乳剂 4～6L，通过施肥浇。随水把辣根素溶液均匀滴入土壤深层，密闭熏蒸 12～24h，揭膜散气 1～2 天，然后定植黄瓜，防治黄瓜死棵及根结线虫效果好。④病秧死棵要及时处理。在棚内出现黄瓜的病死植株时，要及时挖除，集中烧毁或深埋。不要堆放在棚室附近，腐烂过程中病原菌还可能再次传入棚内，造成恶性循环。死棵周围可用生石灰、多菌灵、恶霉灵等处理土壤，并培高该处，避免浇水时水流经过，传播病原菌。⑤定植后，要培育健壮的根系，首先要合理浇水。浇水过多不仅容易对根系造成伤害，容易侵染病害，而且不利于根系的下扎，在浇足定植水的情况下，缓苗水要适量，其次水要尽量晚浇，同时结合中耕划锄、使用生根养根类肥料促进根系的健壮生长。同时定植后要药剂灌根防止根部病害的发生，药剂选择可与蘸盘药剂相同，连续使用三次，既能预防疫病,又可预防根腐病的发生。⑥重视菌肥的施用,改善植株根系的生长环境。针对当前棚室土壤恶化严重的现象,黄瓜定植时要穴施生物菌肥,浇水时冲施生物菌肥,能够大大改善黄瓜根系的生长环境,促进苗壮,延缓根系的衰老,提高植株抗病性。⑦提倡用归源农法施入归源 3 号防线虫。现在越来越多的人用熏蒸后补菌的方法来防治死棵,这是一个好方法,基于这类方法而完善发展起来的归源农法等种植理念和技术通过施用微生物简单高效地达到优化种植与病虫害防治以及土壤迅速改良等目的,逐步得到了众多社员的认可。

从防治死棵的技术演变过程中,我们看到了技术的不断进步,看到了化学技术的弊端,看到了绿色的希望。与此相似的,我们的种植技术也正在由大量施用化肥向大量施用有机肥过渡,由单纯使用粪肥向添加稻壳等有机肥和添加菌物等速效有机肥过渡,形成多种有机肥并用、有机肥取代部分化肥的绿色、高效生产好技术。技术越来越绿,生产越来越好。

黄瓜、水果型黄瓜花腐病

【症状】　黄瓜花腐病见于塑料棚室保护地或露地栽培,发病初期黄瓜花和幼果发生水渍状湿腐,病花变褐腐败,病菌从花蒂部侵入幼瓜后,向瓜上扩展,致病瓜外部逐渐褐变,表面可见白色茸毛状物在瓜毛之间蔓延,有时可见黑色头状物。高温高湿条件下病情扩展迅速,干燥时半个果实变褐,失去食用价值。

【病原】　*Choanephora cucurbitarum*（Berk. et Rav.）Thaxt.,称瓜笄霉,属真菌界接合菌门笄霉属。该菌寄生性弱,除为害黄瓜外,还可侵染西葫芦、冬瓜、节瓜、金瓜、豇豆、烟草、辣椒、甘薯等。

【传播途径和发病条件】　病菌主要以菌丝体随病残体或产生接合孢子留在土壤中越冬,翌春侵染黄瓜的花和幼瓜,发病后病部长出大量孢子,借风雨或昆虫传播。该菌腐生性强,只能从伤口侵入生活力衰弱的花和果实。棚室栽培的黄瓜,遇有高温高湿及生活力衰弱或低温、高湿条件则发病,日照不足、雨后积水、伤口多易发病。

黄瓜花腐病病花和幼果

黄瓜花腐病病瓜

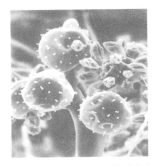

黄瓜花腐病菌（瓜笋霉）的球状泡囊
及小孢子囊梗（康振生）

[防治方法] ①选择地势高燥地块，施足酵素菌沤制的堆肥或有机活性肥，加强田间管理，增强抗病力。②与非瓜类作物实行 3 年以上轮作。③采用高畦栽培，合理密植，注意通风，雨后及时排水，严禁大水漫灌。④坐果后及时摘除残花病瓜，集中深埋或烧毁。⑤开花至幼果期开始喷洒 70% 丙森锌可湿性粉剂 500～600 倍液或 70% 代森联水分散粒剂 550 倍液或 50% 甲基硫菌灵悬浮剂 800 倍液，隔 10 天左右 1 次，防治 2～3 次。

嫁接黄瓜、水果型黄瓜拟茎点霉根腐病

[症状] 黄瓜与黑子南瓜嫁接后，不仅抗枯萎病，还可增加植株生长势，提高耐低温能力，克服了黄瓜自根苗根系浅、吸收范围小的弱点，生产上已广为利用。嫁接黄瓜在头 1 个月内发育正常，摘心后至收获期开始发病。接穗黄瓜病情进展较缓慢，初期叶片失去活力，晴天中午叶片萎蔫，早、晚或阴天恢复原状，持续数天后下部叶片开始枯黄，且逐渐向上扩展，抑制侧枝生长致黄瓜发育不良。用作砧木的黑子南瓜茎基部呈水渍状变褐腐败，致全株枯死。发病轻的外部病症不明显，砧木和接穗的维管束也未见变色，但细根变褐腐烂，主根和支根一部分变为浅褐色至褐色，严重的根部全部变为褐色或深褐色，后细根基部发生不规则纵裂，且在不整齐的纵裂中间产生灰白色的黑带状菌丝块，在根皮细胞可见密生的小黑点，即病原菌分生孢子器。

[病原] *Phomopsis* sp.，称一种拟茎点霉，属真菌界子囊菌门拟茎点

水果型黄瓜拟茎点霉根腐病病株

嫁接黄瓜拟茎点霉根腐病病根

霉属。病菌发育适温 24 ～ 28℃，最高 32℃，最低 8℃，一般低温对病菌发育有利。该菌能侵染黄瓜、南瓜、越瓜等葫芦科植物。

传播途径和发病条件 病菌随病残体在土壤中越冬，翌年定植嫁接黄瓜易发病，地温 15 ～ 30℃ 均可发病，20 ～ 25℃ 发病重。

防治方法 ①育苗床或育苗温室土壤覆盖塑料膜，用太阳能进行土壤消毒，土温 38 ～ 40℃ 消毒 24h、42℃ 消毒 6h、48 ～ 51℃ 消毒 10min 即可奏效。经热处理的苗床，发病率低。②施用粪肥等有机肥时要充分腐熟。③穴施生物菌肥，创造根系生长的良好环境，提高根系和植株的抗病性能。④黄瓜定植后进行药剂处理，可用 1000 倍液的生根壮苗剂 + 400 倍液的 40% 多福溴进行灌根。

黄瓜、水果型黄瓜细菌枯萎病

症状 又称细菌性萎蔫病，浙江、吉林已有发生。发病初期叶片上出现暗绿色水渍状病斑，茎部受害处变细，两端呈水渍状，病部以上的蔓和枝杈及叶片首先出现萎蔫，该病扩展迅速，不久全株突然萎凋死亡。剖开茎蔓用手捏挤从维管束的横断面上溢出白色菌脓，用干净火柴棍或小刀刀尖沾上菌脓轻轻拉开可把菌脓拉成丝状。导管一般不变色，根部也未见腐烂，有别于镰孢菌引起的枯萎病。

病原 *Erwinia amylovora* var. *tracheiphila*（Smith）Dye，异名为 *E. tracheiphila*（Smith）Bergey，称嗜维管束欧文菌（黄瓜萎蔫欧文菌），属细菌界薄壁菌门。最适生长温度 25 ～ 30℃，最高 34 ～ 35℃，36℃ 不生长，最低 8℃；43℃ 经 10min 致死。

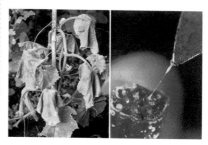

黄瓜细菌性枯萎病病株和病茎横剖面上的菌脓

传播途径和发病条件 该病是系统性侵染的维管束病害，病菌由黄瓜甲虫（*Diabrotiea vittata* 和 *D. duodecimpunctata*）传播。黄瓜细菌性枯萎病过去国内未见报道，近年浙江丽水地区、吉林长春已见发病。该病除害黄瓜外，还可侵染葫芦科香瓜属、南瓜属、西瓜属的植物。黄瓜和甜瓜较南瓜和矮瓜易发病，生产上应予以重视。

防治方法 ①选用中农 5 号、碧春、满园绿等抗细菌病害的品种。从无病瓜上选留种，瓜种可用 70℃ 恒温干热灭菌 72h 或 50℃ 温水浸种 20min，捞出晾干后催芽播种；还可用次氯酸钙 300 倍液浸种 30 ～ 60min 或 100 万单位硫酸链霉素 500 倍液浸种 2h，冲洗干净后催芽播种。②用无病土育苗，与非瓜类作物实行 2 年以上轮作，加强田间管理，生长期及收获后清除病叶，及时深埋。③用 25% 嘧菌酯悬浮剂 1500 倍液混加 14% 络氨铜水剂 500 倍液或 72.2% 霜霉威水剂 700 倍液混 70% 噁霉灵可湿性粉剂 1500 倍液或 2.5% 咯菌腈悬浮剂 1200 倍液混 50% 多菌灵可湿性粉剂 600 倍液灌根，7 ~ 10 天 1 次，灌 2 次。

黄瓜、水果型黄瓜 细菌性圆斑病

症状　主要为害叶片，有时也为害幼茎或叶柄。叶片染病，幼症状不明显，成长叶片叶面初现黄化区，叶背现水渍状小斑点，病斑扩展为圆形或近圆形，很薄，黄色至褐黄色，病斑中间半透明，病部四周具黄色晕圈，菌脓不明显。幼茎染病，致茎部开裂。苗期生长点染病，多造成幼苗枯死。果实染病，在果实上形成圆形灰色斑点，其中有黄色干菌脓，似痂斑。

病原　*Xanthomonas campestris* pv. *cucurbitae*（Bryam）Dye，异名为 *X. cucurbitae*（Bryam）Dowson，称油菜黄单胞菌黄瓜致病变种（黄瓜细菌斑点病黄单胞菌），属细菌界薄壁菌门。

传播途径和发病条件　果肉受害扩展到种子上，病菌由种子传带，也可随病残体遗留在土壤中越冬，从幼苗的子叶或真叶的水孔或伤口侵

黄瓜细菌性圆斑病病叶

入，引起发病。真叶染病后，细菌在薄壁细胞内繁殖，后进入维管束，致叶片染病，然后再从叶片维管束蔓延至茎部维管束，进入瓜内，致瓜种带菌。棚室黄瓜湿度大、温度高，叶面结露、叶缘吐水，利于该菌侵入和扩展。

防治方法　参见黄瓜、水果型黄瓜细菌枯萎病。

黄瓜、水果型黄瓜软腐病

症状　主要发生在采收后运输储藏过程中，染病瓜先在病部产生褪绿圆斑，后渐凹陷，发软，病部渐扩大，内部软腐，表皮破裂崩溃，从内向外淌水，整个果实腐败分解，散发出臭味。

黄瓜软腐病病瓜

病原 *Pectobacterium carotovora* subsp. *carotovora*（Jones）Bergey et al.，称胡萝卜果胶杆菌胡萝卜亚种，属细菌界薄壁菌门。菌体短杆状，大小（1.2 ～ 3.0）μm×（0.5 ～ 1.0）μm。在 PDA 培养基上菌落呈灰白色，变形虫状，可使石蕊牛乳变红，明胶液化。病菌发育适温 2 ～ 40℃，最适温度 25 ～ 30℃。50℃经 10min 致死，适应 pH 值 5.3 ～ 9.3，最适 pH 值 7.3。

传播途径和发病条件 病原菌在病残体或土壤中越冬，经伤口或自然裂口侵入，靠接触传播蔓延。

防治方法 ①加强田间管理，注意通风透光和降低田间湿度，减少田间侵染。②及时拔除病株，用石灰消毒减少田间初侵染源和再侵染源。③避免大水漫灌。④喷洒 72% 农用高效链霉素可溶性粉剂 3000 倍液混 50% 琥胶肥酸铜 500 倍液，或 33.5% 喹啉铜悬浮剂 800 倍液、86.2% 氧化亚铜悬浮剂 800 倍液、53.8% 氢氧化铜水分散粒剂 500 倍液。⑤采收、装卸时要轻拿轻放，防止碰撞造成伤口。⑥采后储藏在低温冷藏库中。

黄瓜、水果型黄瓜
细菌性角斑病

黄瓜细菌性角斑病整个生长期均可受害，越冬栽培黄瓜 12 月中旬还在发生，受害亦重。

症状 主要危害叶片、叶柄、卷须和果实，有时也侵染茎。苗期至成株期均可受害。子叶染病，初呈水浸状近圆形凹陷斑，后微带黄褐色；真叶染病，初为鲜绿色水浸状斑，渐变淡褐色，病斑受叶脉限制呈多角形，灰褐或黄褐色，湿度大时叶背溢有乳白色混浊水珠状菌脓，干后具白痕，病部质脆易穿孔，有别于霜霉病。茎、叶柄、卷须染病，侵染点出现水浸状小点，沿茎沟纵向扩展，呈短条状，湿度大时也见菌脓，严重的纵向开裂呈水浸状腐烂，变褐干枯，表层残留白痕。瓜条染病，出现水浸状小斑点，扩展后不规则或连片，病部溢出大量污白色菌脓，受害瓜条常伴有软腐病菌侵染，呈黄褐色水渍腐烂。病菌侵入种子，致种子带菌。

病原 *Pseudomonas syringae* pv. *lachrymans*（Smith et Bryan）Young et al.，称丁香假单胞菌流泪致病变种，属细菌界薄壁菌门假单胞菌属。生长适温 24 ～ 28℃，最高 39℃，最低 4℃，48 ～ 50℃经 10min 致死。除侵染黄瓜外，还侵染葫芦、西葫芦、丝瓜、甜瓜、西瓜等。

黄瓜细菌性角斑病田间
受害状（摄于包头市）

黄瓜细菌性角斑病初发病的早晨或
雨后叶背的水渍状斑

黄瓜细菌性角斑病初发病的早晨或
浇水后叶背溢出的菌脓

黄瓜细菌性角斑病叶面上的典型症状

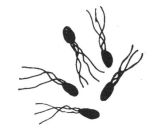

黄瓜细菌性角斑病病菌丁香假单胞菌
流泪致病变种

传播途径和发病条件　病原菌在种子内、外或随病残体在土壤中越冬，成为翌年初侵染源。病种子带菌率2%～3%，病菌由叶片或瓜条伤口、自然孔口侵入，进入胚乳组织或胚幼根的外皮层，造成种子内带菌。此外，采种时病瓜接触污染的种子致种子外带菌，且可在种子内存活1年，土壤中病残体上的病菌可存活3～4个月。生产上如播种带菌种子，出苗后子叶发病，病菌在细胞间繁殖，棚室保护地黄瓜病部溢出的菌脓，借棚顶大量水珠下落，或结露及叶缘吐水滴落、飞溅传播蔓延，进行多次重复侵染。露地黄瓜蹲苗结束后，随雨季到来和田间浇水开始，始见发病，病菌靠气流或雨水逐渐扩展开来，一直延续到结瓜盛期，后随气温下降，病情缓和。发病温限10～30℃，适温24～28℃，适宜相对湿度70%以上。塑料棚低温高湿利其发病，病斑大小与湿度相关：夜间饱和湿度大于6h，叶片上病斑大且典型；湿度低于85%，或饱和湿度持续时间不足3h，病斑小；昼夜温差大，结露重且持续时间长，发病重。在田间浇水次日，叶背出现大量水浸状病斑或菌脓。有时，只要有少量菌源即可引起该病发生和流行。

防治方法　①选用抗病品种，如中农5号、中农9号、中农16号、中农202、北京402、板桥白黄瓜、早春佳宝F1、甘丰8号、甘丰11号、保护地1号、保护地2号、津绿1号、津绿6号、津早3号、津优30号、津优36号、碧春、翠绿、绿园4号等。水果型黄瓜如京乐5号迷你黄瓜、春光2号、中农19号、2186、迷你2号抗细菌性角斑病。②从无病瓜上选留瓜种，瓜种可用70℃恒温干热灭菌72h，或50℃温水浸种20min，捞出晾干后催芽播种；还可用次氯酸钙300倍液，浸种30～60min，或100万单位硫酸链霉素500倍液浸种2h，冲洗干净后催芽播种。③无病土育苗，与非瓜类作物实行2年以上轮作，加强田间管理，生长期及收获后清除病叶，及时深埋。④保护地黄瓜重点抓好生态防治，方法见黄瓜、水果型黄瓜霜霉病。须用药时可选粉尘法：喷撒康普润静电粉尘剂，667m²用药800g，持效20天，或5%百菌清、10%脂铜粉尘剂，每667m² 1次1kg。⑤露地推广避雨栽培，开展预防性药剂防治。于发病前或蔓延开始期喷洒90%新植霉素可溶性粉剂4000倍液或72%农用高效链霉素可溶性粉剂3000倍液（桂林生产）混50%琥胶肥酸铜500倍液或2%春雷霉素液剂500倍液或33.5%喹啉铜悬浮剂800倍液或3%中生菌素可湿性粉剂600倍液或80%乙蒜素乳油800～1000倍液或50%氯溴异氰尿酸可溶性粉剂1000倍液，667m²喷对好的药液60～75L，连续防治3～4次。⑥保护地越冬栽培的黄瓜、水果型黄瓜秋冬11月、12月和春天1～3月常发生细菌性角斑病。⑦越冬茬黄瓜生长的环境有利于细菌性角斑病的发生，在温度为25～28℃条件下，病原细菌通过浇水溅到茎叶上进行初侵染，接近地面的叶片和果实易发病。种子如带菌，种子萌发时侵入子叶和真叶，引起幼苗发病，该病在温暖潮湿、地势低洼重茬发病重。从选用无病种子入手，提倡用消过毒或进行包衣的种子，也可用50℃温水浸20min消毒，提倡用无病土育苗，或进行2年以上轮作。绑蔓在晴天9点后进行，发病初期喷洒32.5%苯甲·嘧菌酯悬浮剂1500倍液混加72%农用高效链霉素3000倍液或32.5%苯甲·嘧菌酯悬浮剂1500倍液混27.12%碱式硫酸铜500倍液或90%新植霉素可溶性粉剂4000倍液或72%农用高效链霉素可溶性粉剂3000倍液或80%福美双悬浮剂800倍液＋斯德考普叶面肥6000倍液或77%氢氧化铜可湿性粉剂600～800倍液进行定期喷药，7～10天1次，要几种农药交替施用，结合施芸薹素内酯或诱抗素（福施壮和保民丰）平衡黄瓜营养生长和生殖生长，提高寄主的抗病性和耐低温能力。对黄瓜细菌角斑病应强调加强栽培管理，早晨棚温可掌握在10～12℃，中午28℃时及时通风，下午25℃关风口，22℃放草苦，每年进入深冬后要增加保温设施，使棚室内中午温度达到30℃再放风，下午适当早关通风口，晚放草苦，尽量延长见光时间，提高黄瓜的产量。此外，为了提高节能日光温室越冬茬栽培效率，千方百计地提高保温效果，在温室的最外层覆盖防雨膜效果相当明显。

黄瓜、水果型黄瓜脉枯病

脉枯病是保护地偶尔发生的病害，危害黄瓜、丝瓜、南瓜等葫芦科作物。

【症状】 主要危害植株中下部叶片，也可为害茎及果实。苗期染病，初在子叶上生褪绿水渍状小点，扩展后病斑呈不规则形，边缘现黄色晕环，中央渐变为淡褐色。真叶染病，初在叶缘产生水渍状小点，扩展形成后沿叶脉方向侵入的水渍状病斑，并向叶片中部扩展，严重的产生"V"字形黄色大型枯叶病斑。果实染病，产生不规则隆起斑块，周围仍现绿色水浸状斑，病斑中央易龟裂。

黄瓜脉枯病病叶（李惠明）

【病原】 *Xanthomonas cucurbitae*，称黄单胞菌黄瓜脉枯致病变种，属细菌。

【传播途径和发病条件】 种子带菌，遗留在田间的病残体也可留在田间越冬，条件适宜时从叶缘水孔、气孔侵入，昆虫、农事操作也可传播。播种带菌种子，发芽后直接侵入子叶，引起幼苗发病。饱和湿度持续 7h 以上易发病，适宜发病温度 8 ～ 20℃，潜育期 7 ～ 15 天。长江中下游 12 月至翌年 4 月进入发病盛期，雨日多的年份发病重。

【防治方法】 参见黄瓜、水果型黄瓜细菌性角斑病。

黄瓜、水果型黄瓜细菌性缘枯病

【症状】 叶、叶柄、茎、卷须、果实均可受害。叶部染病，初在水孔附近产生水浸状小斑点，后扩大为淡褐色不规则形斑，周围有晕圈；严重的产生大型水浸状病斑，由叶缘向叶中间扩展，呈楔形。叶柄、茎、卷须

黄瓜细菌性缘枯病初发病时症状

黄瓜细菌性缘枯病发病初期
叶缘现"V"形斑

黄瓜细菌性缘枯病叶背叶缘症状

黄瓜细菌性缘枯病茎部溢出的乳白色菌脓

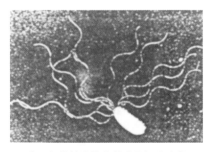

黄瓜细菌性缘枯病菌边缘假单胞菌

上病斑也呈水浸状，褐色。果实染病先在果柄上形成水浸病斑，后变褐色，果实黄化凋萎，脱水后成木乃伊状。湿度大时病部溢出菌脓。

【病原】 *Pseudo monasmarginalis* pv.*marginalis*（Brown）Stevens，称边缘假单胞菌边缘假单胞致病型，属

细菌界薄壁菌门。在普通洋菜培养基上菌落黄褐色，表面平滑，具光泽，边缘波状。细菌短杆状，极生鞭毛1～6根，无芽胞，革兰染色阴性。除侵染黄瓜外，还可侵染南瓜。

【传播途径和发病条件】 病原菌在种子上或随病残体留在土壤中越冬，成为翌年初侵染源。病菌从叶缘水孔等自然孔口侵入，靠风雨、田间操作传播蔓延和重复侵染。经观察此病的发生主要受降雨引起的湿度变化及叶面结露影响，我国北方春夏两季大棚相对湿度高，尤其每到夜里随气温下降，湿度不断上升至70%以上或饱和，且长达7～8h，这时笼罩在棚里的水蒸气，遇露点温度，就会凝降到黄瓜叶片或茎上，形成叶面结露，这种饱和状态持续时间越长，缘枯细菌病的水浸状病斑出现越多，有的在病部可见菌脓。与此同时黄瓜叶缘吐水为该菌活动及侵入和蔓延提供了重要水湿条件。目前此病已在沈阳、大连、本溪等地大棚黄瓜上发生。

【防治方法】 参见黄瓜、水果型黄瓜细菌性角斑病。

黄瓜、水果型黄瓜细菌性叶枯病

【症状】 又称斑点病。主要侵染叶片，叶片上初现圆形小水浸状褪绿斑，逐渐扩大呈近圆形或多角形的褐色斑，直径1～2mm，周围具褪绿晕圈，病叶背面不易见到菌脓，有别

于细菌性角斑病。除为害黄瓜外，还可侵染西瓜、西葫芦，症状与黄瓜相似。北京保护地3月开始发生。

病原 *Xanthomonas campestris* pv. *cucurbitae*（Bryan）Dye，称油菜黄单胞菌黄瓜叶斑病致病型，属细菌界薄壁菌门。

水果型黄瓜细菌性叶枯病叶面症状

水果型黄瓜细菌性叶枯病叶背症状

传播途径和发病条件 主要通过种子带菌传播蔓延。该菌在土壤中存活非常有限。此病在我国东北、内蒙古已发现。叶色深绿的品种发病重，棚室保护地常较露地发病重。

防治方法 ①进行种子检疫，防止该病传播蔓延。②种子处理及药剂防治参见黄瓜、水果型黄瓜细菌性角斑病。

黄瓜、水果型黄瓜花叶病毒病

症状 多全株发病。苗期染病子叶变黄枯萎，幼叶现浓绿与淡绿相间的花叶状。成株染病新叶呈黄绿相嵌状花叶，病叶小略皱缩，严重的叶反卷，病株下部叶片逐渐黄枯。瓜条染病，表现深绿与浅绿相间的疣状斑块，果面凹凸不平或畸形，发病重的节间短缩，簇生小叶，不结瓜，致萎缩枯死。

病原 据北京、南京、广州、西安、泰安等地鉴定，病原主要是黄瓜花叶病毒（CMV）和烟草花叶病毒（TMV）。

营养液水培和有机无土栽培
黄瓜花叶病毒病

黄瓜花叶病毒病（CMV）病瓜症状

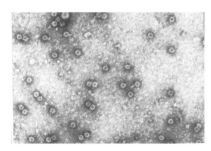

黄瓜花叶病毒圆形等轴粒子

传播途径和发病条件 黄瓜种子不带毒,主要在多年生宿根植物上越冬,由于鸭跖草、反枝苋、刺儿菜、酸浆等都是桃蚜、棉蚜等传毒蚜虫的越冬寄主,每当春季发芽后,蚜虫开始活动或迁飞,成为传播此病的主要媒介。发病适温20℃,气温高于25℃多表现隐症。甜瓜花叶病毒(MMV)甜瓜种子可带毒,带毒率16%~18%。烟草花叶病毒极易通过接触传染,蚜虫不传毒。

防治方法 ①选用耐病品种。保护地可选用中农5号、保护地1号、保护地2号、长春密刺。露地栽培可选用津研7号、湘黄瓜4号、中农6号、鲁春32号、宁丰1号、宁丰2号、津旺1号、津旺3号、津旺12号、北京402、中农16号、绿衣天使、津优12号等。水果型黄瓜抗病毒品种有2186等。②培育壮苗,适期定植,一般当地晚霜过后,即应定植,保护地可适当提早。③施用有机活性肥或海藻肥,采用配方施肥技术,加强管理。④提倡采用防虫网,防止传毒蚜虫。⑤发病初期喷洒20%盐酸吗啉胍可湿性粉剂,每667m²用200~300g,对水45~60kg;或1%香菇多糖水剂,每667m²用80~120ml,对水30~60kg,均匀喷雾;也可喷洒20%吗胍·乙酸铜可溶性粉剂300~500倍液+0.01%芸薹素内酯乳油2500倍液。10天左右1次,防治2~3次。

黄瓜、水果型黄瓜绿斑花叶病毒病

黄瓜绿斑花叶病毒病目前在我国辽宁盖州市、新民市、大石桥市,河北滦州市、新乐市及北京市平谷区危害黄瓜、水果型黄瓜、甜瓜、西瓜、

黄瓜绿斑花叶病毒病病叶典型症状

黄瓜绿斑花叶病毒病果实典型症状

西葫芦、南瓜等。近年该病在山东频发，对瓜类生产造成严重威胁。

症状 黄瓜绿斑花叶病毒病分绿斑花叶和黄斑花叶两种类型。①绿斑花叶型：苗期染病幼苗顶尖部的2～3片叶子现亮绿或暗绿色斑驳，叶片较平，产生暗绿色斑驳的病部隆起，新叶浓绿，后期叶脉透化，叶片变小，引起植株矮化，叶片斑驳扭曲，呈系统性传染。瓜条染病现浓绿色花斑，有的也产生瘤状物，致果实成为畸形瓜，影响商品价值，严重的减产25%左右。②黄斑花叶型：其症状与绿斑花叶型相近，但叶片上产生淡黄色星状病斑，老叶近白色。

病原 *Cucumber green mottle mosaic virus*（CGMMV），称黄瓜绿斑驳花叶病毒，属烟草花叶病毒属病毒。除侵染黄瓜外，还可侵染西瓜、瓠瓜及甜瓜。

传播途径和发病条件 种子和土壤传毒，遇有适宜的条件即可进行初侵染，种皮上的病毒可传到子叶上，21天后致幼嫩叶片显症。此外，该病毒很容易通过手、刀子、衣物及病株污染的地块及病毒汁液借风雨或农事操作传毒，进行多次再侵染，田间遇有暴风雨，造成植株互相碰撞、枝叶摩擦或锄地时造成的伤根都是侵染的重要途径，田间或棚室高温则发病重。

防治方法 ①选用中农7号、中农8号、春秋绿、津绿5号等抗病品种。建立无病留种田，施用无病毒的有机肥，培育壮苗；农事操作应小心从事，及时拔除病株，采种时要注意清洁，防止种子带毒。②在常发病地区或田块，对市售的商品种子要进行消毒。种子经70℃处理72h可杀死毒源，也可用1%香菇多糖水剂200倍液浸种20～30min，冲净、催芽、播种，对控制种传病毒病有效。③打杈、绑蔓、授粉、采收等农事操作注意减少植株碰撞，中耕时减少伤根，浇水要适时适量，防止土壤过干。④发病初期喷洒5%菌毒清水剂200倍液、20%吗胍·乙酸铜可溶性粉剂300～500倍液、20%盐酸吗啉胍可湿性粉剂200～300g，对水45～60kg喷雾。或1%香菇多糖水剂，80～120ml/667m²，对水30～60kg，均匀喷雾。在使用上述防治病毒病药剂的同时加入0.004%芸薹素内酯水剂1000～1500倍液。

黄瓜、水果型黄瓜真滑刃线虫病

症状 黄瓜染线虫病后，初症状不明显，发生数量多或持续时间长时，出现全株生长不良，似缺水或缺肥状，对不良环境条件抵抗力差，容易导致其他病害发生蔓延；后期根部变褐腐烂。

病原 *Aphelenchus avenae* Bastian，称真滑刃线虫，属动物界线虫门。

传播途径和发病条件 线虫产卵后，孵化出的幼虫在根附近活动，形成危害。繁殖适温25～30℃，年生多代。

黄瓜真滑刃线虫病线虫形态

防治方法 ①线虫危害严重的地区或田块，收获后要马上清除病残体、残根，深埋或烧毁，深翻晒田。②棚室保护地发生线虫要进行高温消毒，具体方法参见黄瓜、水果型黄瓜根结线虫病。③每667m² 施用充分腐熟的干鸡粪150～500kg，有较高的防治效果。④药剂防治可用98%～100%棉隆微粒剂，沙质土每667m²用4.9～5.88kg、黏质土5.88～6.86kg，喷洒或沟施，深为20cm，施后马上盖土，经10～15天经松土通气后再播种。

黄瓜、水果型黄瓜根结线虫病

近10年来由于保护地瓜类、茄果类连年、连茬种植，根结线虫在土壤中逐年增加。现在瓜类、茄果类根结线虫已成为生产上最严重的病害，成为生产上的重大难题。

症状 主要发生在根部的侧根或须根上，须根或侧根染病后产生瘤状大小不等的根结。解剖根结，病部组织里有很多细小的乳白色线虫埋于其内。根结之上一般可长出细弱的新根，致寄主再度染病，形成根结。地上部表现症状因发病的轻重程度不同而异，轻病株症状不明显，重病株生长不良，叶片中午萎蔫或逐渐黄枯，植株矮小，影响结实，发病严重时，全田枯死。

病原 *Meloidogyne incognita* Chitwood，称南方根结线虫，属动物界线虫门。病原线虫雌雄异形，幼虫呈细长蠕虫状。雄成虫线状，尾端稍圆，无色透明，大小为（1.0～1.5）mm×（0.03～0.04）mm。雌成虫梨形，每头雌线虫可产卵300～800粒，雌虫多埋藏于寄主组织内，大小为（0.44～1.59）mm×（0.26～0.81）mm。

根结线虫为害温室黄瓜中期症状

无土栽培水果型黄瓜根结线虫病根上的根结

南方根结线虫雌虫（左）和
二龄幼虫放大（右）

我国河南、北京、山东、新疆、广东、山西等地黄瓜上发生的根结线虫，主要是南方根结线虫1号小种。据文献报道，还有一些根结线虫也危害黄瓜，引起类似的症状。

传播途径和发病条件　该虫多在土壤5～30cm处生存，常以卵或2龄幼虫随病残体遗留在土壤中越冬，病土、病苗及灌溉水是主要传播途径。一般可存活1～3年，翌春条件适宜时，由埋藏在寄主根内的雌虫，产出单细胞的卵，卵产下经几小时形成一龄幼虫，脱皮后孵出二龄幼虫，离开卵块的二龄幼虫在土壤中移动寻找根尖，由根冠上方侵入定居在生长锥内，其分泌物刺激导管细胞膨胀，使根形成巨型细胞或虫瘿，或称根结。在生长季节根结线虫的几个世代以对数增殖，发育到4龄时交尾产卵，卵在根里孵化发育，2龄后离开卵块，进入土中进行再侵染或越冬。在温室或塑料棚中单一种植几年后，导致寄主植物抗性衰退时，根结线虫可逐步成为优势种。南方根结线虫生存最适温度25～30℃，高于40℃、低于5℃都很少活动，55℃经10min致死。田间土壤湿度是影响孵化和繁殖的重要条件。土壤湿度适合蔬菜生长，也适于根结线虫活动，雨季有利于线虫孵化和侵染，但在干燥或过湿土壤中，其活动受到抑制，其为害沙土中常较黏土重，适宜土壤pH值4～8。

防治方法　①选用抗根结线虫病的品种。用野生瓜棘瓜与黄瓜、水果型黄瓜嫁接亲和性高，对南方根结线虫抗性强，增产幅度大，明显优于黑籽南瓜。发病重的地区选用无病土或大田土育苗，提倡采用无土育苗确保瓜苗无病。②发病重的地区或田块，瓜类、茄果类拉秧前先浇水，趁土壤不干不湿时逐株把秧子挖出，检查根部有无根结，凡有根结的从植株基部轻轻地剪下来，放入编织袋或厚塑料袋中集中烧毁，可明显减少遗留在土壤中的根结数量，每茬坚持这样做能有效减轻该病危害。③利用氰氨化钙防治根结线虫兼治土传病害。如今在根结线虫十分严重的情况下，提倡用氰氨化钙进行高温高湿闷棚，可有效防治根结线虫病。a.选择6～8月天气最热的夏季晴天，先把上一季蔬菜残留物彻底清除出去。b.把50%氰氨化钙颗粒剂80kg和铡成小段的稻草或麦秸及有机肥2000kg左右均匀混合后撒施在土壤表面上（667m²的用量）。c.用旋耕机等把有机肥和氰氨化钙均匀地深翻入土中，深度不低于30cm，最好翻耕2遍，使颗粒剂与土壤广泛接触。d.土壤整平后做畦。e.用无破损透明的塑料薄膜把做好的畦面完全封闭，保温，防止土壤水分散失。f.从膜下往畦间灌足水，直到畦面充分湿润为止，不要有积水。g.把塑料温室完全封闭，持续15天左右，就可有效地杀灭土壤中的根结线虫及土中的真菌、细菌等有害生物。h.处理15～20天后消毒完成了，应马上揭膜晾晒，及时翻耕土壤深度，以30～40cm为好。晾晒3～5天后可播种或定植。防治根结线虫的效果可达83%，经此处理后再用线虫生物防治制剂处理，防效可达90%以上。氰氨化钙国内有宁夏产的"荣宝"、山东产的"圣泰"，德国进口的"庄伯伯"等，又叫石灰氮，是药肥兼用的土壤消毒杀菌杀虫剂。对种植3年以上的大棚根结线虫、土传病害严重的进行土壤消毒效果显著。④有条件的也可试用热水消毒法防治根结线虫，根结线虫通常在0～60cm的土壤中活动，当往土壤中灌注90℃以上的热水，并持续相应时间，直至60cm土层内温度达到能杀死根结线虫和病菌，就可达到土壤消毒的目的。⑤提倡用甲壳类物质。在土壤中添加海洋生物的甲壳类物质，能有效降低根结线虫的数量。甲壳素是一种促根杀菌剂，是生产无公害或绿色食品的理想生长调节剂、化肥增效剂、土壤改良剂，既能充分发挥原有化肥的增效作用，又能改良土壤、保根、抑制病原

菌生长，具增产、提高品质、降低有害有毒物质、减少农药残留的效力。现在生产上把甲壳素作为肥料使用或以肥料为载体的使用方式效果更好，在蔬菜未发病前激活蔬菜抗病基因，从而达到防病的目的。现在生产上使用的阿波罗963、氨基寡糖素水剂、OS-施特灵水剂都表现得很好。例如，用阿波罗963稀释1000倍与阿维菌素1000倍液混合灌根对黄瓜根结线虫的防效可达82.7%。⑥提倡采用厚孢轮枝菌和阿维菌素类防治根结线虫。a.用5亿个孢子/g厚孢轮枝菌微粒剂苗床用药，育苗前苗床每平方米先用制剂3～4g，充分混匀，然后播种育苗。每667m² 用制剂1.5～2.5kg，定植时均匀撒在定植沟内，然后定植。必要时也可在植株周围根际处追施，这是一种低毒微生物农药，绿色环保，每季只用1次防效优异。b.用阿维菌素处理土壤。育苗或定植前，每平方米用1.8%阿维菌素乳油1ml，加适量细土拌匀，均匀撒在苗床或定植畦内，后用齿耙刨土混拌2次，也可按此药量把药剂稀释成1500倍均匀喷洒在苗床上，湿拌后定植无虫苗，定植时定植穴浇1000倍液，防效可达86%，持效期2个月。⑦土壤消毒剂、杀线剂防治根结线虫。a.瓜类蔬菜生长期长，可用土壤消毒剂，如沟施必速灭颗粒剂5～10g/m² 覆土，盖上塑料薄膜7～10天后揭膜，松土，7天后种植瓜类蔬菜，对根结线

虫防效达87%。b.用40%威百亩水剂，每平方米17.5～35g（有效成分），对黄瓜根结线虫防效达60%。c.采用硫酰氟，每平方米用25～50g能杀死深土层中的根结线虫。由于硫酰氟沸点低，在低温下可气化，非常适于冬季和早春防治根结线虫，对黄瓜及后茬蔬菜安全。d.24%欧杀灭乳油500倍液喷洒，防治多种线虫。e.丙烯醛美国每平方米用11.2～22.4g，对根结线虫及杂草均有优良防治效果。f.只要发现大棚里有根结线虫，最好在夏天用药剂处理土壤，然后从苗子定植时开始用阿维菌素前后配合使用。若是自己育苗，在苗期可用少量0.5%阿维菌素颗粒剂，每667m²用3kg，拌苗土。若是买来的商品苗，定植时再用1.8%阿维菌素乳油1500倍液蘸穴盘，可预防该虫发生。山东、河南、河北一带清明前后发生重，在每年清明之前提前用1.8%阿维菌素乳油灌根，每667m²用1～2kg，然后每隔1～1.5个月用上述产品再灌1次，可有效控制。也可在定植前用10%噻唑膦颗粒剂，每667m²用2kg，混细沙10～20kg，均匀撒施，应与土壤拌匀，否则很易产生药害。天暖之后配合冲施阿维菌素效果好。也可用青岛海纳线虫研究中心的"枯草芽孢杆菌＋溶线酶"，商品名"长歌"，可在定植时随定植水冲施，每667m²用2kg，持效期长达4个月，还可用0.8%阿维菌素微胶囊悬浮剂，0.96g/667m²，生态效益好。

黄瓜、水果型黄瓜春节期间重点管理措施及常发生理病害防治

（1）调节植株长势，合理留瓜　菜农为了提高效益，抓住机会多蘸花多留瓜创高产，但生产上留瓜太多抑制黄瓜营养生长，枝叶细弱，易染病。如何让黄瓜既能多结瓜又能生长旺盛，是这段时间棚室管理的关键。①留根瓜调节长势。定植后结的第一条瓜叫根瓜。大部分菜农怕坠秧子一般不敢留，种瓜高手认为坠着秧子，使瓜株由旺转壮，当瓜条长到7cm时，茎秆细叶片薄，应及时摘掉，若瓜株节间长有徒长迹象可留着。②留瓜数量不宜多，一般宜留3条瓜，一条马上长成，一条半大瓜，一条雌花刚开放的瓜，使各个器官营养供应保持平衡，预防早衰，精品瓜率高。③科学落蔓太低，就会抑制顶端优势，黄瓜长势减弱，降低了产量，所以冬季落蔓不宜太低。应采取"少量多次"的原则。功能叶保持16～20片，每次落蔓不超过30cm，保持瓜株健壮生长。④提高瓜条品质，生产精品瓜。果实小时瓜上残花粘在叶片或茎蔓上，会影响瓜条生长，应及早把残花摘除，当瓜条已弯曲用方便袋调整。

（2）加强肥水管理　促根壮秧。①前期控水蹲苗不宜过度。生产上可适当控水，有利抑制瓜株旺长，促根系下扎，培育壮秧。浇水时要特别注意：一是选晴天浇水，但久阴乍晴

时不宜浇水，因这时气温高，地温低，浇水后易因地温过低根系吸水不足，引起茎叶萎蔫；二是最好上午浇水，气温升高时适当放风排湿，下午温度低不能放风排湿，易染病；三是浇水量不宜太大，可采取隔行膜下浇水。②科学施肥，促根壮棵。选大量元素全水溶性肥料，如顺欣、芳润、速藤、好力朴、肥力钾等利于黄瓜吸收的肥料与功能性冲施肥甲壳素、氨基酸、海藻酸配合使用。要以氮磷钾平衡肥料为主，搭配比例是 20∶20∶20，促营养生长和果实发育。水溶性肥料不要直接冲施，采用二次稀释法保证冲肥均匀，提高利用率，严格控制施肥量，少量多次是最重要的原则，一般每 667m² 冲施 5～7.5kg，不可过多。发现叶片变薄可喷氮磷钾复合叶面肥"乐多收""光合动力"等，做到以叶促根、以根养叶。

黄瓜折叠落蔓

（3）调节棚室环境防治病害　棚温达到28℃就要放风，上半夜18℃，下半夜 13～15℃。上午进行落蔓，7～10天1次。下午进行蘸花，防止发生激素中毒，对瓜条精品率十分有利。注意防治烂头顶，此病是缺钙引起的生理病害，黄瓜顶部出现干尖、干边，及时进行补钙、补硼，叶面喷施即可。防止蔓枯病，用32%苯甲·嘧菌酯悬浮剂 1500 倍液；细菌缘枯病用72%农用高效链霉素（桂林产）3000 倍液混 50% 琥胶肥酸铜 500 倍液。注意防治灰霉病，棚温 20℃相对湿度达到85% 该病发生特别严重，从残花侵入，必须及时通风排湿，蘸花时加入咯菌腈或异菌脲，喷撒康普润静电粉尘剂或菌核净烟剂。

黄瓜、水果型黄瓜苦味瓜

症状　在保护地及露地后期栽培条件下生产黄瓜、水果型黄瓜时，常出现苦味瓜。

水果型迷你黄瓜曲形瓜和苦味瓜

病因　有些黄瓜出现苦味，这是由于苦味素在黄瓜中积累过多所致，生产中氮肥施用过量，或磷、钾不足，特别是氮肥突然过量很易出现苦味，黄瓜对氮磷钾吸收基本遵循 5 : 2 : 6 的比例，否则就会出现生育不平衡，造成徒长，或出现坐果不齐或畸形，或在侧枝、弱枝上出现苦味瓜。此外，地温低于 13℃，细胞通透性减低，致养分和水分吸收受抑，也会出现苦味或变形。棚温高于 30℃，持续时间过长，致同化能力减弱，损耗过多或营养失调都会出现苦味瓜，有时棚内或土壤湿度过大形成"生理干旱"，苦味素易在干燥条件下进入果实。苦味还有遗传性，叶色深绿瓜的苦味大。

防治方法　①做好温度、湿度、光照及水分管理。②采用配方施肥技术，氮磷钾按 5 : 2 : 6 比例施用或喷洒 1% ～ 2% 磷酸二氢钾或喷洒喷施宝（每毫升加水 11 ～ 12L）。③种植无苦味的品种。④注意温度管理，避免温度低于 13℃，或长期高于 30℃，湿度尽量稳定，避免生理干旱现象的发生。⑤黄瓜初花期喷洒0.004% 芸薹素内酯水剂 1000 ～ 1500倍液，10 天后再喷 1 次，可增产10% ～ 30%。

黄瓜、水果型黄瓜化瓜

症状　黄瓜、水果型黄瓜单性结实能力弱的品种，遇低温或高温，妨碍受精则产生化瓜。

病因　多发生在结果初期，棚内高温干旱，尤其是土壤干旱时，由于肥料过多及水分不足而伤根，或土壤潮湿，但地温和气温偏低而发生沤根，或根吸收能力减弱，都会出现化瓜。

水果型迷你黄瓜化瓜

防治方法　①及时松土，提高地温，促进根部发新根，必要时轻浇水追肥后，再松土提温，即可有效地控制化瓜。②喷洒喷施宝，1ml 加水 12L。③为防止化瓜在黄瓜雌花开花后，分别喷赤霉素、吲哚乙酸、腺嘌呤，化瓜率下降50% ～ 75%，单瓜增重 15 ～ 30g，采收时间提前 0.9 ～ 5.5 天。④进行人工授粉刺激子房膨大，化瓜率下降 72.5%。

黄瓜、水果型黄瓜苗期低温冷害和冻害

症状　幼苗的子叶期受害，子叶叶缘失绿，子叶出现镶白边现象，子叶叶尖部分白边宽，并向上卷，受害较轻，这是黄瓜在 0℃ 以上低温所受的危害，对这种在冰点以上的低温危害叫冷害或寒害。我国南、北方均有发生。幼苗遇到短期的低温或冷风、寒流侵袭，植株部分叶片边缘受冻，呈暗绿色，后逐渐干枯，生长点受损，或顶芽或幼苗大部分叶子受冻，低温达到使幼苗体内发生冰冻，

或虽已下霜，但仍使幼苗体内水分结冰，这种低温危害称为冻害。冻害北方发生较多。我国近年冬春常出现冰冻雨雪灾害，南方冻害也时有发生。

病因　一是低温造成植株光合作用减弱。气温 24℃，光合作用强度 100%，气温降到 14℃则光合作用强度降为 74%～79%。二是低温使呼吸强度下降，呼吸作用是维持根系吸收能力和加快黄瓜生长速度的重要条件，呼吸强度降低，黄瓜生长缓慢，结瓜速度下降。三是低温影响黄瓜对矿物质营养的吸收和利用，低温使根的呼吸作用下降，直接影响黄瓜对营养物质的吸收率，尤其是对氮、磷、钾的吸收影响最大。四是低温影响养分运转，妨碍光合产物和营养元素向生长器官运输，且运转速度下降。五是低温引起黄瓜生理失调，如低温条件下，根吸收的矿物质营养不仅减少，而且还会滞留在根部，妨碍向叶片运转，造成叶片养分不足，发生缺磷等缺素症。六是黄瓜生殖生长受到抑制或出现异常，影响生长速度和结瓜率。七是低温直接作用在生物膜上，使生物膜发生物相变化。八是黄瓜根毛原生质 10～12℃开始停止流动，低温时根细胞原生质流动缓慢，细胞渗透压下降，造成水分供应失衡。当温度低至冻解状态时，细胞间隙的水分结冰，致细胞原生质的水分析出，冰块逐渐加大，造成细胞脱水或使细胞涨离而死亡。

水果型迷你黄瓜幼苗低温障碍
子叶上举叶缘变白

黄瓜幼苗冻害

黄瓜成株低温冻害

防治方法　①选用发芽快、出苗迅速、幼苗生长快的耐低温品种。目前我国已选育出一批在 10～12℃条件下也能萌发出苗的耐低温或早熟品种，生产上正在推广的耐低温弱光种有新 34 号、早春佳宝 F1、农大 14 号、中农 7 号、春香、津春 3

号、莱发 2 号、津优 30 号，水果型黄瓜耐低温弱光的品种有迷你 4 号、津美 2 号、迷你 2 号、航育水果型黄瓜、世纪春天 1 号、世纪春天 5 号。②采用春化法，把泡涨后快发芽的种子置于 0℃冷冻 24～36h 后播种，不仅发芽快，还可增强抗寒力。③施用有机活性肥。④黄瓜播种后种子萌动时，棚温应保持在 25～30℃。棚温低于 12～15℃，多数种子不能萌发，即使萌发出苗时间也长达 50 多天，且多形成弱苗。出苗后白天保持 25℃，夜温应高于 15℃。同时对幼苗进行低温锻炼，当外界气温达到 17℃以上时，应提早揭膜锻炼，黄瓜对低温的忍耐力是生理适应过程。生产上要在揭膜前 4～5 天加强夜间炼苗，只要是晴天，夜间应逐渐把膜揭开，由小到大逐渐撤掉。经过几天锻炼以后叶色变深，叶片变厚，植株含水量降低，束缚水含量提高，过氧化物酶活性提高，原生质胶体黏性、细胞内渗透调节物质的含量增加，可溶性蛋白、可溶性糖和脯氨酸含量提高，抗寒性得到明显提高。⑤适度蹲苗，尤其是在低温锻炼的同时采用干燥炼苗及蹲苗结合对提高抗寒能力作用更为明显。但蹲苗不宜过度，否则会影响缓苗速度和正常生育。⑥科学安排播种期和定植期。各地应根据当地历年棚室温度变化规律、低温冷害频率和强度，以及所能采取的防御措施，确定各地科学的播种期。春季定植时应选择冷空气过后回暖的天气，待下次寒流侵袭时已经缓苗，南方最好选有连续 3 天以上晴天时定植。定植后据天气变化科学控制棚温和地温。⑦采取有效的保温防冻措施。棚膜应选用无滴膜，盖蒲帘，提倡采用地膜、小棚膜、草袋、大棚膜等多重覆盖，做到前期少通风，中期适时、适量放风，使棚温白天保持在 25～30℃，地温 18～20℃，土壤含水量达到最大持水量的 80%，夜间地温应高于 15℃。⑧发生寒流侵袭时，应马上采用加温防冻措施。如简易热风炉、在垄道里点燃秸秆柴火等，可使棚温提高 2～4℃，保持 1～2h。此外，也可采用地面覆盖或植株上盖报纸、地膜的方法。⑨为促进黄瓜的光合作用可补施二氧化碳。方法是在（25×6）m^2 标准大棚内放 3 个瓷盆，先把 50%硫酸 1000ml 缓慢倒入 3 个盆内，配成一定浓度的硫酸溶液，然后每盆用塑料袋装 400g 碳酸氢铵，用针或钉子扎一些小眼，使其流入硫酸溶液中，进行化学反应，释放出 CO_2，上午 7～10 时施用后，可使棚内二氧化碳浓度达到 800～1000mg/kg，黄瓜光合作用旺盛，提高抗性。⑩喷洒 90% 新植霉素可溶性粉剂 4000 倍液或 72% 农用高效链霉素可溶性粉剂 3000 倍液，可使冰核细菌数量减少，喷洒 27% 高脂膜乳剂 80～100 倍液或巴姆兰丰收液膜 200 倍液有一定预防作用。⑪在寒流侵袭之前喷植物抗寒剂，每 667m^2 100～200ml，或 10% 宝力丰抗冷冻素 400 倍液、3.4% 赤•吲乙•芸苔可湿性粉剂 7500 倍液。此外，还可喷施惠满丰多元复合液体活性肥料，每 667m² 320ml，稀释成 500 倍液，或 0.05% 核苷酸植物生长调节剂 600 ～ 800 倍液，隔 5 ～ 7 天 1 次，共喷 2 次。⑫如气温过低已发生冻害，要采用缓慢升温措施。如日出后用报纸或草帘遮光，使黄瓜的生理机能慢慢恢复，千万不能操之过急。⑬用天达 2116 壮苗灵 600 倍液 +1g 96% 噁霉灵 3000 倍液克服低温障碍防病增产 20% 左右。黄瓜幼苗长到 2 片真叶时喷 200mg/kg 的乙烯利溶液，隔月再喷 1 次，可使黄瓜增产 10% 左右。黄瓜出苗后 40 ～ 50 天内，每天进行 8h 的短日照处理，可促进雌花分化，增加雌花数量，增产增收。

黄瓜苗高温障碍子叶向下弯曲

大棚黄瓜成株高温障碍

黄瓜、水果型黄瓜高温障碍

症状　棚室保护地栽培黄瓜、水果型黄瓜，进入 4 月以后，随着气温逐渐升高，在棚室放风不及时或通风不畅的情况下，棚内温度可高达 40 ～ 50℃，有时午后甚至达 50℃以上，对黄瓜生长发育造成危害，即所谓高温障碍或大棚热害。育苗时遇有棚温高，幼苗出现徒长现象，子叶小、下垂，有时出现花打顶；成苗遇高温，叶色浅，叶片大且薄，不舒展，节间伸长或徒长。成株期受害叶片上先出现 1 ～ 2mm 近圆形至椭圆形褪绿斑点，后逐渐扩大，3 ～ 4 天后整株叶片的叶肉和叶脉自上而下均变为黄绿色。尤其植株上部严重，严重时植株停止生长。

病因　棚室内温度高于 40℃，土壤含水量少，且持续时间较长，在这种情况下植株生长加快，易疯长。

防治方法　①选用露地 2 号等耐热的品种。②加强通风换气，使棚温保持在 30℃以下，夜间控制在 18℃左右，相对湿度低于 85%。生产上有时即使把棚室的门窗全部打开，温度仍居高不下，这时要把南侧的底边揭开，使棚温降下来，同时要注意浇水，最好在上午 8 ～ 10 时进行，晚上或阴天不要浇水，同时注意水温与地温差应在 5℃以内。③黄瓜生长的适宜相对湿度为 85% 左右。棚室相对湿度高于 85% 时应通风降湿；傍晚气温 10 ～ 15℃，通风 1 ～ 2h，降低夜间湿度，防止"徒长"，避免高温障碍。④生产上第一批坐瓜少的易引起徒长，形成生长发育过旺的局面。为此，可用保果灵激素100倍液喷花或点花，既可促进早熟增产，又可防止徒长。⑤施用酵素菌沤制的堆肥或有机活性肥，采用配方施肥技术，适当增施磷、钾肥。也可喷施惠满丰多元复合有机活性液肥，每667m² 320ml，稀释500倍，喷叶3次。⑥遇有持续高温或大气干旱，棚室黄瓜蒸发量大，呼吸作用旺盛，这时消耗的水分很多，持续时间长就会发生打蔫等情况，这时要适当增加浇水次数或喷洒甲壳素1000倍液。

黄瓜、水果型黄瓜生理性萎蔫和叶片急性凋萎

症状　黄瓜、水果型黄瓜生理性萎蔫是指全株萎蔫。采瓜初期至盛期，植株生长发育一直正常，有时在晴天中午，突然出现急性萎蔫枯萎症状，到晚上又逐渐恢复，这样反复数日后，植株不能再复原而枯死，又称水拖。从外观上看不出异常，切开病茎，导管也无病变。

黄瓜植株生理性萎蔫和叶片急性凋萎

黄瓜叶片急性萎蔫是指在短时间内，黄瓜整株叶片突然萎蔫，失去结瓜能力。

病因　黄瓜生理性萎蔫的病因主要是瓜田低洼，雨后积水，使黄瓜较长时间浸在水中，或大水漫灌后土壤中含水量过高，造成根部窒息或处在嫌气条件下，土壤中产生有毒物质，使根中毒引起发病。此外，嫁接黄瓜嫁接质量差或砧木与接穗的亲和性不高或不亲和均可发生此病。在北方，露地栽培的秋黄瓜易发病。

黄瓜叶片急性凋萎的病因主要是在炎热的盛夏，中午和下午地温高，地表温度常达40℃，这时瓜叶的蒸腾作用十分旺盛，根系吸收的水分不停地通过根茎从叶片蒸腾出去，使黄瓜体温不断地进行调节，维持正常代谢状态。但如果在干燥炎热的中午突降暴雨转晴后，瓜叶蒸腾作用受阻，再加上气温、土温居高不下，致黄瓜植株体温失常，引起黄瓜整株叶片突然萎蔫，失去继续结瓜能力，由生理失调引发生理病害，严重的全株死亡。

防治方法　①选用露地2号等耐热品种。②对黄瓜生理性萎蔫病，主要采取对症的农业措施，如选用高燥或排水良好、土壤肥沃的地块，雨后及时排水，严禁大水漫灌，及时中耕保持土壤通透性良好。在晴天，湿度低、风大，蒸发量也大时要增加浇水量。此外要注意选择性状优良、适宜的砧木和接穗，千方百计地保证嫁接苗的质量。③对黄瓜叶片急性凋萎病采用涝浇园法，即雨后天晴时，要

马上浇水，以降低地温和近地面温度，浇水时应打开排水口，使水经瓜田流过迅速再排出去，如生产上面积大或水源不充足可采用隔畦或隔扇浇水法，浇水后及时中耕，保持土温正常，也可起到防治作用。

黄瓜、水果型黄瓜叶烧病

症状　黄瓜、水果型黄瓜叶烧病是近年保护地新出现的生理病害，棚室发生较多。叶烧病多发生在植株中上部叶片上，一般以接近或接触棚膜的叶片易发病。发病初期病部叶绿素明显减少，在叶面上出现小的白色斑块，形状不规则或呈多角形，扩大后呈白色至黄白色斑块，轻的仅叶缘烧焦，重的致半叶以上乃至全叶烧伤。病部正常情况下没有病症，后期可能有交链孢菌等腐生菌腐生。易与黄瓜黑斑病混淆，可通过镜检鉴别。

黄瓜叶烧病叶面症状

病因　系由高温诱发的生理病害。黄瓜起源于印度，是喜温蔬菜，对高温忍耐力较强，一般气温高达32～35℃仍安然无恙。经测定在土壤水分充足（相对湿度高于85%以上、短时间棚温达到42～45℃），也不会造成多大伤害。但当相对湿度低于80%，遇有40℃左右的高温，就会产生高温伤害，尤其是在强光照条件下更易造成高温伤害。生产上，中午不放风或放风量不够或高温闷棚时间长均易产生叶烧病。

防治方法　①棚室栽植的黄瓜应选用露地2号等耐热品种。②加强棚室管理，棚温超过黄瓜生长发育的正常温度时，要立即通风降温。如阳光照射过强，棚室内外温差大不便放风时，可采用放铺席或使用遮阳网遮阴，有条件的采用反光幕。棚底温度过高、湿度低时应少量洒水或喷冷水雾进行临时降温。③采用高温闷棚法防治霜霉病时，要根据栽培品种耐温性能，严格掌握闷棚温度和时间，必要时应在闷棚前1天晚上浇水，以增加黄瓜抗热能力。

日光温室黄瓜、水果型黄瓜早衰

症状　黄瓜植株萎缩，叶片稍变黄，果实成熟晚，产量低，严重的造成瓜株提前死亡。

黄瓜早衰症状

病因　一是黄瓜遇有环境条件不适宜。二是栽培管理跟不上、失误多等原因造成黄瓜发生早衰。

防治方法　①适时摘心防止植株徒长，促进瓜株多结果，黄瓜长到 25 片叶时摘心，能促进回头瓜的形成。②摘除老叶、枯叶和病叶，不仅能减少营养消耗，还有利于通风透光和降低温、湿度，可控制或减少病害的传播和蔓延。③及早采收，黄瓜刚见籽迹就可采收，能减少养分的消耗，防止瓜株过早衰老。④施足腐熟有机肥，现在菜农多喜欢施鸡粪、猪粪、豆饼、豆面、稻壳等有机肥，$667m^2$ 施用量高达 15000 ～ 20000kg，但在施肥过程中有机肥不能完全腐熟或质量差，造成易烧根或发生气害，严重的造成黄瓜早衰，因此使用有机肥时一定要把握肥料腐熟情况。如未完全腐熟，可冲施 EM 菌剂。施用鸡粪时最好施用益生发酵鸡粪或格润莱福生物发酵鸡粪安全、高效。施用量 $667m^2$ 不宜超过 7000kg，否则 pH 值升高变成碱性，引起早衰。⑤大量元素氮、磷、钾的补充要适量，因为大棚内的肥料不易流失，过施化肥就会发生土壤中盐类浓度增高，轻则影响黄瓜生长发育，同时导致土壤的次生盐渍化，对此必须进行肥力测定实行配方施肥，不能盲目过量施用化肥，防止产生生理病害或烧苗死棵情况。目前氮、磷、钾元素的补充有两种方式：一是使用氮磷钾复合肥，现正在向控释或缓释复合肥方向发展，一般每 $667m^2$ 黄瓜需施 100kg ；二是

使用磷酸二铵＋钾肥。有的菜农以磷酸二铵＋钾肥补充氮磷钾元素，即每 $667m^2$ 施入磷酸二铵 75kg，钾肥用硝酸钾或硫酸钾 50kg。现在提倡全水溶性肥料平衡型，大量元素水溶肥营养效果强大，现已成为国内蔬菜生产行业的领头产品，国内外比较知名的全水溶性肥料有顺欣、速藤、好力朴、芳润、优聪素、金圣力、肥施通等。不要直接冲施，采取二次稀释法保证冲施均匀，提高利用率，少量多次是最重要的原则，一般每 $667m^2$ 每次冲施 5 ～ 7.5kg。同时配合叶片冲施氨基酸、甲壳素、海藻酸等功能性冲施肥进行养根护根，功能性肥料不能连续单独使用，只有两者配合或交替使用才能充分发挥作用，提高使用效果。

黄瓜、水果型黄瓜白变叶

症状　从下位叶至中部叶片发生白变，叶脉间褪绿，变成黄色或白色，称为黄化或褪绿，进一步扩展后整片叶变成褐色枯死，称为白变叶或白变症，叶片光合作用降低，减产幅度较大。

黄瓜白变叶叶脉间失绿呈黄色或白色

病因　产生白变叶的直接原因是黄瓜植株体内缺镁，但与以前的缺镁症发生机理不同，以前是在土壤酸性、镁含量少时发生镁缺乏。现在这种白变叶却是发生在镁含量并不少的碱性土壤上，这是由于土壤中钾及钙含量增多，发生拮抗作用，镁的吸收量减少，从而导致缺素症的发生。进行土壤分析的结果表明，土中置换性钾异常多。此外，钙的含量较高时也出现白变叶，可以说这是盐分积累引起的新的生理障碍。生产上多年连作的温室，进行嫁接栽培时易产生白变叶。1～2月的低温期间白变叶多，3月土温升高时开始恢复正常。

防治方法　①施肥时防止钾过量累积，关键是减少钾肥施用量。②施用含镁的肥料，适当减少钾及钙的施用量，提倡叶面喷洒 N20-P20-K20 依罗丹平衡型叶面肥，每 $667m^2$ 每次用 100g，稀释成 500～800 倍液，均匀喷洒在黄瓜叶片上。

黄瓜、水果型黄瓜畸形瓜

黄瓜尖嘴瓜

症状　尖嘴瓜又称尖头瓜、小头瓜。是一种肩部瓜把子粗大，瓜条前端变细，呈尖嘴状的畸形瓜。菜农反映，他们种的黄瓜很多都是尖嘴瓜，只能当次品黄瓜出售，效益大大降低。

病因　①瓜条前端种子没有发育好。②瓜条在生长膨大过程中，遇

到高温干旱天气。③水肥供应不足，特别是缺氮肥，致瓜株生长衰弱。④瓜株徒长。⑤在生长发育后期、植株根系吸收能力不强，在瓜条发育过程中没有长到应有的长度，或先端未膨大，瓜条朽住不长或未膨大。⑥单性结瓜能力差的品种易产生尖嘴瓜。⑦土壤出现盐渍化。植株瘦弱、营养不良，同化养分不足时易发生尖嘴瓜。⑧外界气温高，常常超过30℃，大棚内夜温居高不下，瓜株夜间呼吸作用旺盛，造成积累的养分少，出现营养生长旺盛，相对生殖生长弱，瓜条得不到足够的营养，就会产生尖嘴瓜。⑨生产上蘸瓜量大，瓜株分配给每条瓜的养分减少，也会造成尖嘴瓜。⑩盛夏地温高、浇水量大，很易造成瓜株根系老化、受损，降低了根系的吸收能力，引起瓜株长势衰弱，增加了尖嘴瓜的产生概率。

防治方法　①放顶风合理控旺。大棚种植黄瓜一定要设置顶风口，放顶风是最有效的散热、散湿途径。②降低地温，可在操作行铺玉米秸、稻壳等，避免阳光直射，减少地温。③进行化学控旺，可喷洒50%矮壮素1500倍液或40%甲哌鎓750倍液，抑制瓜株营养生长，促进生殖生长。也可喷洒0.5%磷酸二氢钾500倍液，既能补充营养，还能控旺。④科学留瓜，正常瓜株留3个瓜，1个即将采摘的，1个正在生长的，还留1个刚蘸花的。有利于提高产量。⑤当土温超过30～35℃以上时，根系生长受阻，容易发生早衰，

应冲施含氨基酸、甲壳素的肥料及生物菌肥或根佳、顺藤生根剂，或裕原硅肥冲施肥，在膨果期连用 3 次，前 2 次每 667m² 冲 6kg，第 3 次每 667m² 冲 12kg，增产作用明显。

黄瓜品种不同管理略有差异。种植密刺类黄瓜平衡长势、减少畸形瓜是关键。水肥供应不在多，均衡很重要。浇水做到"头干足湿"，隔段时间浇一次水保持土壤湿润，忌大水漫灌。中午前后光照强时，覆盖遮阳网 3 ～ 4h，棚内温度低于 33℃，夜间棚内温度控制在 15 ～ 17℃，昼夜温差在 14℃左右。及时摘除黄瓜卷须，勤绑蔓，及时采摘商品瓜和畸形瓜。

黄瓜尖嘴瓜、大肚瓜、弯曲瓜

Ⅱ　黄瓜大肚瓜

症状　又称大头瓜。即瓜条先端，接近花朵脱落的部位极变膨大，而瓜条中间部位变细的畸形瓜。

病因　①雌花授粉不完全，只授粉先端膨大；②追肥浇水不平衡，前期未施肥或追肥量不足，瓜株长势差，但到黄瓜生育后期突然追肥和浇水且肥水过大造成畸形果。

防治方法　①保护地门口、通风口安装防虫网，防止传粉昆虫飞入，并注意改善棚室光照条件。②结瓜后期要适时浇水追肥。其他防治技术和方法参见黄瓜尖嘴瓜。

黄瓜刺发白的大肚瓜

Ⅲ　黄瓜细腰瓜

症状　又叫蜂腰瓜。即瓜条两端膨大中间有一处或几处变细，其变细处呈蜂腰状的一种畸形瓜。果柄处呈溜肩状，变细处出现中空。

病因　①花芽分化不良。②雌花授粉不完全，瓜条中部的黄瓜种子没有发育。③连续多天遇有高温缺水的环境，瓜株长势弱或遇到高温和高湿环境，植株徒长相当严重。④生产上缺肥或缺水，瓜株生长衰弱，或供

黄瓜细腰瓜

肥、供水经常间断。⑤生产上缺少钾肥和微量元素硼，这是因为缺硼瓜株核酸代谢反常，引起细胞分裂异常产生细腰瓜或使瓜体内部开裂或出现空洞。外表产生龟裂纹。

防治方法　①施足腐熟有机肥，每 667m² 施优质肥 5000kg 或美国 KOMU 复合肥 2 袋 50kg，每 667m² 施入硼砂 0.5 ～ 1kg，混匀后施入地田。②种植德瑞特 D19 黄瓜，瓜条黑亮，瓜条直立，上下一样粗，把短不黄头，没有花打顶和畸形瓜。③定植后先浇一次续苗水。进入结瓜期内要适时浇水追肥，把保护地内湿度调控到适宜范围之内，避免生长过旺或衰弱。④种植密刺类黄瓜浇水原则是"头重足湿"隔段时间浇一小水，切忌大水漫灌，以保持土壤湿润为度。如果茎肥用量不足，应在结瓜期补施。若底肥中粪肥施用较多，应采取追肥调控，可叶面喷施 0.5% 磷酸二氢钾 500 倍液结合速乐硼 1500 倍液或硼砂 800 倍液，提高瓜株抗逆性，促进果实正常发育，减少细腰瓜的产生。⑤加强控温，控制合理的昼夜温差是关键。中午前后光照最强时覆盖遮阳网 3 ～ 4h，加大通风量使棚内最高温度不超过 33℃、夜温 15 ～ 17℃，昼夜温差 13 ～ 15℃ 为最佳。

Ⅳ　黄瓜弯曲瓜

症状　正常的黄瓜瓜条基本上是直的，当瓜条弯曲程度达到 75°以上时称为弯曲瓜或曲形瓜。依瓜条弯曲程度不同，又有弓形瓜、钩子瓜或 C 形瓜，重者则呈环状。

病因　①嫩瓜条在膨大过程中受支架、吊绳、茎蔓等阻碍形成弯曲瓜条。②行距窄或茎叶过密，或植株老化或水肥供应不足造成瓜株体内水分或光合作用产物不足，都可形成曲形瓜。如土壤干旱或缺肥能形成钩子瓜。③瓜条多或瓜条长的品种易产生弯曲瓜条。④单株结瓜过密，叶面积不足也会使部分缺乏营养供应的瓜条产生失衡而弯曲。⑤施肥时各营养元素之间不均衡，造成植株茎叶生长过旺，抑制了瓜的生长，也可形成曲条瓜。⑥结果前期水分供应正常，结瓜后期出现干旱或昼夜温差过大或过小，或湿度过高，或地温偏低，也都影响瓜的形状。⑦瓜条长 5 ～ 10cm 时易发生弯曲，同一节的两个雌花，后坐住的瓜条比先坐住的瓜条易弯曲。

防治方法　①采用测土配方施肥技术，做到科学施肥，进入采瓜期适时浇水追肥，促瓜株生长正常。②棚室增加光照，保持昼夜温度、湿度达标。③在吊蔓、绑蔓时注意小瓜条躲开支架等阻碍物。④适时适度打去老叶、病叶，把瓜条附近的卷须、雄花、侧枝、多余的雌花打掉。⑤瓜条长成适时采收。⑥长季节栽培的瓜株，主蔓长度大于 2m 可进行落蔓，龙头距地面高度为 0.5 ～ 1m。⑦适时浇水追肥，追施速藤新秀冲施肥，每 667m² 用 13kg 左右或早用裕原硅肥叶面肥，定植后用 600 ～ 800 倍液，隔 10 天 1 次，也可在缓苗后用裕原硅肥冲施肥，进入膨果期连用 3 次，前两次每 667m² 用 6kg，第三次每 667m² 冲施 12kg，每茬每 667m² 用 4 桶以上增产作用明显。⑧可将 30mg/L 赤霉素溶液涂抹在弯曲瓜条内侧，几天后即恢复正常。

水果型黄瓜弯曲瓜

Ⅴ　水果型黄瓜（小黄瓜）畸形瓜

水果型黄瓜与大黄瓜留瓜方式不同：水果型小黄瓜根据就近供应原则，小黄瓜叶片制造的营养物质优先供应瓜条的生长，一般小黄瓜从蘸瓜到采摘经过 5 ～ 6 天的时间，生长时间较短，营养消耗较大，一叶一瓜只会造成植株长势越来越弱，因此留瓜时可按照 5 片叶留 4 条瓜，最靠近生长点的叶片不留瓜的方式留瓜。

症状　水果型黄瓜在生产中也产生尖嘴瓜、大肚瓜、细腰瓜、弯瓜、短瓜等畸形瓜，症状同黄瓜。但水果型黄瓜（小黄瓜）发生轻，不像黄瓜发生严重。

病因　①有些水果型黄瓜品种易产生畸形瓜。②坐瓜期有连续 3 ～ 4 天遇有阴雨天，或光照特强烈也易产生畸形瓜。③遇有昼夜温差小于 2℃，或夜温较昼温高时，易形成细腰瓜。若昼夜温差偏大，白天温度达到 30℃持续时间很长，上半夜低于 16℃，易产生短小黄瓜。每年进入 5 月，温度长时间高于 30℃，易形成尖嘴瓜、大肚瓜、弯瓜等畸形瓜。④空气湿度过低，易形成短小黄瓜；空气湿度过高又遇低温则易形成大肚瓜。⑤水果型黄瓜根系发育不良，或养分不足，或棚室内二氧化碳浓度略低易产生畸形瓜。⑥嫁接苗质量不高，或单株上结瓜多均易产生畸形瓜。

防治方法　①生产上种植珍妮、茜茜公主、翠白一号等无限生长类小黄瓜品种。②尽量不要在夏季高温季节种植水果型黄瓜，在夏季容易徒长、旺长、出现不坐瓜等问题。③生产上在晴朗白天控制温度在 26 ～ 30℃，前半夜 18 ～ 20℃，后半夜 15 ～ 16℃；在阴雨天白天温度 22 ～ 24 ℃，前半夜 16 ～ 17 ℃、后半夜 14 ～ 15 ℃。温室内空气相对湿度 75% ～ 85% 为宜。在冬季可提高室温，适当降低湿度。④第 6 节开始留瓜，每节 1 瓜，若瓜株长势弱或遇连阴天可适当推迟留瓜。单株上正在开花的小瓜和即将采收的瓜条总数可少于 10 条瓜，不留回头瓜。⑤阴雨天要用高压钠灯补光。遇高温天气应内、外遮阳，开足通风系统降温。以上功课做好了，就可减少水果型黄瓜畸形瓜。

水果型黄瓜尖嘴瓜

黄瓜、水果型黄瓜泡泡病

症状　　主要发生在塑料棚或温室，初在叶片上产生鼓泡，大小5mm左右，多产生在叶片正面，少数发生在叶背面，致叶片凹凸不平，凹陷处成白毡状，但未见附生物，叶正面的泡顶部位，初呈褪绿色，后变黄至灰黄色。生产上时有发生。

病因　　一是认为该病是由细菌引起的；二是认为该病是生理病害，目前尚未定论。该病的发生与气温低、日照少及品种有关，定植早的生长前期气温低，黄瓜始终处于缓慢生长的状态，生产上遇有阴雨天持续时间长，光照严重不足，当后来天气突然转晴，温度迅速升高或阴天低温浇水减少，晴天升温浇大水均易发生该

病。此外，还有人认为这是黄瓜品种间对低温、少日照不适应的差异造成的。

黄瓜泡泡病病叶

防治方法　　①选育抗低温、耐寡日照、弱光的早熟品种。对发病率高的品种要注意更换，选用适宜当地气候及棚室栽培的早熟品种。具体品种参见黄瓜、水果型黄瓜苗期低温冷害和冻害理病。②早春要注意提高棚室的气温和地温，地温保持在 15 ～ 18℃，严防低温冷害。③早春浇水宜少，严禁大水漫灌致地温降低，尤其要保持地温均衡。④选用无滴膜，棚室要注意清除灰尘，增加透光性能，必要时可人工补光和施用 CO_2。⑤黄瓜、水果型黄瓜进入初花期喷洒 0.004% 芸薹素内酯水剂 1000 ～ 1500 倍液，15 天后再喷 1 次。⑥喷洒 77% 硫酸铜钙可湿性粉剂 600 倍液。

水果型黄瓜皱皮

症状　　近年种植春茬水果型黄瓜，菜农称小黄瓜，生产上小黄瓜皱皮发生非常普遍，严重的时候，菜农

摘下的一茬小黄瓜，有 50% 以上是皱皮的，造成商品性大大降低。小黄瓜表皮幼嫩，晴天突然加大放风造成棚室温湿度变化很大会出现瓜皮生长速度与瓜肉生长速度不一，部分瓜皮组织坏死，产生很多细小的裂口，并流出胶料，随着裂口的增多就在瓜条表面形成了皱裂。

水果型黄瓜皱皮症状

病因 小黄瓜皱皮是一种生理病害。病因涉及面广：①放风问题。冬天与春天、阴天与晴天放风有区别，冬天棚外气温低，棚内温度高，小黄瓜表皮易结露，这时放风会把露水吹干，当天黄瓜表皮变白，第二天就产生皱皮。秋天夜温高的时候，小黄瓜表皮嫩，也容易皱皮。②种植密度，种植过密株间郁闭，通风透光不良，小黄瓜抵抗不良环境能力弱，皱皮果大大增加。③打药时多用凉水喷到小黄瓜上就会影响表皮发育，造成果肉、果皮温变不一致，也会增加皱皮。④蘸花药配比不合适。小黄瓜皮很薄，蘸花药中高效坐果灵浓度大、不断积累或过量喷增瓜灵，都可造成小黄瓜表皮流胶或皱皮。⑤《北方蔬菜报》专家王中春认为瓜条有皱皮是缺硼。瓜株缺硼造成果皮木栓化，容易产生皱皮。

防治方法 ①冬天放风应等露水落干后进行，且不要一次通风过大，应分三次进行，第一次在露水消失后打开 5cm 通风口，等温度上升到 25℃时再拉大一些，当棚温升到 28℃时，风口开到最大。棚温 30℃时，因温差大还应分三次放风，防止温、湿度变化剧烈。阴天黄瓜不见光，抗逆能力弱，若不通风等到转晴时温、湿度变化剧烈还会造成皱皮，所以阴天也要放风。中午棚内温度高时，放风 15～20min 通风散湿，让黄瓜适应，皱皮就会减少。晴天放风要分次进行。②适当稀植越冬小黄瓜株行距应在 36～38cm。若春天定植可选 38～40cm，小黄瓜抗逆力增强，减少发病。③加强小黄瓜水肥管理，肥料选择十分重要，应选用质量好的水溶性肥料，不要使用含有激素的肥料，防止水果型小黄瓜早衰。可选用裕原硅肥、果丽达、速藤新秀冲施肥及含氨基酸和硼、钙、镁、锌叶面肥，如光合动力、氨基王金版、裕原硅肥叶面肥等。进入秋季喷药时水温应适当提高。④生产中气温高、湿度大时已出现皲裂，造成的细小裂口为细菌性烂皮提供了发病条件，为防止棚内湿度过大需把微喷改成滴灌，减少皲烂，必要时喷洒中生菌素或农用链霉素等药剂，防治果面发病，进行对症防治。

黄瓜、水果型黄瓜
起霜果和裂果

症状 起霜果是指在果皮上产生一层白粉状物质，果实没有光泽，如把此果放入水中，霜状物仍不脱落，用手轻揉后粉状物才消失。

黄瓜裂果指果实多呈纵向裂开，多数从瓜把子处开始裂。

黄瓜起霜果（左）和裂果（右）

病因 起霜果的病因为在沙地或土层薄的土壤中长期栽植黄瓜，4月以后易发生起霜果。此外，温室栽培黄瓜遇有天气不正常或根老化、机能下降及夜间气温、地温高或日照连续不足，黄瓜吸收消耗大时易发生。产生白霜是因黄瓜的呼吸消耗受到抑制时，在果皮上产生的一种蜡状物质。

黄瓜裂果的病因为长期低温干燥条件下，突然浇水或降大雨，植株急剧吸收水分或叶面施肥及喷洒农药，植株突然吸水时，易发生裂果。

防治方法 ①防止裂果要从温、湿度管理入手，防止高温和过分干燥条件的出现，科学浇水。②土壤水分要适宜且均匀，防止土壤过干或过湿，蹲苗后浇水要适时适量，严禁大水漫灌。③施用有机肥或生物有机复合肥，深耕，培养发达的黄瓜根系。④防止起霜果，嫁接黄瓜的砧木，要采用无霜砧木。⑤在黄瓜15片叶子时，用50%矮壮素水剂5000～8000倍液均匀喷洒全株，促进坐果、增加产量，也可喷洒8%吡啶醇乳油800倍液。还可在黄瓜初花期喷洒25%甲哌鎓水剂1500～2000倍液延长结果期，增加坐瓜数，提高产量。

黄瓜、水果型黄瓜药害

症状 药害是指不适当施用农药后，致被保护的作物正常生理功能或生长发育受阻，或受到破坏导致一系列异常征象出现。药害有急性、慢性两种。急性药害是喷药后几小时至3～4天出现明显症状，发展迅速，如烧伤、凋萎、落叶、落花、落果。慢性药害是在喷药后，经较长时间才引起明显反应，由于生理活动受抑，表现生长不良、叶片畸形、成熟推迟、风味变劣、籽粒不满等。常见叶部症状表现较明显且普遍，如出现五颜六色的斑点，局部组织焦枯，穿孔或脱落，或致叶黄化、褪绿或变厚畸形。

黄瓜药害

病因　农药喷洒到叶上后，多从气孔、水孔、伤口进入，有的还可从枝、叶、花果及根表皮渗透，当施药不当时，导致药害。机制有二：药剂的微粒直接阻塞叶表气孔、水孔，或进入组织里堵塞了细胞间隙，导致作物正常呼吸作用、蒸腾和同化作用受抑；药剂进入植物组织或细胞后，与一些内含物发生化学反应，导致正常生理机能被破坏，出现异常症状和生理变态。

防治方法　①选择对作物安全的农药。②尽量避开在作物耐药力弱的时期施药。一般苗期、花期易产生药害，需特别注意。③正确掌握施药技术，严格按规定浓度、用量配药，做到科学合理混用，稀释用水要选河水或淡水。④避免在炎热中午施药。因为在强光照高温下，作

物耐药力减弱，药剂活性增强，易产生药害。⑤采取补救措施，种芽、幼苗轻微受害，通过加强管理，适当补施氮肥，促使幼苗早发转入正常生育。叶片或植株受害较重，应及时灌水，增施磷钾肥，中耕促进根系发育，增强恢复能力。如果喷错药剂，可喷洒大量清水淋洗，并注意排灌。⑥发生药害后可直接喷洒甲壳素、氨基酸、海藻酸等叶面肥，增加叶片抗药力。

黄瓜、水果型黄瓜连作障碍

近年来，我国大棚、温室连作障碍十分严重，不少地区已成为限制黄瓜、番茄等设施栽培蔬菜稳产增收及可持续发展的重要原因，土传病害如根腐病、枯萎病、根结线虫病日趋严重，生产上需尽快解决，现以黄瓜为例进行介绍。

迷你水果型黄瓜连作障碍

症状　黄瓜、水果型黄瓜连作障碍较重的棚室土传病害严重发生，如枯萎病、疫病、茎基腐病、镰孢根腐病、腐霉根腐病、疫霉根腐病、根

结线虫病及生理病害缺素症等频频严重发生，产量明显下降。

病因 早在 1894 年 J. J. Will 就指出黄瓜连作减产的主要原因是由于黄瓜在生长过程中黄瓜根系分泌某些物质引起的，20 世纪 70 年代 Gaidmark 在黄瓜营养液中发现有一些毒性物质，后经喻景权分离鉴定出黄瓜根系分泌物中的有毒化合物主要是酚酸类化合物如苯丙烯酸、对羟基苯甲酸、苯甲酸等。这些化合物在根际积累过多，就会对黄瓜产生自毒作用，抑制根系生长及根系对养分的吸收，造成黄瓜产生连作障碍。试验结果表明：连作 5 茬的黄瓜田内，苯丙烯酸达到 50mg/kg 时，黄瓜的生长和根系脱氢酶及与养分吸收有关的 ATPase 的活性受到明显抑制，影响黄瓜根系对养分的吸收，造成黄瓜植株体内养分含量减少，从而抑制了连作黄瓜的生长。近年长江流域及以南地区城市郊区菜地酸化已十分明显，如苏州、无锡郊区有些土壤 pH 值在 5 ～ 5.5，中国科学院南京土壤研究所在南京测定了 32 个点，其中有 8 个 pH 值为 6，有些村组已出现连作障碍，不敢再种植黄瓜等对酸性敏感的蔬菜。土壤酸化以后易引起钾、钙、镁等元素的缺乏；提高了铁等重金属浓度，容易对黄瓜等植物产生毒害作用；低 pH 值抑制了一些有益微生物和土壤酶的活性；此外，蔬菜根系分泌物、植物残体也产生了自毒作用。在缺钙的土壤上黄瓜、水果型黄瓜易感染霜霉病。连作，不仅造成土壤酸化，还影响根系微生物数量和种群及其生长发育，从而使根系分泌物增加，又反过来抑制土壤酶活性，造成黄瓜产生连作障碍。

防治方法 ①轮作倒茬提高土壤微生物活性，保护地种植黄瓜、水果型黄瓜连茬不能超过 4 次。②采用黄瓜、水果型黄瓜测土配方施肥技术，施足腐熟有机肥或活性生物有机肥。③对酸性土壤通过施用氰氨化钙把土壤 pH 值调至 7 ～ 8，黄瓜、菠菜、芹菜、大白菜都会生长得更好，并减轻霜霉病的发生。④提倡进行高温闷棚克服棚室黄瓜连作障碍。a.6 月下旬至 7 月下旬，棚内蔬菜收获后，拔除植株残体；保持棚架完好、棚膜完整；深翻土壤 25 ～ 30cm 后整平地面。b. 提倡用氰氨化钙防治连作障碍。氰氨化钙又叫石灰氮素，主要成分为氰氨基化钙（$CaCN_2$），可杀灭土壤中的真菌、细菌和线虫，有效地防治苗期猝倒病、枯萎病、茎基腐病、镰孢根腐病、腐霉根腐病、疫霉根腐病、疫病、根结线虫病等。方法是将植株残体和麦、稻、玉米秸秆，利用铡草机铡成 3 ～ 5cm 长的寸段，并与菇渣、鸡粪或猪圈粪及牛栏粪等有机肥、氰氨化钙，按适宜的用料方案，充分混合后均匀撒施于土壤表面，人工或机械翻混 1 ～ 2 遍。667m² 用料量，蔬菜植株残体（秸秆、秧蔓、枝叶等）3000 ～ 5000kg，作物秸秆（玉米秸、麦秸、麦糠、稻草、稻糠等）1000 ～ 3000kg，有机肥料（鸡粪、牛粪、猪粪、菇渣等）

5000～10000kg。生产中可根据实际条件灵活选择用料方案，选其一或二合一、选其二或三合一，只要适量用料皆可。氰氨化钙667m² 用量60～80kg。c. 每隔1m培起一条宽60cm、高30cm南北向的瓦背垄，还可按下茬蔬菜作物的定植株行距要求直接培垄。d. 对无支柱的暖棚可用整块塑料薄膜覆盖，对有支柱的暖棚，需根据具体情况覆盖薄膜，但要密封薄膜搭接处。塑料薄膜可重复使用。e. 棚内灌水至饱和，密封整个棚室的棚膜及通风处，提高闷棚受热、灭菌杀虫效果。f. 高温闷棚可进行至蔬菜苗定植前5天，然后揭膜晾棚，闷棚时间不少于25天。可有效防止连作障碍。需注意的是，高温闷棚技术克服连作障碍虽经济有效，但需每年同期严格处理1次，隔年处理的防治效果比较差。同时，严防棚外带菌雨水倒灌棚内而发病，选用深井水浇灌，移栽无病壮苗，选用腐熟有机肥随水灌施，综合防控效果持久。生产上应设法提高棚室蔬菜栽培管理水平，这至关重要。

黄瓜、水果型黄瓜土壤盐渍化

　　症状　黄瓜生长参差不齐，叶片变小，叶色变浓，严重时叶片易萎蔫，叶缘焦枯，茎尖明显变细，结果少，果实僵化，失去商品性。黄瓜耐盐性很差，大棚黄瓜的盐害比较常见，叶边缘出现白色盐渍。由于日光温室常年在同一块地上连年种植蔬菜，致使不少老菜区产生铵离子、硝酸根离子等盐类危害，既影响了产量，又降低了蔬菜品质，现已成为制约保护地蔬菜发展的瓶颈，更是种植黄瓜、水果型黄瓜的瓶颈。现已明确只有当土壤盐分浓度降至2000mg/kg以下时，才可以种植黄瓜。

黄瓜盐害叶片边缘出现白色盐渍

　　病因　一是保护地剩余盐类不能被淋溶，而且经土壤毛细管作用易把较深层的盐类带到土壤表层，造成土壤耕作层盐类积聚。二是田间化肥施用不合理。不少菜农为片面追求蔬菜产量，大量施用化肥造成一些未被植物吸收的肥料在土壤表层积累，使土壤中盐分浓度提高。由于不同的化学肥料在水中溶解性不同，一些易溶于水的肥料如氯化钾不易被土壤吸附，极易出现土壤溶液浓度升高。三是灌水量对土壤溶液浓度有直接影响，如灌水少则土壤溶液浓度居高不下，造成盐类危害加剧。四是土壤类型，沙质土壤溶液浓度易升高。五是温室特殊小气候。温室内气温高，土壤水分散失快，造成地下水及土层内水分不断上升，盐分也随之带到表层造成盐分在土表聚积。六是浅耕，向土表撒施或泼浇肥料也加剧了盐分向土表集中，更加重了温室内盐害的发生。

防治方法 ①只有当土壤盐分浓度降至 2000mg/kg 以下时，才可以种植黄瓜。②采用地膜覆盖，覆盖后畦表水分蒸发受抑制，深层盐分不能随水分蒸发上升到土表。③科学施用化学肥料，采用测土施肥技术，缓解土壤盐类聚集障碍。④以水排盐或灌水洗盐。夏季揭掉棚膜，接受雨水淋洗，也可把水引入温室内冲洗土壤，如此进行 2～3 次。⑤增施秸秆肥，以肥压盐。前茬拉秧后利用闲季大量埋施含氮低含碳高的秸秆来吸收土壤中游离的氮素。最好结合土壤消毒进行。把麦秆、稻草、玉米秆等切成 3～4cm 的小段，均匀撒在田中，每 667m² 约 1000kg，加入 50～100kg 氰氨化钙，深翻后灌大水，同时封闭温室，1 个月后揭膜晾晒，这样做可除盐，培肥地力，杀菌、灭线虫，一举多得。⑥换土除盐，对大型固定温室投入大田含盐少的土壤。⑦深翻 30cm 以改良土壤。种植期间深翻能使含盐多的表层土与含盐少的深层土混合，收到稀释耕作层盐分的作用。⑧增施有机肥，每 667m² 施入优质有机肥 15m³ 以上，配施生物有机肥 EM 菌或 CM 菌或毛壳菌、激抗菌、酵母菌等 60～120kg，均匀撒施地面，并适当施入钙、镁、硫、铁、铜、硼、锌、钼、锰等中、微量元素。

黄瓜、水果型黄瓜徒长

症状 黄瓜徒长苗茎细、节间长、叶薄、色淡绿，组织柔嫩，须根少，秧苗轻。花芽分化得少且小，定植后很易发生萎蔫，成活率低，不可能早熟高产。

水果型黄瓜无土育苗的徒长苗

病因 一是光照不足，夜间温度过高，氮肥和浇水过多。二是播种密度过大，秧苗拥挤，苗间光照很弱。三是出苗后易形成高脚苗。生产上易发生徒长的时间多发生在定植前 15～20 天，这时外界气温转暖，秧苗生长速度快，瓜苗已长大，叶片相互遮阴，如果温、湿度控制的不合适，很容易使瓜苗徒长。

防治方法 ①育苗时合理配制营养土，定植时按测土配方施肥数据确定施肥量，避免偏施氮肥，不要使用尿素等速效氮肥。②选用透光性能好的塑料膜育苗或生产。加强苗床温、湿度管理，前半夜温度控制在 15～20℃，后半夜 10～15℃，早晨不低于 5℃，保持昼夜有一定温差，有利于防止下胚轴生长过快。幼苗出土后适当降低苗床湿度。③株行距适当加大，以利扩大营养面积。④必要时施用40%甲哌鎓2500倍液，喷洒在苗床上或秧苗上，每平方米苗床喷对好的药液1kg，10天后见效，持效期30天左右。⑤发现徒长，减少浇水量。

黄瓜、水果型黄瓜叶片老化硬化

症状 塑料大棚或温室栽培的黄瓜常常出现叶片提前老化变硬的情况，主要症状是叶片变硬、变脆，叶片表面凹凸不平，致叶片功能减弱。

黄瓜叶片老化硬化

病因 一是前半夜温度低，出现光合作用产物积累。黄瓜白天进行光合作用产生的同化物质只能向根茎运出15%，其余85%的光合产物多在前半夜输送到生长点、花器、果实及根部。事实上功能叶片中光合产物向外输出得越彻底，对第2天叶片进行光合作用越有利，但前半夜棚温低于16℃，运送速度明显减慢，就会造成光合产物积累或堆积。二是低温条件下多次施用碳酸氢铵时，土壤不能把铵态氮转化为硝态氮时，导致黄瓜被迫吸收铵态氮，这种铵态氮多时，致黄瓜叶色浓绿，根系活力弱，吸收受抑，造成同化作用不高，引起叶片提前老化，出现多氮症。三是施用代森锰锌、霜霉威等杀菌剂次数过多或用量过大，都会引起黄瓜叶片老化或变硬增厚。四是棚中出现二氧化碳过剩症也会引起叶片老化变硬。

防治方法 ①黄瓜生长过程中，前半夜的棚温应控制在16～20℃，防止棚温过低。②低温条件下要减少碳酸氢铵施用量。③使用霜霉威防治霜霉病时，每个生长季节只能使用1～2次，防止叶片老化。④注意通风，防止二氧化碳过剩。

黄瓜、水果型黄瓜缺素症（营养障碍）

症状 ①缺氮。叶片小，上位叶更小；从下向上逐渐变黄；叶脉间黄化，叶脉突出，后扩展至全叶；坐果少，膨大慢。②缺磷。生长初期叶片小、硬化，叶色浓绿；定植后，果实朽住不长，成熟晚，叶色浓绿，下位叶枯死或脱落。③缺钾。生育前期叶缘现轻微黄化，后扩展到叶脉间；生育中后期，中位叶附近出现上述症状，后叶缘枯死，叶向外侧卷曲，叶片稍硬化，呈深绿色；瓜条短，膨大不良。④缺钙。距生长点近的上位叶片小，叶缘枯死，嫩叶上卷、老叶降落伞状，叶脉间黄化、叶片变小。⑤缺镁。在黄瓜植株长有16片叶子后易发病，先是上部叶片发病，后向附近叶片及新叶扩展，黄瓜的生育期提早，果实开始膨大，且进入盛期时，发现仅在叶脉间产生褐色小斑点，下位叶脉间的绿色渐渐黄化，进一步发展时，发生严重的叶枯病或叶脉间黄化；生育后期除叶缘残存点绿色外，其他部位全部呈黄白色，叶缘上卷，致叶片枯死，造成大幅度减产。⑥缺锌。从中位叶开始褪色，叶脉明显，后脉间逐渐褪色，叶缘黄化至变褐，叶缘枯死，叶片稍外翻或卷曲。⑦缺铁。植株新叶、腋芽开始变得黄白，尤其是上位叶及生长点附近的叶片和新叶叶脉先黄化，逐渐失绿，但叶脉间不出现坏死斑。⑧缺硼。生长点附近的节间明显短缩，上位叶外卷，叶缘呈褐色，叶脉有萎缩现象，果实表皮出现木质化，叶脉间不黄化。⑨缺锰。植株顶部及幼叶间失绿呈浅黄色斑纹，后期除主脉外，叶片其他部分均呈黄白色，在脉间出现坏死斑；芽的生长严重受到抑制，蔓短而细弱，新叶细小，花芽常呈黄色。⑩缺铜。上部叶出现黄化，顶端叶展开受仰形成向上卷筒状叶，叶缘局部枯死。

病因　①缺氮。主要是前作施入有机肥少，土壤含氮量低或降雨多氮被淋失；生产上沙土、沙壤土、阴离子交换少的土壤易缺氮。此外，收获量大的，从土壤中吸收的氮肥多，且追肥不及时易出现氮素缺乏症。②缺磷。有机肥施用量少、地温低常影响对磷的吸收，此外利用大田土育苗，施用磷肥不够或未施磷，易出现磷素缺乏症。③缺钾。主要原因是沙性土或含钾量低的土壤，施用有机肥料中钾肥少或含钾量供不应求；地温低、日照不足、湿度过大妨碍钾的吸收，或施用氮肥过多对吸收钾产生拮抗作用；叶片含 K_2O 在 3.5% 以下时易发生缺钾症。④缺钙。主要原因是施用氮肥、钾肥过量会阻碍对钙的吸收和利用；土壤干燥、土壤溶液浓度高，也会阻碍对钙的吸收；空气湿度小、蒸发快，补水不及时及缺钙的酸性土壤上都会发生缺钙。⑤缺镁。随黄瓜坐瓜增多，植株需镁量增加，但在黄瓜植株体内，镁和钙的再运输能力较差，常常出现供不应求的情况，导致缺镁而发生叶枯病。研究表明叶枯症的发生与植株内镁的浓度密切相关。开花后采摘上位第 16～18 叶中的一张叶片进行镁浓度测定，当叶片中镁含量约在 0.2% 时，就会出现叶枯病，当叶片中镁含量 < 0.4% 时应及时防治。生产上连年种植黄瓜的大棚，结瓜多，易发病，干旱条件下发病重。此外，用瓠瓜（扁蒲）做砧木与黄瓜嫁接的常比用南瓜做砧木的嫁接苗发病重。⑥缺锌。光照过强或吸收磷过多易出现缺锌症。多认为土壤 pH 值高，即使土壤中有足够的锌，也不易溶解或被吸收。⑦缺铁。在碱性土壤中，磷肥施用过量易导致缺铁；土温低、土壤过干或过湿，不利根系活力，易产生缺铁症。此外，土壤中铜、锰过多，妨碍对铁的吸收和利用而出现缺铁症。⑧缺硼。在酸

营养液无土栽培黄瓜缺氮

黄瓜缺锌黄化叶外卷

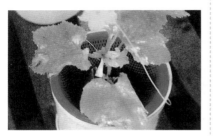

营养液无土栽培黄瓜缺磷

黄瓜缺铜叶向上串，高叶呈筒状，叶缘干枯

营养液无土栽培黄瓜缺钾

黄瓜缺锰叶脉间黄化，脉粗

黄瓜缺铁逐渐失绿

黄瓜缺硼上位叶向外侧卷曲，叶缘变褐色

黄瓜缺镁下位叶叶脉间均匀褪绿黄化

性沙壤土上，一次施用过量石灰肥料易发生缺硼；土壤干燥时影响植株对硼的吸收，当土壤中施用有机肥数量少、土壤pH值高、钾肥施用过多均影响对硼的吸收和利用，出现硼素缺乏症。⑨缺锰。常发生在碱性或石灰性土壤及沙质土壤上，沙性土壤，雨水多加快了锰的淋失，会造成缺锰；生产上施用石灰质碱性肥料，使土壤有效锰含量急剧下降，也会诱发缺锰。⑩缺铜。石灰性和沙性土容易出现有效铜含量低，造成缺铜。

防治方法　①防止缺氮。首先要根据黄瓜对氮磷钾三要素和对微肥的需要，施用酵素菌沤制的堆肥或有机复合肥或有机活性肥，采用配方施肥技术，防止氮素缺乏。低温条件下可施用硝态氮；田间出现缺氮症状时，应当机立断埋施充分腐熟发酵好的人粪肥，也可把碳酸氢铵、尿素混入10～15倍有机肥料中，施在植株两旁后覆土，浇水，此外也可喷洒0.2%尿素或碳酸氢铵溶液。②防止缺磷。黄瓜对磷肥敏感，每100g土含磷量应在30mg以上，低于这个指标时，应在

土壤中增施过磷酸钙，尤其是苗期黄瓜苗特别需要磷，培养土每升要施用五氧化二磷1000～1500mg，土壤中速效磷含量应达到40mg/kg，每缺1mg/kg，应补施标准的磷酸钙2.5kg。应急时可在叶面喷洒0.2%～0.3%磷酸二氢钾2～3次。③防止缺钾。黄瓜对钾肥的吸收量是吸收氮肥的一半，采用配方施肥技术，确定施肥量时应予注意。土壤中缺钾时可用硫酸钾，每667m^{2}平均施入3～4.5kg，一次施入。应急时也可叶面喷洒0.2%～0.3%磷酸二氢钾或1%草木灰浸出液。④防止缺钙。首先通过土壤化验了解钙的含量，如不足可深施石灰肥料，使其分布在根系层内，以利吸收；避免钾肥、氮肥施用过量。应急时也可喷洒0.3%氯化钙水溶液，每3～4天1次，连续喷3～4次。⑤防止缺镁。生产上发生叶枯病的田块，土壤诊断出缺镁时，应施用足够的有机肥料，注意土壤中钾、钙的含量，注意保持土壤的盐基平衡，避免钾、钙施用过量，阻碍对镁的吸收和利用。实行2年以上的轮作。经检测当黄瓜叶片中镁的浓度低于0.4%时，于叶背喷洒1%～2%硫酸镁溶液，隔7～10天1次，连续喷施2～3次。⑥防止缺锌。土壤中不要过量施用磷肥；田间缺锌时可施用硫酸亚锌，每667m^2 1.3kg；应急时，叶面喷洒0.1%～0.2%水溶液。⑦防止缺铁。土壤保持pH值6～6.5，施用石灰时不要过量，防止土壤变为碱性；土壤水分应稳

定，不宜过干、过湿，应急措施可用 $0.1\% \sim 0.5\%$ 硫酸亚铁水溶液喷洒。⑧防止缺硼。如已知土壤缺硼，在施用有机肥中事先加入硼肥或每 $667m^2$ 施入硼酸 $0.3kg$，黄瓜对硼敏感不要过量，适时灌水防止土壤干燥，不要过多施用石灰肥料，使土壤保持中性，应急时叶面喷施 $0.12\% \sim 0.25\%$ 的硼砂或硼酸水溶液。⑨防止缺锰。一是施用硫黄中和土壤碱性，降低土壤 pH 值，提高土壤中锰的有效性，每 $667m^2$ 轻质土用 $1.5kg$，黏质土用 $2kg$。二是施用锰肥，$667m^2$ 用硫酸锰 $1 \sim 2kg$。也可叶面喷施硫酸锰，浓度为 0.15%，用液量 $667m^2$ 用对好的肥液 $50ml$。对于黄瓜缺素症在上述措施的基础上，还可选用 40% 乙烯利水剂 2500 倍液在黄瓜 $3 \sim 4$ 叶期喷洒，可增加雌花数量。或用 1.8% 复硝酚钠水剂 $5000 \sim 6000$ 倍液在生长期或花蕾期均匀喷洒，调节生长、防止落花、提高产量。也可在苗期喷一次 0.004% 芸薹素内酯水剂 $1000 \sim 1500$ 倍液，促花芽分化，增加雌花比例。初花期喷洒 $1 \sim 2$ 次，可提高坐果率，提高产量；植株生长期用 8% 吡啶醇乳油 800 倍液喷洒对提高坐瓜率、增加产量效果明显。⑩防止缺铜。叶面喷施 0.1% 硫酸铜。

黄瓜、水果型黄瓜氮素过剩症

症状 氮素过剩症是指过量施用氮肥引起黄瓜等蔬菜作物生长发育异常的现象。氮素过剩症在保护地蔬

菜栽培中经常出现，症状是叶片肥大且浓绿，中下部叶片卷曲，叶柄略下垂，叶脉间凹凸不平，植株茎节伸长，开花节位提高，雌花分化延迟，易落花，果实上常出现或浓或淡的纵条纹，瓜条弯曲。有报道氮素过多易产生苦味瓜，还导致植株体内养分不平衡，易诱发钾、钙、硼等元素缺乏。植株过多地吸收氮素，体内容易积累氨，从而造成氨中毒。黄瓜氮过剩症状与病毒病十分相似，很易误诊，需注意区别。生产上氮过剩现象比较突出。

黄瓜氮过剩幼苗第 1 对真叶出现失绿

病因 土壤中普遍缺乏氮素，生产上施肥已成常规。随着保护地施肥量的增加，虽然还有缺氮的情况，但现在生产上过氮栽培已成为普遍现象。一些菜农缺乏对蔬菜施肥规律的了解，每年不断增加施肥数量，造成蔬菜氮过剩现象更加突出。原因有三：一是前作氮素剩余多。近年山东、河北等省的菜田常年有机肥施用量约 7000kg 左右，多半是畜禽肥，当年约消耗 1/3，其余还在土壤中累积着，因此造成过量。二是偏施氮肥，不注意养分的平衡。黄瓜正常生长发育需要维持一定的氮、磷、钾

比例。如生产 100kg 黄瓜，需要吸收氮 0.19～0.27kg、钾 0.35～0.40kg。如果偏施氮肥，一方面造成碳代谢受到抑制，导致黄瓜开花结果不良；另一方面易造成钾不足，氮不能及时转化成氨基酸，造成氮积累，出现氨中毒。生产上在磷、钾养分缺乏时，偏施氮肥易发生氮素过剩症。三是在保护地条件下容易发生氮过剩，这是因为保护地施肥数量常比露地高 4～6 倍。如保护地棚内温度高，无雨水淋失，造成氨在土壤中积累，不仅引发氮过剩症，还会产生氨气和亚硝酸气，引起中毒。

防治方法 ①对生产上出现的氮过剩症，要采用测土配方施肥技术，根据土壤肥力确定氮肥用量，合理地进行氮、磷、钾配合施用。如生产 1t 黄瓜需要氮 2.73kg、磷 1.30kg、钾 3.47kg，各地据当地土壤种类、肥力因地制宜地确定基肥和追肥施用量。不要一次施入过量的氮肥，尤其是注意控制铵态氮肥的施用量，施足磷钾肥。土壤有机质达到 2.5% 以上的老温室土壤，一次施入腐熟有机肥或已发酵好的鸡粪，每 667m² 不能超过 5000kg，防止土壤干旱和过分潮湿。②有人做过氮肥追肥试验，沙质土壤每 1000m² 施入硫酸铵 40kg，黄瓜生长正常，施入 50kg 则生长不良，增至 70kg，出现严重危害。

黄瓜、水果型黄瓜钾过剩症

症状 黄瓜、水果型黄瓜钾过剩症常表现两种症状：一种是初叶片出现叶脉间失绿，后叶脉呈黄绿色网状，类似缺镁症；另一种是钾过剩严重，钾浓度高时出现叶缘卷曲症状。钾过剩常引起镁缺乏症。

水果型黄瓜钾过剩症脉间失绿或叶缘卷曲

病因 据日本试验，当土壤中钾镁比大于 8 时，出现缺镁症状，叶绿素生成受影响，正常的钾镁比应为 14，当钾镁比超过 19 时就会出产生钾过剩症。

防治方法 采用测土配方施肥技术，防止钾过剩症。

黄瓜、水果型黄瓜钙过剩症

症状 黄瓜植株中下部叶片产生皱缩，叶面凹凸不平，叶缘上卷，好像是病毒病，而上位叶不表现症状。钙过剩易引起锰、铁、硼、锌等缺乏。生产上钙过剩症极易与病毒病混淆，需要注意区别。

病因 据日本试验，黄瓜在 0.5U 营养液中，当硝酸钙达到 12ml/L 时，表现出钙过剩症。

黄瓜钙过剩症中下位叶皱缩凹凸不平上卷

防治方法　①首先诊断是钙过剩还是病毒病，以便对症防治。②采用测土配方施肥技术，防止钙过剩症的发生。

黄瓜、水果型黄瓜硼过剩症

症状　苗期在第 1 片真叶长出后顶端变褐，向内卷曲，逐渐全叶出现黄化。成株中下部叶片叶缘失绿黄化，并逐渐沿脉间向中脉扩展，乃至全叶，使叶片呈镶黄边状。

黄瓜硼过剩症幼苗叶尖黄、叶缘卷

病因　一是土壤因素，黄瓜、水果型黄瓜硼过剩症容易在母质含硼较丰富、pH 值小于 7 的酸性土中出现。二是黄瓜、水果型黄瓜需硼量较少，对硼非常敏感，易发生硼过剩

症。三是营养土或前茬硼肥施用过量或使用了城市近郊排放的污水或施用了污泥，造成苗期或成株期出现硼过剩症。生产上如果黄瓜、水果型黄瓜成熟叶片含硼量高于 400mg/kg（以干物质计），就会出现硼中毒。

防治方法　①黄瓜、水果型黄瓜对硼敏感，缺硼时每 $667m^2$ 只能施入 0.3kg 硼酸，不得过量，防止硼过剩。育苗时营养土中亦不准过量。②对已发生硼过剩的黄瓜、水果型黄瓜田，测得其土壤水溶性硼含量过高时，向土壤中施入石灰，使土壤 pH 值高于 7，可有效抑制对硼素的吸收，减少硼的危害。③禁止用含硼量高的城市污水进行灌溉，不要用工厂附近的污泥堆制有机肥。④黄瓜、水果型黄瓜生长过程中施用碳酸钙可减少硼中毒。⑤生产上发现硼过剩时浇大水，使硼溶解或淋失，浇大水后再结合施用石灰效果更好。

黄瓜、水果型黄瓜锰过剩症

症状　锰过剩症又称褐色小斑病、褐脉叶，保护地易发生。生产上黄瓜、水果型黄瓜下位叶沿着叶脉出现褐色小斑点，扩展后形成条斑，或者叶脉上出现油浸状斑，有时全叶出现小斑点，发病轻的叶片仍可生长发育，发病重的小斑点形成黄褐色条斑，或沿叶脉的周围产生黄褐色斑块，或叶脉、叶柄、茎茸毛及根部出现黑褐色，造成叶脉坏死，或形成褐色大条斑，提前枯死。上述症状多发生在中位以下的主枝的叶片上，严重时侧枝上的叶片也生褐色条斑。果实发育不良，果形短，不整齐，果皮上没有病斑。

黄瓜锰过剩症沿叶脉产生褐色小斑点

病因 土壤中施用锰过量；播前土壤经过 100℃ 的高温灭菌或消毒；土壤 pH 值在 7 以上，使锰在土壤中溶解度增大，锰素过多；土壤缺钙易引起锰素过剩；生产上种植长日照耐高温的黄瓜品种如津研系列；在苗期或定植后，气温 10℃ 以下，地温低于 15℃，对锰素敏感的黄瓜叶全锰含量大于 500mg/kg 就会发生锰过剩症。此外，冬季浇水多或从棚上漏进雨雪，造成地温下降则易发病。夏播品种发生多，春播品种发生少。

防治方法 ①采用测土配方施肥技术，按需要施入锰肥，适当施入钙肥，防止缺钙引发锰过剩。②不要在偏酸性或偏碱性土壤中种植黄瓜、水果型黄瓜。施用生物活性有机肥或石灰，把土壤 pH 值调到中性，使土壤中锰的溶解度下降。③生产用种选用短日照、耐低温弱光的品种，黄瓜可选用中农 5 号、中农 7 号、津春 3 号、莱发 2 号、津优 30 等，水果型

黄瓜可选用迷你 4 号，以减少锰过剩症的发生。④采用地膜覆盖，提高地温。夜间气温保持高于 10℃，地温不低于 15℃。冬季不宜浇水过多，尤其是雨雪天气要控制浇水，均可减少锰过剩症的发生。

黄瓜、水果型黄瓜黄化叶

症状 棚室冬春栽培的黄瓜，从采瓜期开始，植株的上位和中位叶片急剧黄化，早晨观察叶背面呈水渍状，气温升高后水渍状消失，几天后水渍状部位逐渐黄化，尤其是在低温条件下，生长势弱的品种易发病。

黄瓜黄化叶

病因 对黄瓜叶片和商品瓜发黄，王芳德认为黄瓜生长需要一个良好的环境，在反季节栽培的深冬时节由于光照不足，有效日照时数不足 6h，温度较低，特别是夜间温度偏低，有的低于 10℃，不能满足黄瓜正常生长的需要，导致黄瓜生长不良。在华北、华中 1～2 月中旬是温度最低的时期，外界温度 -10℃ 以下，而黄瓜生长要求在 12℃ 以上，光照时数 8h 以上。有些棚保温

性差，虽然白天能升到30℃，但夜温却降到10℃以下或更低，造成黄瓜不能正常生长，尤其是棚内靠裙膜的黄瓜发黄，生长也慢。这时早晨温度应控制在12℃左右，随温度上升，当室温升到23℃以上时，要进行10～20min的换气，尤其是没有施用二氧化碳的棚，换气后关闭风口继续升温，当棚温升到30℃，再进行通风，当棚温下降到26℃时要关闭风口，其目的是增加室内蓄热量，当温度下降到22℃时放草苫及保温被或二层膜，从17～23点室内温度由22℃降到16℃，到次日7点，室温保持在10～12℃，才能满足黄瓜生长。深冬时节，地温比气温更重要，为使黄瓜正常生长，早晨10cm地温要达到14℃以上，中午25℃左右，即使遇有阴天雾天、雨雪天，地温也要保持12℃以上，否则会引起沤根，出现叶片发黄。

防治方法 ①深冬要把早晨10cm地温提高到14℃以上。②保温效果差的大棚可使用防雨膜，效果明显。

黄瓜、水果型黄瓜金边叶

症状 黄瓜金边叶又称枯边叶、金镶边，棚室栽培黄瓜时常见。黄瓜金边叶主要出现在叶片上，尤以中部叶片居多。发病叶的一部分或大部分叶缘及整个叶缘发生干边，干边深达叶内2～4mm，严重时引起叶缘干枯或卷曲。2009年冬季气温较

往年反常，在一些保温效果略差的棚室黄瓜的正常生长受到一定影响，出现叶片下垂，叶片的边缘出现发黄的现象，称为焦边叶或金镶边。

黄瓜金边叶

病因 系生理病害。诱因有三：一是棚室处在高温高湿条件下突然放风，致叶片失水过急过多；二是土壤中盐分含量过高造成盐害；三是由于长时间地温偏低，10cm地温在12～16℃甚至更低。光照不足，每天日照时数不足6h，长时间处于阴、雨、雪、雾天气，温度忽高忽低，造成黄瓜根系不能正常生长，甚至根尖受到低温寒害，就易造成黄瓜叶片的"焦边叶"或"金镶边"现象。

防治方法 ①提高棚室保温性能，设备老化的要增加草苫或防雨膜。若是墙体或后坡面较薄应尽快改造，或改种两茬黄瓜，进行秋延后和早春茬栽培，避开深冬最寒冷的1月，否则就会出现金镶边或花打顶现象。②管理上喷施回生露（主要成分为Mn+Zn+B ≥ 20g/L、氨基酸 ≥ 100g/L）500倍液与金克拉（蔬菜专用）（主要成分为N+K$_2$O ≥ 20%，

腐殖酸≥4%）150倍液，交替施用，间隔10～15天，能有效改变黄瓜叶片"金镶边"现象。

黄瓜、水果型黄瓜花斑叶

症状　黄瓜花斑叶在棚室栽培条件下时有发生，主要危害叶片。初仅叶脉间的叶肉出现深浅不一的花斑，后花斑中的浅色部分逐渐变黄，叶表面凹凸不平，突起部位呈黄褐色，后整叶变黄，随病叶变硬致叶缘四周下垂，有别于一般叶片黄化。

黄瓜花斑叶

病因　系生理性病害。病因主要是碳水化合物（糖）在叶片中积累引起的。糖在叶片中积累会引起叶片生长不平衡，造成糖分不能均匀地输送到生长点和瓜条中去，致叶片变硬、叶缘下垂。所以出现这种情况，主要是前半夜气温低，黄瓜叶片白天进行光合作用形成的碳水化合物输送受到抑制，15～20℃条件下，温度越高输送速度越快，反之输送速度减慢，棚室温度低于15℃，不仅影响根系发育，还会导致输送受抑，叶片

老化，生理抗性明显降低；生产上定植初期地温对根系的生长发育也有较大影响。此外，钙、硼缺乏也能影响碳水化合物在植株中的运转和积累引起花斑叶。

防治方法　①适时定植。棚室温度和土温达到15℃时定植，短时间内温度低于此标准，要注意提高棚温和地温，以利根系发育、增强对肥水的吸收能力，使碳水化合物运输正常。②合理施肥。有条件的采用配方施肥技术，施用全元肥料，注意不要缺少钙、硼、镁等微量元素，增施有机肥或酵素菌沤制的堆肥。③合理灌溉。灌水要均匀，不宜过分控水。④按黄瓜生长发育对温度的要求进行调控，上午28～30℃、下午25～30℃、前半夜保持在15～20℃为宜。⑤适时摘心，适当去除底叶。

保护地黄瓜氨害和亚硝酸气害

症状

（1）氨过剩　幼苗叶片褪色，叶缘呈烧焦状，向内侧卷曲；植株心叶叶脉间出现缺绿症，致心叶下的2～3片叶褪色，叶缘呈烧焦状。

（2）棚室保护地氨害　多发生在施肥后3～4天，中位受害叶片正面出现大小不一的不规则的失绿斑块或水渍状斑，叶尖、叶缘干枯下垂。多整个棚发病，且植株上部发病重。一般突然发生，上风头发病轻于下风头，棚口及四周发病轻于中间。

（3）棚室保护地亚硝酸气害　施肥后 10 ～ 15 天，中位叶初在叶缘或叶脉间出现水浸状斑纹，后向上下扩展，受害部位变为白色，病部与健部分界明显，从背面观察略下陷。

大棚黄瓜氨害症状

保护地黄瓜受亚硝酸气害

病因　保护地黄瓜产生氨害和亚硝酸气害，主要是肥料分解产生氨气和亚硝酸气。如棚内一次施入过多的尿素、硫酸铵、碳酸氢铵或未充分腐熟的饼肥、鸡粪、鱼肥、与土混合的有机肥，遇棚内高温或连阴天后突然转晴，经 3 ～ 4 天就会产生大量氨气，使棚内空气中氨的含量不断增加，当浓度大于 5mg/kg 时，植株外侧叶片先受害。此外，氨肥颗粒黏在叶片上或土壤中氨的浓度高，钙的吸收受抑制，土壤 pH 值高均可产生氨害。

当棚内空气中亚硝酸气的浓度大于 2 ～ 3mg/kg 时，就会发生亚硝酸气害。施入土壤中的氮肥都要经过有机态—铵态—亚硝酸态—硝酸态这个过程，最后以硝酸态氮供植株吸收利用。当土壤呈酸性、强酸性或施肥量大时，上述过程受到阻碍，使亚硝酸不易转化为硝酸，并在土壤中积累，产生亚硝酸气释放于棚室内，如放风不及时，就会产生毒害作用。

防治方法　①施用酵素菌沤制的堆肥或有机活性肥、绿丰生物肥。采用配方施肥技术，减少化肥用量，做到不偏施、过施氮肥。施用饼肥、鸡粪时必须充分腐熟才能施用。同时要注意施肥方法，追施尿素、硫酸铵等化肥时，不要把肥料撒在叶片上，不宜表面施，应埋施或深施后踏实。早春气温低，施肥应提早，以免分解不充分。②心叶发生缺绿症时，用 pH 值试纸监测棚中氨气和亚硝酸气的动态变化，也可用仪器测定土壤 pH 值、土壤导电率，即可换算出氨态氮的含量。土壤导电率高、氨态氮多，当 pH 值大于 8 时，有可能发生氨害；pH 值小于 6 时，有可能发生亚硝酸气害。这时要注意放风，排除有害气体，降低其含量。③在植株生长过程中，可限制性地施用部分化肥，每 667m² 控制氮素化肥 25kg。黄瓜轻度受害或受害后尚未枯死的，可通过加强管理，使其逐渐恢复健康。④施用缓效氮肥时，应掌握在黄瓜吸收养分的最大效率期施用，并注意合理灌溉或采用膜下灌溉及滴灌法。黄瓜生育期追施尿素或硫酸铵以4～5次为宜，每667m² 7.5～15kg，如用碳酸氢铵必须深施。⑤应急时可叶面喷洒1%磷酸二氢钾。⑥已发生中毒的，要尽快加大放风量，降低棚内有毒气体的含量，同时配合浇水以降低土壤中肥料的浓度，减少氨气、亚硝酸气来源。

保护地黄瓜二氧化硫气体为害

症状 黄瓜、水果型黄瓜使用烟雾剂防治黄瓜病虫害或加温塑料大棚烟道漏气时，使黄瓜受害。二氧化硫气体对黄瓜叶片产生的危害症状与亚硝酸气体为害症状类似，也是叶片叶脉间变白，还会落叶。

大棚黄瓜下位叶受二氧化硫为害状

病因 一是使用烟剂时用药量超标，黄瓜不能忍受，即产生二氧化硫气体危害。二是棚室内烟道漏气，未能及时通风换气，造成二氧化硫气体在棚内积累，积累的二氧化硫浓度达到一定数量时，就会发生二氧化硫气体为害。

防治方法 ①使用烟雾剂时，尤其是防虫烟雾剂，应严格按说明书上的用量用药，不准超标。②加温温室需定期检修，发现漏气要及时修好。③使用烟雾剂或棚室加温后要及时通风换气。

黄瓜、水果型黄瓜瓜打顶（花打顶）

症状 正在开花的雌花距株顶小于50cm，成熟果实距株顶小于1.4m，发病重的植株顶部心叶萎缩不长，开成花或瓜抱头现象，有的龙头下弯，有的生长点消失。又叫花打顶、花包头、追尖等。

黄瓜瓜打顶

病因 一是温度过低或气温过高。棚内温度尤其是地温低，当棚内温度特别是夜间温度长时间低于10℃或10cm地温低于12℃，持续5～7天，就会产生沤根，可出现瓜打顶。二是遇有持续4天以上阴、雨、雾、雪天气，光照弱、温度低，造成植株长势弱，也会产生瓜打顶。三是遇高温干旱，棚温白天气温高于35℃，夜间18℃以上，即使中午把放风口全部扒开，棚内温度难于降到30℃，仍高于黄瓜白天生长适温25～30℃，植株同化作用受阻，呼吸消耗加快，造成土壤湿度小于80%，引起瓜株缺水早衰，造成瓜打顶。四是进入结瓜盛期果实对氮磷钾需肥量大幅度增加，果实吸肥量占总吸肥量的50%～60%，因此采收后要及时追施氮磷钾（按3∶1∶4的比例及时施用），否则也会产生瓜打顶。浇水时冲施化肥量过多，或施用了未腐熟有机肥引发烧根或喷施叶面肥时浓度过大，叶片受了肥害都会引发瓜打顶。五是喷农药时浓度过大或气温过高或混配了几种不适宜农药又没及时采取措施，或施用了0.1%氯吡脲可溶性液剂或用赤霉素+细胞分裂素（坐瓜灵）蘸花后幼瓜生长速度加快，造成养分集中在幼瓜上，结瓜部位上移形成瓜打顶。六是进入中后期昼夜温差小，同化作用的光合产物主要输送到果实中，回流到根系的养分不足，新根再生能力减弱，根系衰老加速也会出现瓜打顶。七是叶片损伤，生产中发生病虫危害都会造成叶片损伤，养分供不应求也会发生瓜打顶。

防治方法　根据以上七方面的原因具体分析是哪一种原因引起的瓜打顶，再采取对症措施进行防治。①提高温室的保温效果，增加多层覆盖。遇有阴雨雾雪天气时，以保温为主适当晚揭早盖草苫；待晴天后将过密的幼瓜和稍大的商品瓜疏掉，调整植株生长，晴天通过早放风和适当扒底风，气温控制在25～30℃，最高

不超过35℃，夜间通过调节草帘数目控制在12～15℃。②合理施肥及时浇水。在施足基肥基础上，结果期有机肥、化肥要交替冲施，有机肥每667m²追施腐熟人粪尿900kg+0.5%的黑矾固定氨气，防止氨气烧叶。化肥以氮、钾肥为主，每667m²追施尿素20～40kg、硫酸钾15～20kg，及时补施微肥，每667m²用硼砂1kg、锌肥0.4kg、镁肥3.5kg。也可冲施阿波罗963养根素加强上部叶片养护。浇水间隔时间由冬季的10～15天缩短至5～7天，浇水要浇透，不仅要浇小行，还要浇大行。③巧用激素，促根可用5mg/kg萘乙酸水溶液和复硝酚钠3000倍液，每株灌250ml，刺激新根快发多生，促生长，可用50mg/kg赤霉素喷打生长点。在深冬或植株生长正常的情况下不要蘸花，否则会加快植株早衰，不但不增产，还会减产。但对植株生长过旺、坐不住瓜的植株进行适当蘸花，提高坐瓜率，防止徒长。④调节营养，及时掐掉卷须，抹掉龙头附近的雄、雌花，疏去顶部瓜纽，摘除中下部大瓜，清除下部老叶减负，调节营养平衡。⑤适当喷施光合动力、生命力水溶肥，适当晚蘸瓜，减轻瓜株负担。也可喷施云大全树果1500倍液+细胞分裂素750倍液，加以调节。

黄瓜、水果型黄瓜烂头顶

　　黄瓜进入开花期后，烂头顶情况非常普遍，引起黄瓜生长点出现

病害。

症状 一是黄瓜缺钙引起的黄瓜顶部叶片出现干尖、干边现象。二是黑星病危害生长点时龙头变成黄白色，造成秃尖并流胶，湿度大时长灰绿色至黑色霉状物，严重时生长点多处受害，卷须多烂掉。三是蔓枯病常从叶缘侵染，产生浅褐色或黄褐色病斑，后期病斑上长出很多黑色小粒点，是病原菌的子囊壳。四是细菌性缘枯病，从叶缘侵入，初在水孔处产生水渍状小斑点，后扩展成不规则浅褐色病斑。

黄瓜烂头顶—缺钙

病因 黄瓜缺钙引起叶片干尖、干边属生理病害。黑星病是由瓜枝孢真菌引起的。蔓枯病是由壳二孢引起的真菌病害。细菌性缘枯病是一种细菌侵染引起的。棚内湿度高，持续时间长，易引发上述病害。

防治方法 ①加强管理，及时放风，防止棚内湿度过大。②缺钙时，叶面喷洒0.3%氯化钙水溶液。③防治黑星病用50%多菌灵可湿性粉剂700倍液或30%氟菌唑可湿性粉剂1500倍液。④防治蔓枯病喷洒25%吡唑醚菌酯乳油3000倍液或250g/L嘧菌酯悬浮剂1200倍液。⑤防治细菌缘枯病，初期喷洒72%农用高效链霉素3000倍液混50%琥胶肥酸铜500倍液或25%咪鲜胺乳油1500倍液混加25%嘧菌酯1000倍液。

黄瓜、水果型黄瓜只长蔓不坐瓜

症状 又称蔓徒长不坐瓜。植株长势过旺，叶片厚且大，茎秆粗壮，拔节长，黄瓜植株上坐瓜很少，有的根本坐不住瓜，即使坐住瓜，产生焦化纽子，化瓜率高，产生大头瓜、弯曲瓜、细腰瓜或尖嘴瓜，严重影响产量和品质。

黄瓜蔓徒长不坐瓜

病因 系生理病害。夜温过高，施用化肥过多，造成植株营养生长与生殖生长不协调，生产上黄瓜的养分主要用在黄瓜植株生长，黄瓜果实生长得不到足够的养分供应，说明营养生长旺盛，生殖生长不足，出现只长蔓坐不住瓜的情况。

防治方法 ①选择优良黄瓜品

种，淘汰不坐瓜的品种。②适当控制温度。尤其要适当降低夜温，夜温过高，黄瓜出现徒长，下午晚些关闭放风口，早上及时通风，调节棚内温度，上半夜 16 ～ 18℃，下半夜 12 ～ 15℃，早晨拉草苦时 12℃，这时温度不要低于 10℃，不要高于 15℃，能有效控制黄瓜徒长。③控制肥水。不可促水促肥。不施含氮过高的化肥，适当增施钾肥，可冲施生物肥，控制黄瓜长势。叶面喷洒海天力、甲壳素等调节黄瓜长势，使黄瓜由营养生长适当向生殖生长转化，促进黄瓜多坐瓜。④黄瓜长到 3 ～ 9 片真叶时，叶面喷洒助壮素 750 倍液或矮壮素 1500 倍液或增瓜灵等。

黄瓜、水果型黄瓜茎秆开裂

症状 2012 年 7 月下旬，黄瓜出现了茎部开裂的现象，造成瓜株提前枯死。

病因 一是温度高，浇水不及时，缺素是首要原因。高温条件下，植株需水量大，尤其是在干旱条件下，植株细胞体含水量不足，硼、钙

黄瓜茎秆开裂

等元素的吸收受抑制；突然浇水后，细胞体的含水量突然增高，易造成茎秆幼嫩部位产生裂秆现象。二是感染了黄瓜蔓枯病，也能导致茎部开裂，并伴有白色胶状物，棚内湿度小症状不明显。

防治方法 ①注意控制好浇水次数，小水勤浇，保持土壤见干见湿，合理供给植株水分需求。选择早晨或傍晚浇水，避开高温时段。②喷洒 20% 叶枯唑 500 倍液 + 细胞分裂素 1000 倍液 + 钙尔美 600 倍液 + 硼砂 1000 倍液，预防细菌病害的同时，提高黄瓜植株细胞应急能力，减少裂秆现象发生。

黄瓜、水果型黄瓜涝害和渍害

症状 近年我国黄瓜生产中由于降雨量过大、降雨次数过多，雨水进棚的情况时有发生，黄瓜是怕涝的蔬菜，雨水进棚后对黄瓜影响极大。无论南方还是北方，无论春涝、夏涝还是秋涝危害都很大，生产上把造成产量下降或失收的农业气象灾害称为涝害。狭义上把地面淹水称为涝害，把土壤中充满水分称为渍害。当空气中湿度过高时黄瓜正常生长发育受到干扰称为高湿危害。发生涝害的植株生长发育受抑、根尖变黑有烂根现象，地上瓜株出现萎蔫、枯黄，持续时间长的会出现死棵。

病因 由于强降雨多，造成多地棚室岌岌可危，还会有不少棚室出现雨水进棚，甚至地面流水、棚墙坍

塌等涝害情况。

防治方法 ①保护地应建在背风、向阳、地势高燥的地方。②拱棚应重点做好棚室两边维护，设置防雨膜，防止强降雨时雨水进棚。③棚前挖集水沟。下挖式大棚地势低，要加大挖深，确保防止积水过多流入棚内。④遇台风造成强降雨时，还要及时安置水泵排水防涝。⑤棚室进水后应在最短时间内尽快排除雨水，防止沤根或形成根腐病，造成死棵。棚内土壤黏重，待土壤晾晒后及时翻地再定植，增强土壤透气性。定植时如地下水位高，应选择起垄栽培，穴施生物菌肥或恶霉灵。定植后应密切注视天气变化，下雨时关闭通风口，防止雨水再次进棚。缓苗后要及时划锄，增加土壤透气性。促进根系生长；预防土传病害。⑥设施管理要跟上，防止雨水浸湿草帘。a.设置防雨膜，要及时把顶部通风口挡雨膜安上，防止雨水进棚。b.维护好草苫、保温被、覆膜的状态。出现降雨时草帘上应注意覆盖薄膜，防止被淋湿，湿草苫要及早晾晒，保证其干燥，以免影响草苫的拉放和使用寿命。

黄瓜涝害

二、冬瓜、节瓜病害

冬瓜 学名 *Benincasa hispida* Cogn.，古名白瓜、水芝、枕瓜，是葫芦科冬瓜属中栽培种，系一年生攀缘性草本植物。冬瓜起源于中国和东印度，广布热带、亚热带及温带，中国在秦汉时即有栽培，现全国各地均有栽培。

节瓜 学名 *Benincasa hispida* Cogn.var *chiehqua* How，别名毛瓜，是葫芦科冬瓜属的一个变种，也是一年生攀缘性草本植物。过去广东、广西、海南、台湾栽植较多，现在北方也普遍种植。

冬瓜、节瓜立枯病和果腐病

症状 冬瓜、节瓜立枯病主要发生在育苗后期、育苗盘处在较高温度条件下或直播田。主要为害地下根部或幼苗茎基部，初在病部现不整形或近椭圆形暗褐色斑，稍凹陷，病部扩展绕茎一周后致茎部干枯，造成瓜苗萎蔫死亡。早期与猝倒病相似，但猝倒病发病迅速，该病病程进展较慢，病部具不明显或明显的轮纹及浅褐色蛛丝状霉，即病菌的菌丝体或菌核，有别于猝倒病。

丝核菌果腐病：幼瓜、成瓜均可发病，初在与地面接触的部位产生黄褐色病变，后病部凹陷形成大

小不等、不规则的病斑；成熟果实染病，形成大片的水渍状腐朽区域，后变褐干裂，湿度大时病部长出白色菌丝。

节瓜立枯病病苗

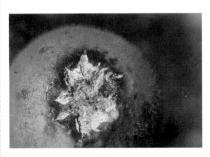

冬瓜丝核菌果腐病

病原 *Rhizoctonia solani* Kühn AG-4，称立枯丝核菌 AG-4 菌丝融合群，属真菌界担子菌门无性型丝核菌属，有性型属担子菌门亡革菌属。

传播途径和发病条件 以菌丝体或菌核在土中越冬，且可在土中腐生 2～3 年。菌丝能直接侵入寄

主，通过水流、农具传播。病菌发育适温 24℃，最高 40～42℃，最低 13～15℃，适宜 pH 值为 3～9.5。播种过密、间苗不及时、温度过高易诱发本病。病菌除了害冬瓜、节瓜外，还可侵染黄瓜、西瓜、玉米、豆类、白菜、油菜、甘蓝等。

防治方法 参见黄瓜、水果型黄瓜猝倒病、立枯病。

冬瓜、节瓜绵腐病

症状 苗期发病，引起瓜苗猝倒，病苗茎基部缢缩变软、折倒。成株期发生多引起"果腐"或"绵腐"，病部变褐、变软，表面覆盖白色棉毛，潮湿时外观为湿水棉花状，故称"绵腐"。

节瓜绵腐病病瓜

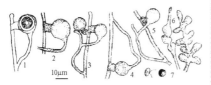

冬瓜绵腐病菌（瓜果腐霉）
1～4—藏卵器、雄器及卵孢子；
5,6—孢子囊和泡囊；7—游动孢子及其萌发

病原 *Pythium aphanidermatum* (Eds.) Fitzp.，称瓜果腐霉；*P. ultimum* Trow，称终极腐霉；*P. debaryanum* Hesse，称德巴利腐霉，均属假菌界卵菌门腐霉属。

传播途径和发病条件 病菌以菌丝体和卵孢子随病残体遗落土中越冬。翌年条件适宜时，萌发产生孢子囊和游动孢子，游动孢子借水流或雨水溅射传播，成为初侵染和再侵染源。生长季节中雨水频繁或植地高湿有利本病发生。

防治方法 ①做好田间卫生，及时收集病苗和病果带出田外烧毁。②避免苗床浇水过度，成株植地注意清沟排渍，降低田间湿度。③常发地于苗期及成株幼果期及早喷淋 85% 波尔·霜脲氰可湿性粉剂 700 倍液、68.75% 噁酮·锰锌水分散粒剂 900 倍液、560g/L 嘧菌·百菌清悬浮剂 700 倍液、18.7% 烯酰·吡唑酯水分散粒剂（75～125g/667m^2，对水 100kg），均匀喷雾。

冬瓜、节瓜沤根

症状 沤根又称烂根，是育苗期常见病害。主要危害幼苗根部或根茎部。发生沤根时，根部不发新根或不定根，根皮发锈后腐烂，致地上部萎蔫，且容易拔起，地上部叶缘枯焦。严重时，成片干枯，似缺素症。

病因 主要是地温低于 12℃，且持续时间较长，再加上浇水过量或遇连阴雨天气，苗床温度和地温过低，瓜苗出现萎蔫，萎蔫持续时间一长，就会发生沤根。沤根后地上部子叶或真叶呈黄绿色或乳黄色，叶缘开始枯焦，严重的整叶皱缩枯焦，生长极为缓慢。在子叶期出现沤根，子叶即枯焦；在某片真叶期发生沤根，这片真叶就会枯焦，因此从地上部瓜苗表现可以判断发生沤根的时间及原因。长期处于 5～6℃低温，尤其是夜间低温，致生长点停止生长，老叶边缘逐渐变褐，致瓜苗干枯而死。

冬瓜沤根

[防治方法] ①选用耐病的广优1号、大青皮、车轴皮等优良冬瓜品种和耐寒的菠萝种、耐雨水的冠星2号等节瓜品种。②施用酵素菌沤制的堆肥或生物有机活性肥。③畦面要平，严防大水漫灌。④加强育苗期的地温管理，避免苗床地温过低或过湿，正确掌握放风时间及通风量大小。⑤采用电热线育苗，控制苗床温度在16℃左右，一般不宜低于12℃，使幼苗苗壮生长。⑥发生轻微沤根后，要及时松土，提高地温，待新根长出后，再转入正常管理。⑦必要时可喷植物动力2003营养液1000倍液。

⑧发生沤根后喷洒20%二氯异氰尿酸钠可溶性粉剂500倍液或70%噁霉灵可湿性粉剂1500倍液，可促进根系生长，隔5～7天1次，共喷2～3次。

冬瓜、节瓜白粉病

[症状] 冬瓜、节瓜白粉病主要为害叶片、叶柄和茎蔓，果实受害少。初发病时菌丝体生于叶的两面和叶柄上，先产生白色近圆形星状小粉斑，向四周扩展后形成边缘不明显的连片白粉，严重时布满整个叶面。秋季，白色霉斑因菌丝老熟，逐渐变成灰色，病叶黄枯，有的病部长出成堆的黄褐色小粒点，后变黑，即病菌闭囊壳。

节瓜白粉病病叶上的白粉

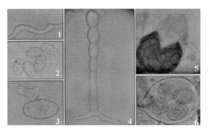

苍耳叉丝单囊壳
1—附着器；2—分生孢子；3—芽管；
4—分生孢子梗；5—闭囊壳和子囊；
6—子囊及子囊孢子

病原 引起冬瓜白粉病的病原菌主要是 *Podosphaera xanthii*，称苍耳又丝单囊壳，属真菌界子囊菌门。该菌子囊壳球形，内含单个子囊，每个子囊内含有 8 个子囊孢子，附属丝丝状；子囊孢子广卵形至亚球形。无性态为 *Oidium erysiphoides*，称白粉孢，分生孢子串生，无色，腰鼓状，广椭圆形，大小（19.5～33）μm×（12～18）μm，分生孢子梗不分枝。

传播途径和发病条件 白粉病菌可在月季花或大棚及温室的瓜类作物或病残体上越冬，成为翌年初侵染源。田间再侵染主要是发病后产生的分生孢子借气流或雨水传播。由于此菌繁殖速度很快，易导致流行。

白粉病在 10～25℃ 均可发生，能否流行，取决于湿度和寄主的长势。低湿可萌发，高湿萌发率明显提高。因此，雨后干燥，或少雨但田间湿度大，白粉病流行速度加快。较高的湿度有利于孢子萌发和侵入。高温干燥有利于分生孢子繁殖和病情扩展，尤其当高温干旱与高湿条件交替出现，又有大量白粉菌及感病的寄主时此病即流行。白粉病的分生孢子在45% 左右的低湿度下也能充分发芽，但是在叶面结露持续时间长的情况下，病菌生长发育反而受到抑制。

防治方法 从选用抗病品种和喷药切断病菌来源两方面入手。①选用抗病品种。选用广优 1 号、灰斗等早中熟冬瓜品种或广优 2 号、冠星 2 号、七星仔等中早熟品种。②发病初期喷洒 1% 蛇床子素水乳剂

600～1000 倍液或提倡用枯草芽孢杆菌 BAB-1 菌株发酵液，桶混液中含有 0.5 亿芽胞/ml；或 10% 苯醚甲环唑水分散粒剂 600 倍液预防。发病后喷洒 30% 戊唑·多菌灵悬浮剂 800 倍液、75% 肟菌·戊唑醇水分散粒剂 3000 倍液、20% 唑菌酯悬浮剂 900 倍液、25% 乙嘧酚悬浮剂 800～1000 倍液、4% 四氟醚唑水乳剂（667m² 用 70～100ml，对水 45～75kg）、5% 烯肟菌胺乳油（667m² 用 60～100ml，对水 45～75kg 喷雾）。

冬瓜、节瓜叶点霉叶斑病

症状 主要为害叶片。初在叶片上产生圆形至不规则形向上或向下隆起的病斑，灰白色或较浅，上生黑色小粒点，即病菌分生孢子器。

冬瓜叶点霉叶斑病

病原 *Phyllosticta cucurbitacearum* Sacc.，称南瓜叶点霉，属真菌界子囊菌门叶点霉属。

病菌形态特征、传播途径和发病条件、防治方法参见黄瓜、水果型黄

瓜斑点病。

冬瓜、节瓜褐腐病

症状　冬瓜、节瓜褐腐病又称花腐病。主要为害花和幼瓜。已开的花染病，病花变褐腐败，称为"花腐"。病菌侵染幼瓜多始于花蒂部，从花蒂部侵入后，向全瓜扩展，致病瓜外部变褐，病部可见白色茸毛蔓延于瓜毛之间，以后隐约可见棉毛状霉顶具灰白色至黑色头状物。湿度大时，病情扩展快，干燥条件下，果实局部或半个果实变褐色至黑褐色，病瓜逐渐软化腐败。

冬瓜褐腐病病瓜

病原　*Choanephora cucurbitarum*（Berk. et Rav.）Thaxt.，称瓜笋霉，属真菌界接合菌门笋霉属。

病菌形态特征、传播途径和发病条件及防治方法参见黄瓜、水果型黄瓜花腐病。

冬瓜、节瓜霜霉病

症状　主要为害叶片。病斑生于叶上，初淡绿色，后变黄色，受叶脉限制带棱角，病斑大小 2 ～ 6mm，菌丛生于叶背，淡灰白色，稀疏。

冬瓜霜霉病病叶上的霜霉斑

病原　*Pseudoperonospora cubensis*（Berk. et Curt.）Rostov.，称古巴假霜霉菌，属假菌界卵菌门霜霉属。

传播途径和发病条件　病原菌越冬情况尚未明确。冬季温暖地区，终年有瓜类作物种植，此病可不断发生。我国北方冬季棚室栽培瓜类，发病后能不断产生孢子囊，是翌年主要初侵染源。南方温暖地区病菌的孢子囊也有可能随季风向北吹送，因卵孢子少见，它究竟能否在北方越冬，成为翌年初侵染源，尚待明确。经试验冬瓜、节瓜在棚室栽培条件下，夜间湿度逐渐升高，引起叶面结露，当湿度 100% 时，结露急剧增加。结露持续时间长易发病。露水存在 2 ～ 3h 病菌孢子才能侵入，否则即使相对湿度 100%，只要叶面不结露，霜霉菌游动孢子囊基本不能移动，则不发病。

防治方法　①冬瓜、节瓜对霜霉病有一定的抗性，一般不会造成严重为害。但棚室栽培的应注意选用山东 1 号抗霜霉病冬瓜及江心 4 号（节瓜）及牛脾冬瓜、灰斗、车轴皮、广优 1 号等耐热冬瓜品种。②必要时，可喷洒 0.3% 丁子香酚·72.5% 霜霉威盐酸盐 1000 倍液或 68% 精甲霜灵·锰锌水分散粒剂 600 倍液或 70% 锰锌·乙铝可湿性粉剂 500 倍液或 72% 霜脲·锰锌可湿性粉剂 600 倍液，每 667m² 喷对好的药液 70L，隔 10 天左右 1 次，视病情防治 1～2 次。③棚室栽培的可选用康普润静电粉尘剂，每 667m² 用药 800g。

冬瓜、节瓜尾孢叶斑病

症状 叶上初生褪绿黄斑，长圆形至不规则形，后期病斑融合连片，病斑浅褐色至褐色，老病斑中央灰色，边缘褐色，大小 0.5～2mm，有时生出灰色毛状物，即病原菌分生孢子梗和分生孢子。

病原 *Cercospora citrullina* Cooke，称瓜类尾孢，属真菌界子囊菌门尾孢属。

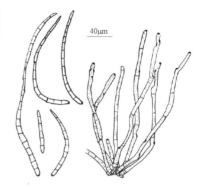

冬瓜尾孢叶斑病菌瓜类尾孢（郭英兰）
分生孢子和分生孢子梗

传播途径和发病条件 以菌丝块或分生孢子在病残体及种子上越冬，翌年产生分生孢子借气流及雨水传播，从气孔侵入，经 7～10 天发病后产生新的分生孢子进行再侵染。多雨季节此病易发生和流行。

防治方法 ①选用无病种子，或用 2 年以上的陈种播种。②种子用 50% 多菌灵可湿性粉剂 500 倍液浸种 30min。③实行与非瓜类蔬菜 2 年以上轮作。④发病初期及时喷洒 20% 唑菌酯悬浮剂 900 倍液或 25% 嘧菌酯悬浮剂 800～1000 倍液，隔 10 天左右 1 次，连续防治 2～3 次。保护地可用 45% 百菌清烟剂熏烟，每 667m² 用药 250g；或喷撒 5% 百菌清粉尘剂，每 667m² 用药 1kg；或康普润静电粉尘剂，667m² 用药 800g，持效 20 天。

冬瓜、节瓜棒孢叶斑病

症状 主要为害叶片、叶柄和茎蔓。叶片染病病斑圆形或不规

冬瓜尾孢叶斑病病叶

则形，大小差异较大，小的直径3～5mm，大的20～30mm，平均10～15mm；小型斑黄褐色。中间稍浅，大型斑深黄褐色。湿度大时，病斑正背两面均可长出灰黑色霉状物，后期病斑融合，致叶片枯死。叶柄、茎蔓染病，病斑椭圆形，灰褐色，病斑扩展绕茎1周后，致整株枯死。

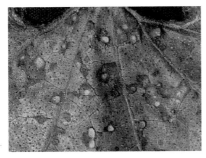

冬瓜棒孢叶斑病病叶

【病原】　*Corynespora cassiicola*（Berk.&Curt.）Wei.，称多主棒孢霉，属真菌界子囊菌门棒孢属。该菌除侵染冬瓜、节瓜外，还可侵染黄瓜、南瓜、甜瓜、西瓜、瓠瓜等，引起褐斑病。

【传播途径和发病条件】　病菌以菌丝或分生孢子丛随病残体留在土壤中越冬，翌春条件适宜时产生分生孢子，借气流或雨水传播蔓延，进行初侵染，发病后病部又产生新的分生孢子，分生孢子多在白天传播，尤以10～14时最多，病菌侵入后经6～7天潜育即显症，在冬瓜一个生长季节，该病可进行多次再侵染，致病情不断加重。发病适温25～28℃，相对湿度100%，昼夜温差大、植株衰弱、偏施氮肥的棚室易发病，缺少微量元素硼时发病重，经观察冬瓜品种间抗病性有差异。

【防治方法】　①选用抗病品种和无病种子，有该病发生的地区，种子可用50℃温水浸种30min后冷却，晾干后再催芽播种。②应与非瓜类作物实行2～3年以上轮作。③冬瓜收获后一定要把病残体集中烧毁或深埋，及时深翻，以减少菌源。④施用腐熟的有机肥或生物生机复合肥，采用配方施肥技术，注意搭配磷、钾肥，防止脱肥。注意适量施入硼肥。⑤棚室保护地栽培冬瓜，加强温、湿度管理，科学灌水，最好采用膜下滴灌，及时放风排湿，创造利于冬瓜生长发育、不利于病菌侵入的温湿度条件，可有效地预防该病的发生。⑥发病前喷洒10%苯醚甲环唑水分散粒剂900倍液预防，发病后喷洒500g/L氟啶胺悬浮剂1500～2000倍液、50%咯菌腈可湿性粉剂5000倍液、50%乙霉威·多菌灵可湿性粉剂900倍液、75%肟菌·戊唑醇水分散粒剂3000倍液，隔7～10天1次，连续防治2～3次。棚室保护地可选用烟剂1号或烟剂1号与2号等量混合剂熏烟，每667m²用药50～300g，于傍晚关闭通风口，熏1夜，翌晨放风。提倡喷撒康普润静电粉尘剂，667m²用药800g，持效20天。

冬瓜、节瓜菌核病

症状 塑料棚、温室或露地冬瓜、节瓜，苗期至成株期均可染病。主要为害果实和茎蔓。果实染病多在残花部，先呈水浸状腐烂，后长出白色菌丝，菌丝纠结成黑色菌核。茎蔓染病初在近地面的茎部产生褪色水浸状斑，后逐渐扩大呈褐色，高湿条件下，病茎软腐，长出白色棉毛状菌丝。遭破坏的病茎髓部腐烂中空或纵裂干枯，病部以上叶、蔓萎凋枯死。叶柄、叶、幼果染病初呈水浸状并迅速软腐，后长出大量白色菌丝，菌丝密集形成黑色鼠粪状菌核。

冬瓜菌核病果面上的黑色鼠粪状菌核

病原 *Sclerotinia sclerotiorum* (Lib.) de Bary，称核盘菌，属真菌界子囊菌门核盘菌属。

传播途径和发病条件 菌核遗留在土中或混杂在种子中越冬或越夏。混在种子中的菌核，随播种带种子进入田间传播蔓延，该病属分生孢子气传病害类型，其特点是以气传的分生孢子从寄主的花和衰老叶片侵入，以分生孢子和健株接触进行再侵染。侵入后，长出白色菌丝，开始危害柱头或幼瓜。在田间带菌雄花落在健叶或茎上经菌丝接触，易引起发病，并以这种方式进行重复侵染，直到条件恶化，又形成菌核落入土中或随种株混入种子间越冬或越夏。南方 2～4 月及 11～12 月适其发病，北方 3～5 月及 9～10 月发生多。本病对水分要求较高；相对湿度高于 85%，温度在 15～20℃利于菌核萌发和菌丝生长、侵入及子囊盘产生。因此，低温、湿度大或多雨的早春或晚秋有利于该病发生和流行，菌核形成时间短，数量多。连年种植葫芦科、茄科及十字花科蔬菜的田块、排水不良的低洼地或偏施氮肥或霜害、冻害条件下发病重。

防治方法 以提高温度的生态防治为主，辅之以药剂防治，可以控制该病流行。①农业防治。有条件的实行与水生作物轮作或夏季把病田灌水浸泡半个月，或收获后及时深翻，深度要求达到 20cm，将菌核埋入深层，抑制子囊盘出土。同时采用配方施肥技术，增强寄生抗病力。②物理防治。播前用 10% 盐水漂种 2～3 次，清除菌核，或塑料棚采用紫外线塑料膜，可抑制子囊盘及子囊孢子形成。也可采用高畦覆盖地膜抑制子囊盘出土释放子囊孢子，减少菌源。③种子和土壤消毒。定植前用 20% 甲基立枯磷配成药土耙入土中，每 667m² 用药 0.5kg，对细土 20kg 拌匀；种子用 50℃温水浸种 10min，即可杀死菌核。④生态防治。棚室上午以闷棚提温为主，下午及时放风排湿，发病后可适当提高夜温以减少结露，早春日均温控制在29℃或31℃，相对湿度低于65%可减少发病，防止浇水过量，土壤湿度大时，适当延长浇水间隔期。⑤棚室或露地出现子囊盘时，采用烟雾法或喷雾法防治。用15%腐霉利烟剂或45%百菌清烟剂，每667m²用药250g，熏1夜，隔8～10天1次，连续或与其他方法交替防治3～4次；喷撒康普润静电粉尘剂，每667m²用药800g；或喷洒50%啶酰菌胺水分散粒剂1500倍液、50%嘧菌环胺水分散粒剂800～1000倍液、500g/L氟啶胺悬浮剂1500～1800倍液、50%乙烯菌核利水分散粒剂700倍液，于盛花期喷雾，每667m²喷对好的药液60L，隔8～9天1次，连续防治3～4次，病情严重时，除正常喷雾外，还可把上述杀菌剂对成50倍液，涂抹在瓜蔓病部，不仅控制扩展，还有治疗作用。⑥在土壤中添加0.5%至1%的S-H混合物（稻壳、蔗渣、虾壳粉、矽酸炉渣等）并加尿素、过磷酸钙制成土壤添加剂或土壤添加矿灰、碳酸钙都可明显抑制菌核病的发生。

冬瓜、节瓜根腐病

症状　冬瓜定植后始见发病，发病初期晴天中午出现暂时性萎蔫，初期还能恢复，后终因不能恢复而枯死。拔出病株可见根茎部呈水浸状褐色病变，剖开病根茎内部也已变色，

严重的仅留下丝状输导组织。茎蔓内维管束一般不变褐，有别于枯萎病。近年根腐病呈上升态势。

病原　*Fusarium solani*（Mart.）Sacc.，称茄腐镰孢，异名为 *Fusarium solani*（Mart.）App. et *Wollenw*. f. *cucurbitae* Snyder et Hansen，属真菌界子囊菌门镰刀菌属。此外，*Rhizoctonia solani* AG2-2 菌丝融合群也可引起冬瓜、节瓜根腐病。

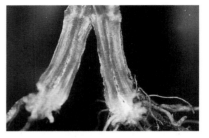

冬瓜根腐病病根茎部纵剖症状

传播途径和发病条件　以菌丝体、厚垣孢子或菌核在土壤中及病残体上越冬。尤其厚垣孢子可在土中存活5～6年或长达10年，成为主要侵染源。病菌从根部伤口侵入，后在病部产生分生孢子，借雨水或灌溉水传播蔓延，进行再侵染。高温、高湿利其发病，连作地、低洼地、黏土地或下水头发病重。

防治方法　①选用菠萝种、冠星2号耐寒和耐雨水的节瓜品种。有条件的与十字花科、百合科作物实行3年以上轮作。②采用高畦栽培，认真平整土地，防止大水漫灌及雨后田间积水，苗期发病要及时松土，增强

土壤透气性。③施用酵素菌沤制的堆肥或生物有机复合肥。使土壤有机质含量高于2%，适量施用化肥，防止土壤酸化。④科学管理水分，防止水分过多，避免高湿条件出现，可减少发病。⑤药剂蘸根。定植时先把54.5%噁霉·福可湿性粉剂700倍药液配好，放在大容器中，再将穴盘整个浸入药液中，把根部蘸湿即可。⑥发病初期喷淋或浇灌3%多抗霉素水剂700倍液、20%二氯异氰尿酸钠可溶性粉剂600倍液、30%噁霉灵水剂800倍液、25%咪鲜胺乳油1500倍液、2.5%咯菌腈悬浮剂1200倍液、54.5%噁霉·福可湿性粉剂700倍液、50%氯溴异氰尿酸可溶性粉剂1000倍液。⑦必要时喷洒植物动力2003对根腐病有兼治作用。

冬瓜、节瓜黑星病

冬瓜、节瓜黑星病近年常暴发成灾，2001年山东曾大暴发，应引起重视。

症状 冬瓜、节瓜全生育期均可发病，危害茎、叶、果，尤其以嫩叶、幼瓜、生长点受害重。幼苗染病，真叶较子叶敏感，子叶上产生黄白色近圆形斑，发展后导致全叶干枯。嫩茎染病，初现水渍状暗绿色梭形斑，后变暗色，凹陷龟裂，湿度大时病斑上长出灰黑色霉层，即病菌分生孢子梗和分生孢子。卷须染病变褐腐烂。生长点染病，经3～4天烂掉形成秃桩。叶片染病，初为褪绿近圆形斑，斑点呈小星状，并逐渐扩大形成近圆形黄白色大病斑，1～2天后病斑干枯，穿孔后，孔边缘不整齐，略皱，开裂呈小星状，且具黄晕。叶柄、瓜蔓染病中间凹陷，形成疮痂状病斑，表面生灰黑色霉。果实染病，初流胶，逐渐扩大为暗绿色凹陷斑，表面长出黑色霉层，致病部呈疮痂状，病部停止生长易形成畸形瓜。

冬瓜黑星病病叶上的星纹状斑

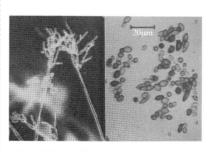

冬瓜黑星病病菌分生孢子梗和分生孢子

病原 *Cladosporium cucumerinum* Ell. et Arthur，称瓜枝孢，属真菌界子囊菌门枝孢属。

传播途径和发病条件 病菌以菌丝体或分生孢子丛随病残体在土壤中越冬，或以菌丝体潜伏在种皮内、分生孢子附着在种子表面越冬，也可在棚室架材上越冬。翌年春天分生孢子萌发进行初侵染和再侵染。种子带菌是远距离传播的主要方式，农事操作、雨水、浇水时溅水、气候等是田间传播的主要方式。冬瓜、节瓜黑星病在适温 15 ～ 30℃（最适温度 20 ～ 22℃）、相对湿度 90% 以上易发病。生产上采用地爬式平畦栽培，瓜株距地面近，田间郁蔽，窝风，湿度大，灌水次数多或雨日多、湿气滞留则发病重。

[防治方法]　①严格检疫，不要从病区引种。种子用 50℃ 温水浸种 15min 后再用 50% 多菌灵可湿性粉剂 700 倍液浸种 1h，然后在清水中浸泡 3 ～ 4h。②与非瓜类作物实行 3 ～ 4 年轮作。③施足基肥，增施磷钾肥，培育壮苗，增强植株抗病力。定植时科学调控土壤湿度，合理密植，适当去除老叶，增强通风透光性以减少发病。④发病初期喷 25% 戊唑醇乳油 2000 倍液、10% 苯醚甲环唑微乳剂 900 倍液、15% 亚胺唑可湿性粉剂 2000 倍液、40% 氟硅唑乳油 5000 倍液，每 667m² 每次喷洒对好的药液 60kg，7 ～ 10 天 1 次。后两种药剂属唑类农药，易产生药害，一个生长季最多喷 1 次，其他药剂均可交替使用。

冬瓜、节瓜绵疫病

[症状]　主要危害近成熟果实、叶和茎蔓。果实染病，先在近地面处现水渍状黄褐色病斑，后病部凹陷，其上密生白色棉絮状霉，最后病部或全果腐烂。叶片染病，病斑黄褐色，后生白霉腐烂。茎蔓染病，蔓上病斑绿色，呈湿腐状。南方菜区该病常流行成灾，是生产上的重要病害。

冬瓜绵疫病病瓜上的白霉

[病原]　*Phytophthora capsici* Leonian，称辣椒疫霉，属假菌界卵菌门疫霉属。

[传播途径和发病条件]　病菌以卵孢子或厚坦孢子在病残体、土壤或种子中越冬，翌年灌溉水或雨水与近地面的果实接触引起发病，雨日多持续时间长发病重。

[防治方法]　①农业防治。定植冬瓜、节瓜前施用酵素菌沤制的堆肥或充分腐熟的有机肥，肥料不足的可穴施；生长期尽量少追或不追施速效氮肥，苗期适时中耕松土，以促发根和保墒，甩蔓后及时盘蔓、压蔓；冬瓜、节瓜生育期内尽量少浇水，遇大暴雨后要及时排水。重病地实行 3 年以上轮作。②发现病瓜及时摘除，携出田外深埋或沤肥，秋季拉秧后要注

意清洁田园，及时耕翻土地。③发病初期喷洒 68% 精甲霜灵·锰锌水分散粒剂 600 倍液、50% 烯酰吗啉可湿性粉剂 1500 ～ 2000 倍液、60% 锰锌·氟吗啉可湿性粉剂 700 倍液、69% 烯酰·锰锌可湿性粉剂 700 倍液、18.7% 烯酰·吡唑酯水分散粒剂（75 ～ 125g/667m², 对水 100kg 浇灌或喷淋），防治 2 ～ 3 次。此外，于夏季高温雨季浇水前每 667m² 撒 96% 以上的硫酸铜 3kg，后浇水，防效明显。棚室保护地也可选用烟熏法或粉尘法，即于发病前用 15% 百·异菌烟雾剂，每 667m² 用 250 ～ 300g，或 5% 百菌清粉尘剂，每 667m² 用 1kg，隔 9 天左右 1 次，连续防治 2 ～ 3 次。

冬瓜瓜链格孢叶斑病果实染病
长出的分生孢子

冬瓜、节瓜瓜链格孢叶斑病

症状 寄生于葫芦科叶片或果实上，果实染病初生水渍状小圆斑，褐色，后病斑逐渐扩展为深褐色至黑色病斑。叶片染病，病斑生于叶缘或叶面，褐色，不规则形，严重时，导致叶大面积变褐干枯。

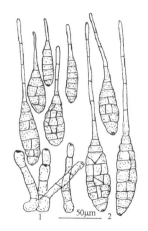

冬瓜瓜链格孢叶斑病菌
1—分生孢子梗；2—分生孢子

病原 *Alternaria cucumerina*（Ell. et Ev.）Elliott，称瓜链格孢，属真菌界子囊菌门链格孢属。

传播途径和发病条件 病菌来自于土壤中的病残体上，在田间借气流或雨水传播，条件适宜时几天即显症。该病的发生与田间生态条件关系密切，坐瓜后遇高温、高湿易发病。田间管理粗放、肥力差发病重。

冬瓜瓜链格孢叶斑病病叶

防治方法　①选用无病种瓜留种。②增施有机肥或施用惠满丰多元复合液肥 400ml，对水稀释 500 倍，叶面喷洒，可增强抗病力。③发病初期喷洒 10% 苯醚甲环唑水分散粒剂 900 倍液、25% 嘧菌酯悬浮剂 1000 倍液、50% 异菌脲悬浮剂 1000 倍液、50% 咯菌腈可湿性粉剂 5000 倍液。④棚室栽培还可采用粉尘剂或烟雾剂。前者于傍晚喷撒 5% 百菌清粉尘剂，每 667m² 用 1kg，后者于傍晚点燃 10% 百·菌核烟剂，每 667m² 用 250 ～ 300g，隔 7 ～ 9 天 1 次，视病情轮换或交替使用。

冬瓜、节瓜枯萎病

症状　苗期成株期均可发病，主要为害茎、叶。苗期发病，子叶变黄，不久干枯，幼茎、叶片、叶柄及生长点萎蔫或根茎基部变褐、缢缩或猝倒。成株发病，茎基部纵裂或部分叶片中午萎蔫，早晚恢复，叶色变淡，后全部萎蔫，最后植株枯死。茎蔓干燥后呈黑褐色，有的出现纵裂，常溢出琥珀色胶状物。湿度大时病部产生白色或粉红色霉状物，横剖病茎，可见维管束变褐。

病原　*Fusarium oxysporum*（Schl.）f. sp. *benincasae* S. D.Xie，T.S.Zhu&H.Yu.，称尖镰孢菌冬瓜专化型，属真菌界子囊菌门镰刀菌属。该型强侵染冬瓜和西瓜，弱侵染瓠瓜、甜瓜、黄瓜。

冬瓜枯萎病病株

冬瓜枯萎病茎基部缢缩

传播途径和发病条件　以菌丝体或厚垣孢子随病残体留在土壤中越冬，成为初侵染源。厚垣孢子在土中可存活 5 ～ 10 年，萌发后先长芽管，从根部伤口或根冠细胞间隙侵入，地上部重复侵染主要靠灌溉水；地下部当年很少重复侵染。种子带菌和带有病残体的有机肥，是无病区的初侵染源。在带菌土上培育的冬瓜或节瓜苗发病重；土温 15℃以上始发，20 ～ 30℃盛发；土壤过分干旱、重茬、根结线虫及地下害虫危害发病重。

防治方法　①选用抗枯萎病品种，如白星冬瓜及夏冠 1 号、冠华 3 号、绿丰节瓜。②与非瓜类作物实行 3 年以上轮作。③种子用 50% 多菌灵可湿性粉剂 500 倍液浸种 1h，洗净后催芽播种，或用种子重量 0.3% 的 50% 福美双可湿性粉剂或每 2kg 种子用噁霉灵 1～1.5g 拌种。④采用无病土营养钵育苗，定植时不伤根，高畦、地膜栽培，地温低时少浇水，多施腐熟有机肥，增加根际微生物拮抗作用。⑤苗床土消毒，每平方米苗床土用 50% 多菌灵可湿性粉剂 10g，拌匀播种。定植时用 50% 多菌灵可湿性粉剂（667m² 用 3.5kg）掺细土施用。⑥药剂蘸根。定植时先把 2.5% 咯菌腈悬浮剂 1000 倍液配好，放在大容器中 15kg，再将穴盘整个浸入药液中，把根部蘸湿即可。⑦药剂防治。发病初浇灌 2.5% 咯菌腈（适乐时）可溶性液剂 1000 倍液，或 30% 噁霉灵湿拌种剂和 2.5% 咯菌腈可溶性液剂 1000 倍液 +68% 精甲霜·锰锌（金雷）可湿性粉剂 600 倍液，或 25% 咪鲜胺乳油 1500 倍液、50% 多·霉威可湿性粉剂 1500 倍液、70% 噁霉灵可湿性粉剂 1500 倍液、50% 异菌脲可湿性粉剂 1500 倍液、70% 多菌灵或 70% 甲基硫菌灵可湿性粉剂 700 倍液，隔 10 天左右 1 次，防治 2～3 次。

冬瓜死棵

症状 这几年冬瓜开始种植早春小冬瓜和大冬瓜，生产中很易出现死棵，主要是枯萎病和蔓枯病引起的死棵。

病因 冬瓜枯萎病是由尖孢镰刀菌冬瓜专化型引起的土传病害，瓜类作物连作、有机肥不腐熟、土壤过于干燥或质地黏重的酸性土易发生冬瓜枯萎病。夏季大雨或暴雨之后发病早受害重。蔓枯病是由蔓枯亚隔孢壳真菌引起的，发病条件主要是冬瓜棚内空气湿度大，通风差，容易感染蔓枯病，发病后病部呈暗褐色，有时溢出琥珀色胶状物，后期病部茎蔓干缩纵裂，叶片边缘生黄褐色至浅褐色"V"字形大斑。

防治方法 ①对冬瓜枯萎病、蔓枯病要在定植前用 50% 嘧菌酯水分散粒剂 2000 倍液蘸盘，移栽时穴施 0.5g 的 68% 精甲霜·锰锌水分散粒剂；定植时用 2.5% 咯菌腈 1500 倍液灌根，当瓜株坐果后有死棵时用上述药剂混合灌根，效果较好。蔓枯病发病初期可用 10% 苯醚甲环唑水分散粒剂 1000 倍液混加 2.5% 咯菌腈 1500 倍液或 77% 硫酸铜钙混加 70% 甲基托布津各 700 倍液灌根。②冬瓜进入花期采取人工对花授粉，但要选 5 片花瓣匀称舒展、无扭曲的雌花，有 3 个柱头对称无畸形，且花柱、瓜胎、瓜柄在 1 条线上，要求瓜胎粗细达食指粗，对花授粉最好，防止过早或过晚授粉，出现畸形花。③冬瓜节上易生不定根，瓜株长到 30～50cm，将土块压在蔓节上，以后每隔 3～4 节压一次土块，使蔓节产生不定根，增强吸收水肥能力，促棵子健壮，冬瓜多采用单蔓整枝，主蔓长到 70cm 以上时应及时去掉侧蔓，并将瓜蔓伏地绕一圈，再用土块在蔓节上压住，然后隔 30cm 绑蔓一次，冬瓜长到 23 ～ 25 节，留主蔓上结的第二或第三个瓜。④冬瓜需肥、需水多，在施足基肥基础上需追肥 6 ～ 7 次，前期少，结果后适当多施，苗期追 1 ～ 2 次肥适当蹲苗，使根系下扎。蔓长 35 ～ 50cm 时，追发酵好的猪粪或鸡粪 500kg；第一瓜坐住长到橙子大小时，每 667m² 施好力扑、果丽达全水溶肥 10kg，10 天后再施一次，共追 2 ～ 3 次增强抗病力，死棵少，多结大冬瓜。⑤冬瓜蔓枯病、枯萎病发生时应及时喷杀菌剂防治，防治方法参见黄瓜、水果型黄瓜蔓枯病，黄瓜、水果型黄瓜镰孢枯萎病。

冬瓜蔓枯病引起的死棵

冬瓜、节瓜疫病

症状　主要侵害茎、叶、果各部位，整个生育期均可发病。苗期染病，茎、叶、叶柄及生长点呈水渍状或萎蔫，后干枯死亡。成株染病多从茎嫩头或节部发生，初为水浸状，病部失水缢缩，病部以上叶片迅速萎蔫，维管束不变色。叶片受害，先出现水浸状圆形或不规则形灰绿色大斑，严重的叶片枯死。果实染病，初现水浸状斑点，后病斑凹陷，有时开裂，溢出胶状物，病部扩大后导致瓜腐烂，表面常疏生白霉。

冬瓜疫病病株典型症状

冬瓜疫病病蔓变褐

冬瓜疫病病瓜上的白色菌丝、
孢子囊梗、孢子囊

病原　*Phytophthora drechsleri* Tucker，称掘氏疫霉，异名为 *P.melonis*

Katsura，属假菌界卵菌门疫霉属，但不同种。

传播途径和发病条件 以菌丝体或卵孢子及厚垣孢子随病残体在土壤中越冬。翌年温、湿度适宜，产生孢子囊，借雨水、灌溉水传播。冬瓜疫病的发生，在一定温度条件下，与冬瓜生长期间雨情关系密切，降雨多的年份发病重，雨季来得早，降雨量正常则发病轻。据报道上海地区 5 月中旬均温 19.2℃，降雨量 13.9mm，田间零星发病；6 月下旬均温 23.8℃，连降几天暴雨，雨量 104mm，病害普遍发生；7 月上旬，均温 22.1℃，连降 2 天暴雨，雨量 152.1mm，病害迅速蔓延。同样雨量条件下该病的发生还与排灌和施肥等管理技术有关。不合理灌溉，或地势低洼、排水不良、重茬地、施用未腐熟带有病残体的厩肥及偏施氮肥，尤其偏施速效氮肥发病重。

防治方法 ①选用抗病品种。青皮有白粉的冬瓜品种较抗病，如广东南海青皮冬瓜、黑皮冬瓜、杂一代 12 号、杂一代 16 号等。②收获后及时清洁田园，把病残体集中烧毁或深埋。③与非瓜类作物实行 3 年以上轮作，适期播种育苗，原则上当地雨季前已坐瓜，作为确定播种期的依据，保证坐果率。根据不同季节、品种，确定栽植密度，以 667m² 栽 600 ～ 1000 株为宜。控制主蔓 23 ～ 35 节坐瓜，50 ～ 55 节摘心，注意摘除侧蔓。冬瓜对养分的需要为每产 5000kg 吸收氮 5 ～ 7.5kg、磷 2 ～ 4.5kg、钾 5.5 ～ 10kg，应以有机肥为基肥，避免氮肥过多。④苗床药土消毒，每平方米用 25% 甲霜灵可湿性粉剂 8g，施药方法参见黄瓜猝倒病。⑤药剂蘸根。定植时先把 722g/L 霜霉威水剂 700 倍液配好，放在长方形大容器中 15kg，再把穴盘整个浸入药液中把根蘸湿即可。⑥发病初期喷洒 50% 烯酰吗啉可湿性粉剂 2000 倍液、20% 氟吗啉可湿性粉剂 1000 倍液、70% 锰锌·乙铝可湿性粉剂 500 倍液、10% 氰霜唑悬浮剂 2000 倍液、56% 或 560g/L 嘧菌·百菌清悬浮剂 700 倍液、60% 锰锌·氟吗啉可湿性粉剂 600 ～ 800 倍液、70% 丙森锌可湿性粉剂 600 ～ 700 倍液，喷洒和灌根同时进行，效果更好。每株灌上述药液 0.3 ～ 0.5L，视病情 10 天左右 1 次，连续 2 ～ 3 次。

冬瓜、节瓜炭疽病

症状 冬瓜炭疽病可危害子叶、真叶、叶柄、主蔓、果实等部位，以果实症状最明显，危害性也大。果实染病，多在顶部，病斑初呈水浸状小点，后逐渐扩大，现圆形褐色凹陷斑，湿度大时，病斑中部长出粉红色粒状物，即分生孢子盘及分生孢子，病斑连片致皮下果肉变褐，严重时腐烂。叶片染病，病斑圆形，大小差异较大，直径为 3 ～ 30mm，一般为 8 ～ 10mm，褐色或红褐色，周围有黄色晕圈，中央色淡，病斑多时，叶片干枯。

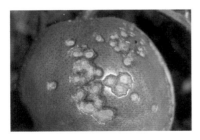

冬瓜果实上的炭疽病放大

冬瓜炭疽病病叶上的近圆形至
不规则形大炭疽斑

节瓜叶片上的炭疽斑

冬瓜炭疽病病叶上的炭疽斑小而多

节瓜炭疽病主要危害叶、茎蔓及果实。叶片病斑黄褐色，直径为4～18mm，病健部分界不明显，病斑周围具黄色晕圈。叶柄、茎蔓病斑长圆形或梭形，褐色稍凹陷，绕叶柄或茎蔓一周后患部收缩，患部以上枯死。果实多自果蒂附近始病，初呈暗绿色水渍状，后转黑褐色，稍凹陷，湿度大时，病部可见黏质物，茎蔓及瓜上有时可见琥珀色流胶。

病原　*Colletotrichum orbiculare* Arx，称瓜类炭疽菌，属真菌界子囊菌门瓜类刺盘孢属。有性阶段为 *Glomerella cingulata* var. *orbicularis* Jenk. et al.，称葫芦小丛壳，属真菌界子囊菌门小丛壳属。

病菌形态特征、传播途径、防治方法参见黄瓜、水果型黄瓜炭疽病。

冬瓜、节瓜蔓枯病

症状　主要发生于茎、叶、果等部位。茎节最易染病，病部初呈暗褐色，后变黑色，密生小黑粒点，即分生孢子器。病茎溢出琥珀色胶状物，后期有时干缩，纵裂似乱麻状。叶部病斑多在叶缘处，向内扩展成"V"字形或半圆形黄褐色至淡褐色大病斑，晕圈不明显，后期病斑上散生小黑点。幼瓜期花器染病，致果肉呈淡褐色或心腐。

病原　*Didymella bryoniae*，称蔓枯亚隔孢壳，属真菌界子囊菌门亚隔孢壳属。无性型为 *Phoma*

cucurbitacearum，称瓜茎点霉，属子囊菌无性型茎点霉属真菌。子囊壳球形，黑褐色，子囊孢子无色透明，双孢，梭形至椭圆形，大小为 13μm×5μm。分生孢子器表面生，分生孢子长椭圆形，无色透明，两端钝圆，单胞或双胞，大小为 8μm×3μm。除侵染冬瓜、瓠瓜、黄瓜、葫芦外，还可侵染甜瓜和西瓜。

节瓜蔓枯病病叶上的症状

冬瓜蔓枯病病蔓

传播途径和发病条件 主要以分生孢子器或子囊壳随病残体在土中或架材上越冬。翌年靠灌溉水、雨水传播蔓延，从伤口、自然孔口侵入，病部产生分生孢子进行重复侵染。种子也可带菌，引起子叶发病。土壤含水量高、气温 18～25℃、相对湿度 85% 以上易发病；重茬地、植株过密、通风透光差、生长势弱发病重。

防治方法 ①与非瓜类作物实行 2～3 年轮作。②用种子重量 0.3% 的 50% 福美双可湿性粉剂拌种。③高畦栽培，地膜覆盖，雨季加强排水。④发病初期喷洒 32.5% 苯甲·嘧菌酯悬浮剂 1500 倍液混 27.12% 碱式硫酸铜 500 倍液，或 10% 苯醚甲环唑水分散粒剂 1000 倍液混 27.12% 碱式硫酸铜 500 倍液混 68% 精甲霜·锰锌 500 倍液。

冬瓜、节瓜灰霉病

症状 整个生育期均可发病，危害花和果实，也危害叶片。花及幼瓜染病，花瓣、柱头上产生水渍状斑点，扩大后继续扩展到花蒂部及嫩瓜上，出现暗褐色水渍状病变，并长出灰褐色霉层，引起烂瓜。叶片染病，叶缘产生"V"字形较大病斑，叶面现黄褐色近圆形病斑，边缘浅黄色，病斑上有时产生轮纹。湿度大时病部长出灰褐色霉，即病原菌分生孢子梗和分生孢子。

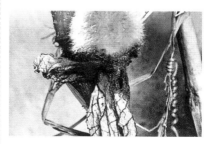

冬瓜灰霉病病瓜

病原　*Botrytis cinerea* Pers. : Fr.，称灰葡萄孢，属真菌界子囊菌门葡萄孢核盘菌属。

病菌形态特征、传播途径和发病条件、防治方法参见黄瓜、水果型黄瓜灰霉病。

冬瓜、节瓜镰孢褐腐病

症状　冬瓜、节瓜坐果后即见发病，主要危害果实。幼瓜染病，果毛变褐后产生不规形褐色斑，逐渐扩展到整个果实，并变成黑褐色。湿度大时病斑扩展很快，并长出白霉，镜检病原为半裸镰孢和叶点霉，此外刚毛上还有链格孢，几次镜检结果一致。成长的冬瓜染病，瓜蒂部变褐向瓜面上扩展，致病果朽住不长或烂掉。

冬瓜镰孢褐腐病幼瓜染病症状

病原　*Fusarium semitectum* Berk.&Rav.（称半裸镰孢）和 *Phyllosticta* sp.（称一种叶点霉），均属真菌界子囊菌门。叶点霉分生孢子器球形，直径 80～100μm，分生孢子长椭圆形，大小为（4～6）μm×（2～3）μm。

传播途径和发病条件　半裸镰孢以菌丝或厚垣孢子在冬瓜种子上或随病残体在土壤中越冬，翌春条件适宜时产生分生孢子借风雨传播，进行初侵染和多次再侵染。叶点霉菌则以菌丝体或分生孢子器随病残体遗落在土壤中越冬。长江以南温暖地区，周年均有冬瓜栽植，病菌常在田间辗转传播，无明显越冬期，只要发病条件适宜出现病菌就进行初侵染或再侵染。雨日多、降雨量大、地势低洼或积水易发病，生产上偏施、过施氮肥病重。

防治方法　参见后文"南瓜、小南瓜镰孢果腐病"。

冬瓜、节瓜细菌性角斑病

症状　主要危害叶片、叶柄和果实，有时也侵染茎。苗期至成株期均可受害。真叶染病，初为鲜绿色水浸状斑，渐变淡褐色，病斑受叶脉限制呈多角形，黄褐色，湿度大时叶背溢有乳白色混浊水珠状菌脓，病部质脆易穿孔，有别于霜霉病。茎、叶柄染病，侵染点出现水浸状小点，沿茎沟纵向扩展，呈短条状，湿度大时也见菌脓，严重的纵向开裂呈水浸状腐烂，变褐干枯，表层残留白痕。果实染病，出现水浸状小斑点，扩展后不规则或连片，病部溢出大量污白色菌脓，病菌侵入种子，致种子带菌。

病原　*Pseudomonas syringae* pv. *lachrymans*（Smith et Bryan）Young，Dye&Wilkie，称丁香假单胞

杆菌黄瓜角斑病致病变种（黄瓜角斑病假单胞菌），属细菌界薄壁菌门。除侵染冬瓜、节瓜外，还侵染葫芦、西葫芦、丝瓜、甜瓜、西瓜、黄瓜、笋瓜等。

冬瓜细菌性角斑病病叶上的典型症状

传播途径和发病条件 病原菌在种子内、外或随病残体在土壤中越冬，成为翌年初侵染源。病菌由叶片或果实伤口、自然孔口侵入，进入胚乳组织或胚幼根的外皮层，造成种子内带菌。此外，采种时冬瓜接触污染的种子致种子外带菌。病菌在种子内存活1年，土壤中病残体上的病菌可存活3～4个月。生产上如播种带菌种子，出苗后子叶发病，病菌在细胞间繁殖，冬瓜病部溢出的菌脓，借大量雨珠下落或结露及叶缘吐水滴落、飞溅传播蔓延，进行多次重复侵染。露地冬瓜蹲苗结束后，随雨季到来和田间浇水开始，始见发病，病菌靠气流或雨水逐渐扩展开来，一直延续到结瓜盛期，后随气温下降，病情缓和。发病温限10～30℃，适温24～28℃，适宜相对湿度70%以上。病斑大小与湿度相关：夜间饱和湿度

大于6h，叶片上病斑大且典型；湿度低于85%，或饱和湿度持续时间不足3h，病斑小；昼夜温差大，结露重且持续时间长，发病重。在田间，浇水次日叶背出现大量水浸状病斑或菌脓。有时，只要有少量菌源即可引起该病发生和流行。

防治方法 ①选用耐病品种。②从无病瓜上选留种，瓜种可用70℃恒温干热灭菌72h，或50℃温水浸种20min，捞出晾干后催芽播种；还可用次氯酸钙300倍液，浸种30～60min。或100万单位硫酸链霉素500倍液浸种2h，冲洗干净后催芽播种。③无病土育苗，与非瓜类作物实行2年以上轮作，加强田间管理，生长期及收获后清除病叶，及时深埋。④需用药时可选粉尘法，喷撒5%春雷·王铜粉尘剂，每667m²用1kg。⑤露地推广避雨栽培，开展预防性药剂防治。于发病初期或蔓延开始期喷洒10%苯醚甲环唑水分散粒剂1500倍液混27.12%碱式硫酸铜600倍液，或32.5%苯甲·嘧菌酯悬浮剂1500倍液混27.12%碱式硫酸铜悬浮剂500倍液，或80%乙蒜素乳油800～1000倍液，或33.5%喹啉铜悬浮剂800倍液，或90%新植霉素可溶性粉剂4000倍液，或72%农用高效链霉素可溶性粉剂3000倍液，10天左右1次，防治2～3次。

冬瓜、节瓜细菌软腐病

症状 主要危害果实，初呈水

溃状，后逐渐变软，病部凹陷，内部组织腐烂，常因此病致瓜条折断落地，病瓜具恶臭味。

病原 *Pectobacterium carotovora* subsp. *carotovora* Jones Bergey et al.，称胡萝卜果胶杆菌胡萝卜亚种，属细菌界薄壁菌门。菌体短杆状，周生2～8根鞭毛。革兰染色阴性，生长发育适温25～30℃，最高40℃，最低2℃，50℃经10min致死。除侵染冬瓜外，还侵染十字花科、茄科蔬菜及芹菜、莴苣等。

冬瓜细菌软腐病病瓜

传播途径和发病条件 病菌随病残体在土壤中越冬。翌年借雨水、灌溉水及昆虫传播，由伤口侵入。病菌侵入后分泌果胶酶溶解中胶层，导致细胞分崩离析，致细胞内水分外溢，引起腐烂。阴雨天或露水未落干时整枝打杈或虫伤多则发病重。

防治方法 ①及时防治冬瓜、节瓜害虫，减少虫伤。②必要时喷洒90%新植霉素可溶性粉剂4000倍液、72%农用高效链霉素可溶性粉剂3000倍液、20%噻菌酮水乳剂500倍液、50%氯溴异氰尿酸可溶性粉剂

1000倍液，隔7～10天1次，连续防治2～3次。

冬瓜、节瓜病毒病

症状 冬瓜、节瓜病毒病又称花叶病。冬瓜病毒病主要危害架冬瓜，致冬瓜呈全株性系统花叶或瓜畸形，发病早的病株节间缩短或矮化，花期叶片出现褪绿黄斑，逐渐形成斑驳或大型环斑，致整个叶片凹凸不平，有些品种呈明脉或沿叶脉变色。

节瓜花叶病也是全株受害。早期病株明显矮化，节间缩短，叶片变小或畸形。中后期感病株的病叶呈浓淡相间的斑驳或叶面现泡状突起，皱缩。病瓜畸形，瓜面现泡状突起或浓淡斑驳状，难于继续长大。病情严重的病株率高达50%，损失较大。

病原 冬瓜病毒病毒源主要是CMV，泰安郊区还检测出TMV和TuMV。节瓜病毒病主要为西瓜花叶病毒 *Watermelon mosaic virus*（WMV），包括西瓜花叶病毒1号（WMV-1）和西瓜花叶病毒2号（WMV-2）。

冬瓜病毒病病叶

冬瓜病毒病病叶皱缩凹凸不平

传播途径和发病条件 冬瓜病毒病传播途径、发病条件见黄瓜、水果型黄瓜花叶病毒病；节瓜病毒病的寄主范围较窄，只在活体寄主上越冬，病毒经汁液和蚜虫传染。传毒蚜虫有桃蚜和棉蚜，可进行持续性传毒，土壤不能传染，种子传毒有文献报道，但其作用大小尚未明确，多认为不传播或作用不大。通常有利蚜虫繁殖及活动的天气或田间生态条件则有利于发病，南方秋瓜较春瓜发病重。

防治方法 见黄瓜、水果型黄瓜病毒病。

冬瓜、节瓜化瓜

症状 长到一定大小的冬瓜、节瓜的幼瓜，朽住不长，逐渐变黄萎缩，最后干枯或脱落。

病因 一是温室或露地栽培的冬瓜、节瓜，遇早春气温低、大棚后期温度过高，造成花粉发育不良。当温度高时，花粉也不易散出，雌花受精受阻，不能形成种子，也就不能合成足够的生长素，从而造成化瓜。二是肥水跟不上，造成植株徒长，植株的营养生长和生殖生长不平衡时，人工授粉未能跟上，错过了最佳的授粉时机，也易造成化瓜。三是土壤中缺氮缺磷时也易造成化瓜。

冬瓜化瓜

防治方法 ①采用配方施肥技术，保证氮磷供给均衡，但也不宜过多，防止徒长发生。适时摘除侧枝，注意摘除难以坐住的瓜。②于开花期的每天上午9时前后摘取雄花，去掉花瓣，把花药上的花粉涂抹到雌花柱头上，防止化瓜的效果好。③用100g/kg赤霉素或防落素喷洒则不易造成化瓜。

冬瓜、节瓜裂果

症状 夏季栽培的冬瓜、节瓜等，经常发生裂果，不仅影响外观，且影响品质，失去商品价值。此外，裂果还可使病菌侵入瓜内繁殖，造成果实局部变质或腐烂，影响储藏和运输。生产上瓜类裂果按发生的部位和形态，通常分三种类型：一是放射状裂果，以果蒂为中心向果肩部延伸，呈放射状深裂；二是环状裂果，呈环状开裂；三是条状裂果。此外，在一个果实上也有环状或放射混合型裂果，还有侧面裂果或裂皮现象。

冬瓜裂果

病因　裂果系生理病害。夏季高温、烈日、干旱、暴雨、浇水不均等不利条件是引起冬瓜、节瓜裂果的主要原因，特别是遇阵雨和暴雨，引起根系生理机能障碍，且妨碍对硼素的正常吸收或运转，经 3 ～ 6 天，即产生裂果。在果实发育过程中，前期由于土壤或空气干旱，果实内的水分由叶面大量蒸发散失，表皮生长受抑，这时突然降雨或灌水过量，果皮生长赶不上果肉组织膨大产生膨压，致果面发生裂口，由于水分过多，裂口会增大和加深。因此，生产上在果实膨大期，干湿变幅大，是发生裂果的主要原因。此外，烈日直射果面，果面温度升高或果实成熟过度、果皮老化也可发生裂果。裂果程度主要与下列因素有关：一与果实表皮强度和伸张性有关，即受果实表皮薄壁细胞厚度的制约，与果实硬度、果肉中果胶酶活性关系不明显；二与瓜果种类

和品种有关；三与栽培技术有关。生产上管理好的瓜园植株生长旺盛，营养生长和生殖生长比较协调，裂果少；植株生长差，茎叶、根系、植株营养状况不良，到采收后期普遍裂果。

防治方法　①选择抗裂品种。②在多雨地区或多雨季节，采用深沟高畦或起垄及搭架栽培法。③增施有机活性肥，增加土壤透水性和保水力，使土壤供水均匀，根系发达，枝繁叶茂，及时整枝使果实发育正常，可减少裂果。④冬瓜、节瓜果实顶端和贴地部位果皮厚壁细胞层较少，栽培中可翻转果实促进其发育。⑤适时采收，减少裂果数量。⑥必要时在果实膨大期喷洒 0.1% 硫酸锌或硫酸铜，可提高抗热性，增强抗裂能力。此外，在花瓣脱落后喷洒 15mg/kg 赤霉素或吲哚乙酸或 30mg/kg 萘乙酸，隔7 天 1 次，连续 2 ～ 3 次，也可防止裂果。

冬瓜、节瓜药害

　　症状、病因、防治方法参见黄瓜、水果型黄瓜药害。

节瓜除草剂药害

冬瓜、节瓜冻害

症状 冬瓜、节瓜提早育苗，尤其是北方在提早、延后栽培过程中经常遇到寒害和冻害。苗期遇有低温障碍易诱发沤根，出地后遇有寒流袭击，致叶片组织变为水烫状，呈黄白色或灰白色，致受冻叶片干枯死亡。北方霜冻来得早，造成植株受冻提早拉秧。

冬瓜冻害

病因 低温是冬瓜、节瓜早春或晚秋受冻的重要因素，尤其是寒流侵袭或突然降温或降雨雪，会出现上述症状。冰点以上的低温称为寒害，南方易发生。低温达到使植物体发生冰冻，或霜后植物体内水分结冰，这种低温称为冻害。北方发生冻害较多。

寒害的发生因寄主不同而异，冬瓜、节瓜耐寒力弱，0～10℃就会受害，低于3～5℃出现生理机能障碍，造成伤害，尤其是湿冷比干冷危害更大。低温时，根细胞原生质流动缓慢，细胞渗透压降低，造成水分供求不平衡，植株受到冻害。温度低至

冻解状态时，细胞间隙的水分结冰，使细胞原生质的水分析出，冰块逐渐加大，致细胞脱水，或使细胞涨离而死亡。近年，因内外研究证明，植物体内存在具冰核活性的细菌（简称INA），这是增加植物发生霜冻的因素之一，这类细菌可在 –2～–5℃时诱发植物细胞水结冰而发生霜冻。

防治方法 ①选用耐低温品种，如菠萝种节瓜、广优1号、青皮梅花瓣等。②低温锻炼。冬瓜、节瓜对低温忍耐力是生理适应过程，原生质胶体黏性提高，酶活性增强，向耐寒方向发展，因此育苗期定植前低温锻炼十分重要。③选择晴天定植，霜冻前浇小水。④采用地面覆盖或植株上盖报纸或地膜效果好；棚室四周围草帘子。⑤熏烟或临时补温。⑥喷洒链霉素500mg/kg，可使冰核细菌数量明显减少，是预防霜冰的方法之一。⑦喷洒植物抗寒剂，每667m² 用200ml，或3.4%赤·吲乙·芸苔可湿性粉剂7500倍液、10%宝力丰抗冷冻剂400倍液。⑧冻后解救措施。特别注意冻后缓慢升温，日出后用报纸或草帘遮光，使冬瓜、节瓜生理机能慢慢恢复，不可操之过急。

冬瓜、节瓜缺素症

症状 ①缺氮。叶片均匀黄化，黄化先由下部老叶开始，逐渐向上扩展，幼叶生长缓慢，花小，化瓜严重。果实短小，畸形瓜增多，严重缺氮时，整株黄化，不易坐果。②缺

冬瓜缺氮下位叶片黄化花小易化瓜

冬瓜缺镁主脉附近的叶脉间失绿黄白化

冬瓜缺钾

冬瓜缺铁脉绿叶片黄化（胡永军）

磷。植株生长受抑，叶片小，颜色变浓绿，老叶有暗紫色斑块，下位叶易脱落。有时叶片皱曲。③缺钾。生长缓慢，节间短，叶片小，叶片呈青铜色，而边缘变成黄绿色，叶片黄化，严重的叶缘呈灼焦状干枯。主脉凹陷，后期叶脉间失绿且向叶片中部扩展，失绿症状先从植株下部老叶片出现，逐渐向上部新叶扩展。果实中部、顶部膨大伸长受阻，较正常果实短且细，形成粗尾瓜或尖嘴瓜或大肚瓜等畸形果。④缺镁。老叶显症明显，主脉附近的叶脉间失绿，叶缘尚保持一些绿色，严重缺镁时叶片萎缩。⑤缺铁。上部叶片除叶脉外变黄，严重时白化，芽生长停止，叶缘坏死完全失绿。

病因 ①缺氮。一是土壤有机质含量低，有机肥施用量低；二是土壤供氮不足或在改良土壤时施用稻草过多；三是土壤板结，可溶盐含量高的条件下，根系活力减弱，吸氮量减少，也易出现缺氮症状。②缺磷。系土壤含磷量低或磷肥施用量不足。③缺钾。主要是土壤沙或有机质含量低，有机肥施用量不足或土温低和铵态氮肥施用量过大。④缺镁。沙土或沙壤土中镁含量低，而引起缺镁症。⑤缺铁。磷肥施用过量，碱性土壤及土壤中铜、锰过量，土壤过干、过湿，温度低，易发生缺铁。

防治方法 ①防止缺氮。采用冬瓜、节瓜配方施肥技术，施足腐熟有机肥。应急时每667m^{2}追施发酵好的粪稀或化肥 5 ～ 6kg（纯氮）。也可用 0.5% 尿素水溶液进行根外追肥。②防止缺磷。注意提高地温，定植时每 667m² 施用磷酸二铵 20 ～ 30kg，腐熟有机肥 3000kg。③防止缺钾。从提高地力入手，施用适量堆肥或厩肥，以增加钾肥蓄积。此外，土壤中有硝酸态氮存在时，有利于冬瓜、节瓜对钾的吸收，有铵态氮存在时，则吸收被抑制，引发缺钾。为此土壤中要增施腐殖质，使其形成团粒结构，利于硝酸化菌把铵态氮变成硝酸态氮，使氮钾协调，以利冬瓜、节瓜吸收。应急时叶面喷洒 0.3% 磷酸二氢钾溶液。④防止缺镁。在沙土或沙壤土上要适当施用镁肥，提倡施用含镁石灰（白云石），这是一种含镁和钙的土壤改良剂，尤其是在酸化土壤上每 667m² 施用 20 ～ 30kg，既能中和土壤酸，又能补充土壤中钙和镁的不足，应急时也可叶面喷洒 1.3% 的硫酸镁水溶液。⑤防止缺铁。少用碱性肥料，防止土壤呈碱性。土壤 pH 值应为 6 ～ 6.5，防止土壤过干、过湿。缺铁土壤每 667m² 用硫酸亚铁 2 ～ 3kg 作基肥，喷洒 0.1% ～ 0.5% 硫酸亚铁水溶液或柠檬酸铁 1000mg/kg。

三、南瓜、小南瓜病害

南瓜、小南瓜镰孢果腐病

症状 保护地、露地均有发生，危害果实，幼瓜或成长的果实均可发病，初发病时果实上产生不规则形褐色病变，水渍状，后期病部表面长出白色稍带粉红色致密霉层。干燥时病果常成褐色僵果，湿度大时腐烂。

南瓜镰孢果腐病

病原 *Fusarium solani f. cucurbitae* Snyder et Hansen，称茄类镰孢瓜类专化型，属真菌界子囊菌门镰刀菌属。分生孢子多是大型长镰刀形分生孢子，两端稍尖，稍现脚胞，有隔膜 2～3 个。

传播途径和发病条件 病菌在土壤中越冬，果实与土壤接触易发病，雨日多、湿度大或高湿持续时间长则发病重。

防治方法 ①采用高畦或起垄栽植，注意通风，发现病果及时摘除烧毁，雨后及时排水，防止湿气滞留，注意减少伤口，提倡把果实垫起，避免与土面接触，可大大减少发病。②发病重时于发病初期喷洒 50% 多菌灵可湿性粉剂 800 倍液或 20% 辣根素水剂（4L/667m²），防效优异。

南瓜、小南瓜花腐病

症状 南瓜、小南瓜花腐病又称果腐病。露地、保护地均常发生，保护地尤为严重，近年危害呈上升态势，减产 30% 左右。危害南瓜、甜瓜、西瓜时称花腐病或果腐病，危害瓠瓜、西葫芦时称褐腐病，俗称烂蛋。花腐病危害南瓜的花和幼果，病果呈水渍状湿腐，病花变褐腐败。病菌从雌花蒂部侵入幼瓜，向瓜上扩展，致病瓜外部逐渐变褐，病部表面现白色茸毛状物，有时可见灰褐色或黑色大头针状物，有别于灰霉病。雨后或高湿条件下，该病扩展很快，引起一批批雄花、雌花及幼瓜烂腐，干燥时半个瓜或全瓜变褐，减产严重。该病发生在株丛之中，容易被忽略，其实危害很大，南瓜开的花很多，有时坐的瓜很少，主要是本病造成烂花、烂蛋引起的，生产上要注意与灰霉病相区别，并注意防治。

病原 *Choanephora cucurbitarum* （Berk.et Rav.）Thaxt.，称瓜笄霉，属真菌界接合菌门笄霉属。

南瓜花腐病病瓜上长出孢囊梗和孢子囊

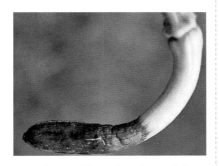

蜜本南瓜花腐病引起的幼瓜褐腐状

传播途径和发病条件 病菌以菌丝体随病残体或产生接合孢子留在土壤中越冬，翌春产生孢子侵染花和幼果，发病后病部长出大量孢子，借风雨或昆虫传播，从伤口或幼嫩表皮侵入生活力衰弱的花和果实。发病后病部又产生大量孢子借风雨进行多次再侵染，引起一批批花和果实发病，一直危害到生长季结束。雨日多的年份发病重。

防治方法 ①农业防治。a. 与非瓜类作物实行 3 年以上轮作。b. 采用高畦或高垄栽培，覆盖地膜。c. 平整土地、合理浇水，严禁大水漫灌，雨后及时排水，严防湿气滞留。d. 坐果后及时摘除病花、病果集中烧毁，一直坚持到最后一批瓜能成熟为止。②药剂防治。开花至幼果期喷洒 47% 春雷·王铜可湿性粉剂 700 倍液预防。③发病初期喷洒 58% 甲霜灵·锰锌 600 倍液混加 60% 甲基硫菌灵 600 倍液，重点喷好幼瓜及尚未开和刚开的花。也可喷洒 72% 霜脲·锰锌可湿性粉剂 600 倍液、69% 烯酰·锰锌可湿性粉剂 700 倍液、60% 锰锌·氟吗啉可湿性粉剂 700 ~ 800 倍液。④棚室保护地除注意通风降湿外，提倡用百菌清烟剂，每 $667m^2$ 用 250g，点燃后熏 1 夜有效。

南瓜、小南瓜白粉病

症状 苗期、成株期均可发病。植株生长后期受害重，主要危害叶片、叶柄或茎，果实受害少。初在叶面上现黄色褪绿斑或在叶两面和嫩茎上出现白色小霉点，后扩大为 1 ~ 2cm 霉斑，条件适宜，霉斑迅速扩大，且彼此连片，白粉状物布满整个叶面，致叶片黄枯或卷缩，但不脱落，秋末霉斑变成灰色，其上长出黑色小粒点，即病原菌闭囊壳。

病原 *Podosphaera xanthii*，称苍耳叉丝单囊壳，属真菌界子囊菌门。无性态为 *Oidium erysiphoides*，称白粉孢，属真菌界子囊菌门粉孢属。形态特征同黄瓜、水果型黄瓜白粉病。

小南瓜白粉病发病初期叶面上现黄褐色斑

香炉南瓜白粉病叶面上的白粉

传播途径和发病条件 两种白粉菌均以有性阶段，即闭囊壳随病残体遗留在土表越冬，翌春放射出子囊孢子，进行初侵染。在温暖地区或棚室中，病菌主要以菌丝体在寄主上越冬。田间发病后，产生分生孢子，形成再侵染。分生孢子主要通过气流传播蔓延，与寄主接触后，孢子萌发，侵染丝直接从表皮细胞侵入，并在其内形成吸胞吸取营养。菌丝体外生于寄主表面，且多处形成附着器，后不断蔓延，条件适宜，产生大量分生孢子，进行重复侵染。分生孢子萌发温限 10 ～ 30 ℃，以 20 ～ 25 ℃ 为适，且需较高湿度。田间湿度大，气温16 ～ 24℃，或干湿交替发病重。

防治方法 ①选用锦栗、红板栗、龙早面、福海、黑金刚、旭日等抗白粉病品种。②在明确当地白粉病病原菌种类基础上，有针对性地选用杀菌剂。据测定，不同种白粉菌耐药性有差异，*Podosphaera xanthii* 用多菌灵防治可奏效，但 *Erysiphe cichoracearum* 则需选用 25% 乙嘧酚悬浮剂 900 倍液或 4% 四氟醚唑水乳剂 1200 倍液等高效杀菌剂，否则防效不佳。其他防治方法参见黄瓜、水果型黄瓜白粉病。

南瓜、小南瓜叶点霉斑点病

症状 主要危害叶片。叶上产生圆形或多角形白色至黄白色病斑，边缘浅褐色，直径 1 ～ 14mm，后期病斑上生出小黑点，即病原菌的载孢体——分生孢子器。

病原 *Phyllosticta cucurbitacearum* Sacc.，称南瓜叶点霉，属真菌界子囊菌门叶点霉属。

传播途径和发病条件 北方南瓜叶点霉菌的载孢体随病残体在土壤中越冬，南方一年四季均有南瓜生长

南瓜斑点病病叶

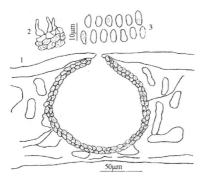

南瓜斑点病菌南瓜叶点霉 （白金铠）
1—分生孢子器；2—产孢细胞；
3—分生孢子

的地区病菌辗转传播进行初侵染和再侵染。高温多湿的天气有利该病发生，地势低洼或土壤黏重、田间郁蔽、偏施过施氮肥发病重。

防治方法 ①重病区要进行轮作。采用测土配方施肥技术，适当增施磷钾肥，增强抗病力。②发病初期喷洒 78% 波·锰锌可湿性粉剂 600 倍液、70% 丙森锌可湿性粉剂 500 倍液、60% 百菌清悬浮剂 600 倍液，隔10 天 1 次，防治 1 ～ 2 次。

南瓜、小南瓜炭疽病

症状 南瓜、蜜本南瓜、香炉南瓜、云南黑籽南瓜炭疽病，为害子叶、真叶和果实。幼苗一出土即可染病，子叶叶缘出现半圆形深褐色病斑，上生橙红色的小点状黏质物，即病原菌分生孢子团。发病重的幼苗靠近地面的茎基部变成黑褐色，渐缢缩，致幼苗折倒。真叶染病产生圆形或近圆形褐色病斑，周围常有黄色晕环。成熟期南瓜果实染病，表皮上现水渍状圆形凹陷斑，直径 5 ～ 10mm，深约 8mm。该病在田间或运输时或储藏期病斑继续扩展或融合成大炭疽斑，病斑中央黑色，有时溢有粉红色分生孢子团。发病重的南瓜果实味苦或无味。2005 年 9 月笔者把采回的带有炭疽病病斑的香炉南瓜放在室内时病斑已停止扩展，当时直径 5mm，但 1 周后，病瓜上的炭疽斑迅速扩展到 2cm，病斑上溢出粉红色孢子团，一些软腐细菌或真菌通过破裂的果皮侵入危害，再加上病瓜上的小炭疽斑全部发作，最后扩展融合成 1 ～ 2 个大病斑造成全瓜腐烂，说明炭疽病有明显的潜伏侵染特性，扩展时危害十分猖獗。

病原 *Colletotrichum orbiculare* Arx，称瓜类炭疽菌，属真菌界子囊菌门瓜类刺盘孢属。有性阶段为 *Glomerella cingulata* var. *orbicularis* Jenk. et al.，称葫芦小丛壳属。属子囊菌门小丛壳属。

传播途径和发病条件 炭疽菌在种子内外或病残体上或土壤中越冬，因此生产上南瓜一出苗就见发病。分生孢子盘在湿度大时才能释放分生孢子并传播，一般随雨水飞溅或气流吹散或昆虫及农具接触传播，分生孢子在有水滴时才能萌发，萌发时先产生附着孢和侵入丝直接侵入寄主组织。起初菌丝在细胞间或细胞内迅速扩展，进入果实成熟期，该菌侵染

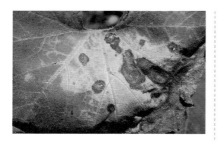

南瓜炭疽病叶面上的炭疽斑

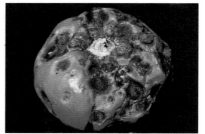

香炉南瓜顶部炭疽斑急性扩展状

香炉南瓜潜伏炭疽斑遇有适宜
条件又扩展成大病斑

云南黑籽南瓜炭疽病病苗

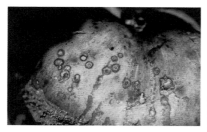

香炉南瓜采收后病瓜上潜伏下来的炭疽病

力增强并出现症状。生产上遇高温、高湿，或进入多雨季节，湿度大则易发病。

防治方法 ①从无病瓜上采种。②药剂处理种子。每10kg蜜本南瓜种子，用30%苯噻氰乳油5ml对水拌种。③发病初期喷洒32.5%苯甲·嘧菌酯悬浮剂1500倍液混27.12%碱式硫酸铜悬浮剂500倍液，或75%肟菌·戊唑醇水分散粒剂3000倍液、30%戊唑·多菌灵悬浮剂800倍液。

南瓜、小南瓜白绢病

症状 主要发生在近地面茎基部或果实与地面接触处。病菌侵入后病部呈暗褐色，组织被破坏，若条件适合，患病株几天后即死亡。白绢菌利用复合有机质，产生水解酵素复合物和草酸等物质，在白绢病菌侵入植株过程中这些物质起协同作用，造成水分吸收受阻，植株下位叶黄化，严重的整株萎凋。拨开土壤，地下部根周围可见白色菌丝束缠绕，致病组织腐败。病部菌丝呈辐射状，边缘较明显，后期病部长出很多茶褐色油菜子状小菌核。

南瓜白绢病及茎蔓上的褐色
油菜子状小菌核

【病原】 *Sclerotium rolfsii* Sacc.，称齐整小核菌，属真菌界子囊菌门小核菌属。有性态为 *Athelia rolfsii*（Curzi）Tu.& Kimbrough，称罗耳阿太菌，属真菌界担子菌门阿太属。

【传播途径和发病条件】 病菌以菌核混杂在种子、种球或以菌核在土壤中越冬，翌年当气候适宜时长出菌丝从根或根茎部侵入。菌丝呈放射状扩展缠绕根茎部或产生黄褐色至黑褐色菌核，菌核在土中可存活 5～6年，随土壤环境变化而决定繁殖或休眠。菌核萌发方式有 2 种：一是爆发式发芽；二是菌丝式发芽。菌核在田间和培养基上爆发式发芽最适温度为 20℃，低于或高于此温度发芽率明显下降。土壤湿度与菌核萌发有关，土壤含水量在 20% 时，病菌腐生力最高，并随含水量增加而降低，当土壤含水量由 30% 慢慢降至 15% 时被害最重。在田间该病总是在雨后或灌溉后发生。pH 值 7 以上菌核不能萌发，

pH 值 9.7 仍能存活，看来土壤 pH 值对菌核存活无直接效应，但却影响含氮化合物在土壤中的氨解作用，产生氨气可使菌核致死，含氮化合物可降低菌核发芽率。氨是毒害本菌菌核的主要因子，生产上含氮化合物可用来防治本病。该菌腐生力强，在土壤中可占据未腐熟的有机质，菌丝快速生长并形成大量菌核。当土壤中有大量未分解的植物残体或有机质存在时，极有利于本菌生存，但有机质会在土壤中分解并释放出水溶性或醚溶性之毒害物质，抑制菌丝生长。

白绢菌生长温度 28～32℃，最适 25～35℃，30℃受害最重；28℃以下、32℃以上皆不利菌丝生长，相对湿度 100% 是菌丝最佳生长条件，高温多湿条件下易发生。菌核可在含有葡萄糖、果糖、麦芽糖及蔗糖的培养基中发芽生长。

【防治方法】 ①发现病株及时拔除，集中深埋或烧毁，条件允许的可进行深耕，把病菌翻入土层深处。②发病重的田块，可实行水旱轮作，也可与禾本科作物进行轮作。③提倡施用酵素菌沤制的堆肥或生物有机复合肥，发病重的田块，每 $667m^2$ 施石灰 100～150kg，把土壤酸碱度调到中性。④坐瓜后用草圈等物把瓜垫起来，避免与土壤接触。⑤高温多雨的夏季浇水后晒田，7 天后再晒 1 次，也可在深灌后覆盖地膜晒 20～30 天。⑥发病初期用 25% 丙环唑乳油或 50% 甲基立枯磷可湿性粉剂 1 份，对细土 100～200 份，撒在

病部根茎处，防效明显。必要时也可喷洒 50% 异菌脲可湿性粉剂 900 倍液或 50% 乙烯菌核利水分散粒剂 600 倍液，隔 7 ～ 10 天 1 次，防治 1 ～ 2 次。⑦利用木霉菌防治白绢病。用培养好的木霉（*Trichoderma harzianum* Rifai，称哈茨木霉）0.4 ～ 0.45kg 加 50kg 细土，混匀后撒覆在病株基部，每 667m² 用 1kg，能有效地控制该病发展。

南瓜蔓枯病病蔓上的症状

南瓜、小南瓜蔓枯病

[症状]　主要危害叶片和茎蔓。叶片染病，产生近圆形至不规则形病斑，中央灰白色，边缘黑褐色，后期病斑常穿孔脱落，直径 5 ～ 25mm，微具轮纹，上生黑色小粒点，即病原菌分生孢子器或子囊壳。茎蔓染病，病斑椭圆形至长梭形，灰褐色，边缘褐色，有时溢出琥珀色的树脂状胶质物，严重时形成蔓枯，致果实朽住不长。果实染病，轻则形成近圆形灰白色斑，大小 5 ～ 10mm，具褐色边缘，发病重的开始时形成不规则褪绿或黄色圆斑，后变灰色至褐色或黑色，最后病菌进入果皮引起干腐，一些腐生菌趁机侵入导致湿腐，危害整个果实。

[病原]　*Didymella bryoniae*，称蔓枯亚隔孢壳，属子囊菌门亚隔孢壳属；无性型为 *Phoma cucurbitacearum*，称瓜茎点霉，属子囊菌门茎点霉属。

南瓜茎点霉蔓枯病病瓜上的典型症状

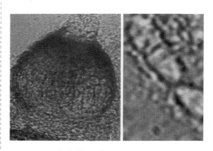

南瓜蔓枯病菌瓜茎点霉分生孢子器和分生孢子

[传播途径和发病条件]　病菌以分生孢子器、子囊壳随病残体或在种子上越冬。翌年，病菌可穿透表皮直接侵入幼苗，对老的组织或果实多由伤口侵入，在南瓜果实上也可由气孔侵入。最适菌丝生长和孢子萌发的温度为 24 ～ 28℃。在 8 ～ 24℃范围

内，孢子萌发率随温度升高而增加。24～28℃萌发率高，高于28℃发芽率明显下降。在8～24℃范围内，随温度升高，产孢量增加，24℃产孢最高，高于24℃，产孢量明显下降。低于8℃、高于32℃均不产孢。pH值6.2～8.4病菌生长最好，其中pH值7.6最佳。

防治方法 ①实行2～3年轮作，选用浙引93-2和KURIJIMAN等菜用南瓜品种。②从无病株上选留种子。③采用配方施肥技术，施足充分腐熟的有机肥。④发病初期喷洒32.5%苯甲•嘧菌酯悬浮剂1500倍液混27.12%碱式硫酸铜悬浮剂500倍液，或55%硅唑•多菌灵可湿性粉剂1000倍液、10%苯醚甲环唑水分散粒剂900倍液、25%咪鲜胺乳油1000倍液、560g/L嘧菌•百菌清悬浮剂700倍液、30%戊唑•多菌灵悬浮剂700～900倍液。

南瓜、小南瓜疫病

症状 南瓜茎、叶、果均可染病。茎蔓部染病，病部凹陷，呈水浸状，变细、变软，致病部以上枯死，病部产生白色霉层。叶片染病，初生圆形暗色水渍状斑，软腐、下垂，干燥时呈灰褐色，易脆裂。果实染病，初生大小1cm左右凹陷水渍状暗色至暗绿色斑，后迅速扩展，并在病部生出白色霉状物，菌丝层排列紧密，难于切取，经2～3天或几天后果实软腐，在成熟果实表面上有的产生胶

质物。生产上果实底部虫伤处最易染病。

病原 *Phytophthora capsici* Leonian，称辣椒疫霉，属假菌界卵菌门疫霉属。

病菌形态特征、传播途径和发病条件参见黄瓜、水果型黄瓜疫病。

南瓜疫病叶片染病初期症状

南瓜疫病病瓜上的白色菌丝、孢囊梗和孢子囊

防治方法 ①选用友谊1号抗疫病、枯萎病品种或饭瓜（番瓜）等早熟品种，及多伦大倭瓜、大瓜、倭瓜等抗逆性强的品种。②其他防治方法参见黄瓜、水果型黄瓜疫病。产生抗药性的地区喷洒66%二氰蒽醌水分散粒剂1000倍液，或250g/L双炔酰菌

胺悬浮剂（每667m² 用30 ～ 50ml，对水45 ～ 75kg），或18.7%烯酰·吡唑酯水分散粒剂（每667m² 用75 ～ 125g，对水100kg，均匀喷雾）。

南瓜、小南瓜枯萎病

症状 南瓜枯萎病又称红腐病。幼苗染病，子叶先变黄、萎蔫或全株枯萎，茎基部或茎部变褐缢缩或呈立枯状。成株开花结果后陆续发病，被害株最初表现为部分叶片或植株的一侧叶片中午萎蔫下垂，似缺水状，但萎蔫叶早晚恢复，后萎蔫叶片不断增多，逐渐遍及全株，致整株枯死。果实染病，引起果腐，多发生在雨季近成熟的果实上，从果实伤口处先发病，后渐向瓜心蔓延，病果肉初黄色，后变为紫红色，瓜腔染病后，迅速腐烂。在高温干旱条件下，病情扩展缓慢，后形成污褐色坚硬的瘢痕。

病原 *Fusarium oxysporum* (Schl.) f. sp. *cucumerinum* Owen.，称尖镰孢菌黄瓜专化型，属真菌界子囊菌门镰刀菌属。

南瓜枯萎病病株

传播途径和发病条件 病菌以菌丝体、菌核或厚垣孢子在土壤或病残体上越冬，苗期病菌可从根部的伤口侵入，也可直接从根毛的顶端细胞间侵入，附着在种子上的病菌，可在种子萌发时直接从幼根侵入，在根部和茎部的薄壁组织中繁殖蔓延，后进入木质部和维管束，向上下扩展，镰刀菌堵塞导管并产生毒素使细胞死亡，幼苗或成株枯萎。

空气相对湿度90%以上易染病，病菌发育和侵染适温24 ～ 25℃，气温低于12℃、高于25℃不易发病。果实染病主要发生在果实近成熟的糖分积累时期。此外，蚂蚁、农田害鼠咬食或机械伤口多，果实易发病。生产上连作、有机肥不腐熟、土壤过分干旱或质地黏重的酸性土是引起该病发生的主要条件。

防治方法 农业防治为主，药剂为辅。①选用抗病品种。如山西的友谊1号、黑宝1号、金星南瓜、旭日南瓜、寿星南瓜等。②选用无病新土育苗，采用营养钵或塑料套分苗。改传统的土方育苗为营养钵无土育苗，便于培育壮苗，定植时不伤根，定植后缓苗快，增强寄主抗病性。③选择5年以上未种过瓜类蔬菜的土地，与其他蔬菜轮作。生产上推行葫芦科、十字花科、茄科3年轮作，可有效地控制枯萎病的发生。④加强栽培管理。施用酵素菌沤制的堆肥或绿丰生物肥，50 ～ 80kg/667m²，减少伤口。提高栽培管理水平，避免大水漫灌，适当中耕，提高土壤透气性，使根系苗壮，增强抗病力；结瓜期应分期施肥，切忌用未腐熟的人粪尿追肥。⑤药剂防治。a. 种子消毒，用有效成分 0.1% 的 60% 多菌灵盐酸盐加 0.1% 平平加浸种 60min，捞出后冲净催芽。也可把干燥南瓜种子置于 70℃恒温处理 72h，但要注意品种间耐温性能及种子含水量确保发芽率。b. 苗床消毒，每平方米苗床用 50% 多菌灵可湿性粉剂 8g 处理畦面。c. 土壤消毒，将 50% 多菌灵可湿性粉剂（每 667m² 4kg）混入细干土，拌匀后施于定植穴内。d. 药剂蘸根，定植时先把 70% 噁霉灵可湿性粉剂 1500 倍液配好，取 15kg 放入较大的容器中，再把穴盘整个浸入药液中，把根部蘸湿即可。⑥发病初期用 2.5% 咯菌腈悬浮剂 1200 倍液混加 50% 多菌灵可湿性粉剂 600 倍液，或 72.2% 霜霉威水剂 700 倍液混 70% 噁霉灵可湿性粉剂 1500 倍液灌根，每株灌 250ml，10 天左右 1 次，防治 1 ～ 2 次。

南瓜、小南瓜霜霉病

近年春季栽培南瓜霜霉病发生较多。

症状 主要为害叶片。初生淡绿色后变黄色病斑，受叶脉限制带棱角，大小 2 ～ 6mm，湿度大时叶背面可见淡灰色稀疏的菌丛，即病原菌孢囊梗和孢子囊。

病原 *Pseudoperonospora cubensis* (Berk. et Curt.) Rostov.，称古巴假霜霉菌，属假菌界卵菌门霜霉属。

南瓜霜霉病病叶

传播途径和发病条件、防治方法参见冬瓜、节瓜霜霉病。

南瓜、小南瓜壳针孢角斑病

症状 主要危害叶片。叶上病斑近圆形，中央灰白色，边缘褐色，直径 1 ～ 5mm，后期病斑上生出小黑点，即病原菌的载孢体分生孢子器。

病原 *Septoria cucurbitacearum* Sacc.，称瓜角斑壳针孢，属真菌界子囊菌门壳针孢属。侵染西葫芦、南瓜、甜瓜、西瓜等。

传播途径和发病条件 病菌随病残体在土壤中越冬，条件适宜时借风雨传播蔓延，进行初侵染和再侵染。多雨年份，田间高温高湿持续时间长则易发病。

防治方法 ①加强田间管理，适时追肥防止后期脱肥，增强抗病性。大暴雨后及时排水，防止湿气滞留，可减少发病。②发病初期喷洒 20% 唑菌酯悬浮剂 900 倍液、47% 春

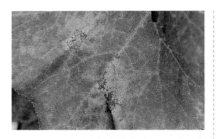

南瓜壳针孢角斑病

南瓜壳针孢角斑病病菌（瓜角斑壳针孢）
1—分生孢子器；2—产孢细胞；
3—分生孢子（白金铠）

雷·王铜可湿性粉剂 600 倍液、10% 苯醚甲环唑微乳剂 600 倍液，隔 10 天左右 1 次，防治 2 次。

南瓜、小南瓜尾孢叶斑病

症状　南瓜灰斑病多见于秋季，主要危害叶片。初在叶面上产生褪绿黄斑，长圆形至不规则形，有时沿脉扩展，病斑大小不一，直径

0.5～2mm；后期病斑融合连成一片，褐色或深褐色；老病斑边缘褐色，中间灰色，有时病部长出灰色霉状物，即病原菌分生孢子梗和分生孢子。

病原　*Cercospora citrullina* Coo-ke，称瓜类尾孢，属真菌界子囊菌门尾孢属。

南瓜尾孢叶斑病

传播途径和发病条件　以菌丝块或分生孢子在病残体及种子上越冬，翌年产生分生孢子借气流及雨水传播，经 5～6h 结露才能从气孔侵入，经 7～10 天发病后产生新的分生孢子进行再侵染。多雨季节此病易发生和流行。

防治方法　①选用无病种子，或用 2 年以上的陈种播种。②种子用 55℃温水恒温浸种 15min。③实行与非瓜类蔬菜 2 年以上轮作。④发病初期及时喷洒 70% 丙森锌可湿性粉剂 600 倍液、50% 异菌脲可湿性粉剂 1000 倍液、20% 唑菌酯悬浮剂 900 倍液、50% 甲基硫菌灵悬浮剂 800 倍液，每 667m^2 喷对好的药液 50L，隔 10 天左右 1 次，连续防治 2～3 次。

南瓜、小南瓜黑星病

症状　危害叶片和果实。叶片染病初生水渍状小斑，后扩展成直径 4～5mm 的黄褐色病斑，病斑中央变薄，常呈星状裂开或穿孔破裂。果实染病产生近圆形暗褐色病斑，大小 3～6mm，凹陷，中间开裂呈疮痂状，后期可烂成孔洞，溢出琥珀色至灰褐色胶状物，后变成灰褐色，干燥后易脱落，湿度大时病斑中央产生黑色霉丛。是中国对外检疫对象。

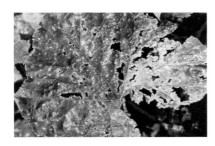

南瓜黑星病病叶上的星纹状斑

病原　*Cladosporium cucumerinum* J. B. Ellis et Arthur，称瓜枝孢，属真菌界子囊菌门枝孢属。

传播途径和发病条件　病原菌在病残体和种子内越冬，播种带菌南瓜种子出苗后即可发病，病部产生的分生孢子随气流、雨水、灌溉水或农事操作分散传播进行再侵染。种子带菌远距离传播。该菌主要以菌丝潜伏于种皮中，胚和胚乳也带菌。病菌生长温限 5～30℃，最适温度为 20～22℃，在有水滴的情况下萌发，产生芽管。分生孢子能分泌出一种黏性物质。除侵染南瓜外，还可侵染黄瓜、笋瓜、葫芦、冬瓜、甜瓜和其他葫芦科植物。

防治方法　①严格检疫，对入境南瓜及其他葫芦科植物种子，可用常规吸水纸培养法或琼脂培养基培养法检出带菌种子。②发病初期喷洒 15% 亚胺唑可湿性粉剂 2200 倍液。

南瓜、小南瓜灰霉病

症状　苗床内的南瓜、蜜本南瓜、香炉南瓜幼苗易受害，先是心叶染病枯死，上生灰色霉层，花瓣染病易枯萎脱落。幼果染病，多始于花蒂部，初呈水渍状软腐，后变黄褐色干缩、脱落。病部表面密生灰色霉层，即病原菌分生孢子梗和分生孢子。

南瓜灰霉病病瓜上的灰霉（李明远）

病原　*Botrytis cinerea* Pers.：Fr.，称灰葡萄孢，属真菌界子囊菌门葡萄孢核盘菌属。

病害传播途径和发病条件、防治方法参见黄瓜、水果型黄瓜灰霉病。

南瓜、小南瓜瓜链格孢叶斑病

近年新疆瓜类叶斑病危害与日俱增，每年 7 ～ 8 月瓜类因该病导致大量叶片干焦。甘肃武威南瓜产区发生了严重叶枯病，叶片出现了较大面积的焦枯和死亡，成为影响南瓜生产的关键性问题，某些品种病叶率达100%，给南瓜生产带来严重损失。

症状 发病初期叶片上产生褐色小点，逐渐扩大成深绿色近圆形病斑，直径 2 ～ 5mm，边缘呈水渍状，稍隆起，病斑上有轮纹，后期造成叶片焦枯、死亡、脱落。

南瓜叶片上的瓜链格孢叶斑病

病原 *Alternaria cucumerina*（Ellis. et Everhart）Elliott，称瓜链格孢，属真菌界无性型链格孢属。

传播途径和发病条件 病菌以菌丝体或分生孢子在病残体上或以分生孢子黏附在种子表面越冬，成为翌年初侵染源，借风雨传播，分生孢子萌芽后直接侵入叶片。该病菌源量大，潜育期短，很易流行。据甘肃农业大学研究温度、pH 值、光照对瓜链格孢的生长和产孢都有一定影响。

该菌菌丝生长、产孢和萌发适宜温度为 28℃，pH 值为 7 时菌丝生长最快，pH 值为 8 时最易产孢，25℃下连续黑暗培养产孢最多。碳、氮源对菌丝生长和产孢量有一定的影响，碳源中甘露醇组菌丝生长最快，山梨醇处理产孢量最多。氮源中牛肉浸膏最适宜菌丝生长和产孢，硫酸铵最差。该菌致死温度为 50℃。瓜链格孢最适温度较高，且适温范围较宽，15 ～ 30℃范围内均能生长，最适温度范围为 25 ～ 30℃。28℃产生分生孢子最快，产孢量大，每年 7 ～ 8 月南瓜坐瓜后，进入坐瓜的始雨期开始发病，温度容易满足，进入雨季后湿度也大，再加上该病潜育期很短，这时瓜田上空积累了大量分生孢子，每次降雨后都会出现新的发病高峰，再侵染频繁发生，使叶斑病达到最大值。

防治方法 ①防治南瓜叶斑病采用农业、化学等综合防治措施，创造有利于南瓜生长发育、不利于病菌的生态条件，生产上防治该病首选抗叶斑病的抗病或耐病品种，进行大面积轮作，改变南瓜播种期，避过发病季节可减少发病。②增施腐熟有机肥或生物复合肥，或在发病初期冲施N20-P20-K20 平衡型依罗丹水溶肥500 ～ 800 倍液，可提高南瓜对该菌的抗病力，减少发病。进入雨季在瓜田上空安装孢子捕捉器，当孢子猛增时要及时发出预报，指导防治。③发病之前及时喷洒 10% 苯醚甲环唑水分散粒剂或微乳剂 900 倍液、25% 嘧菌酯悬浮剂 1000 倍液、50% 异菌脲悬浮剂 1000 倍液、50% 咯菌腈可湿性粉剂 5000 倍液，隔 7～10 天 1 次，连续防治 3 次。

南瓜、小南瓜西葫芦 生链格孢叶斑病

症状 叶上病斑近圆形，直径 10mm 左右，中央灰褐色，边缘黄褐色，病斑两面生暗褐色霉层，即病原菌的分生孢子梗和分生孢子。

病原 *Alternaria peponicola* （G.L. Rabenhorst）E. G.Simmons，称西葫芦生链格孢，属真菌界子囊菌门链格孢属。

南瓜西葫芦生链格孢叶斑病

传播途径和发病条件 病菌以菌丝体和分生孢子在土壤中或分生孢子在种子上越冬，翌春病原菌西葫芦生链格孢产生大量分生孢子，借风雨传播进行初侵染和多次再侵染，致该病扩展蔓延。田间降雨多，相对湿度高于 90% 则易发病。

防治方法 ①选用无病种瓜留种。发病重的地区种子用种子重量 0.4% 的 50% 福•异菌或 50% 异菌脲可湿性粉剂拌种。②增施有机肥，提高南瓜、小南瓜的抗病力。③发病初期喷洒 560g/L 嘧菌•百菌清悬浮剂 700 倍液、50% 异菌脲可湿性粉剂 1000 倍液、75% 百菌清可湿性粉剂 600 倍液。

南瓜、小南瓜青霉病

症状 仅见危害储藏期的南瓜果实。初在瓜面上产生水渍状圆形或不整形病斑，后变浅褐色，并在病斑表面长出白色霉状物，由白色至灰白色菌丝组成绒毛状大斑，大小 70mm×56mm，后在霉斑中央长出灰绿色不规则形霉状物，大小 12mm×（7～8）mm，即病菌的分

南瓜青霉病病瓜上的青霉

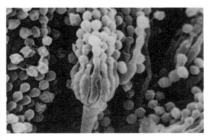

南瓜青霉病病菌
分生孢子梗和分生孢子

生孢子梗和分生孢子，病斑深入瓜肉，致部分或全瓜腐烂。剖开病瓜可见青霉菌已充满整个果肉。

[病原]　*Penicillium* sp.，称一种青霉，属真菌界子囊菌门青霉属。菌落产孢处灰绿色，分生孢子梗集结成束，无色，具隔膜，先端数回分枝呈帚状；分生孢子圆形。

[传播途径和发病条件]　病原菌一般腐生于各种有机物上，产生分生孢子，借气流传播，通过各种伤口侵入危害，也可通过病健果接触传染。青霉病病菌发育适温 18 ～ 28℃、相对湿度 95% ～ 98% 时利于发病。

[防治方法]　①抓好果实的采收、包装和运输工作。尽量避免果实遭受机械损伤，造成伤口；不宜在雨后、重雾或露水未干时采收。②储藏库及其用具消毒。储藏库可用 10g/m³ 硫黄密闭熏蒸 24h，或用 20% 辣根素水剂（5L/667m²）或 50% 甲基硫菌灵可湿性粉剂 300 倍液或 50% 多菌灵可湿性粉剂 300 倍液消毒。③果实处理。采收前 1 周喷洒 50% 甲基硫菌灵·硫黄悬浮剂 800 倍液。采后用 40% 多菌灵悬浮剂、50% 甲基硫菌灵可湿性粉剂 500 ～ 1000 倍液、45% 噻菌灵悬浮剂 1000 倍液浸果，对青霉病防效显著。④加强储藏期管理。储藏期间温度控制在 5 ～ 9℃。

南瓜、小南瓜棒孢叶斑病

[症状]　又称南瓜、小南瓜靶斑病。南瓜生长后期叶片上散生水渍状小斑，后逐渐扩展成灰白色病斑，直径 1 ～ 5mm，近圆形至椭圆形，扩展时受叶脉限制则呈不规则形或多角形，病斑易破裂。湿度大时病部生出灰黑色霉状物，即病原菌的分生孢子梗和分生孢子。

[病原]　*Corynespora cassiicola*（Berk.&.Curt.）Wei.，称多主棒孢霉，属真菌界子囊菌门棒孢属。

南瓜棒孢叶斑病病叶上的小褐斑

[传播途径和发病条件]　病菌以菌丝体和分生孢子随病残体或附着在南瓜种子上越冬，自然条件下可存活 6 个月。分生孢子借气流或雨水传播，侵入南瓜后经 6 ～ 7 天潜育即发病，后病部又产生大量分生孢子进行再侵染。温差大、湿度高则易发病，气温 25 ～ 27℃并湿度饱和则发病重。南瓜结果后缺肥或植株生长弱则病情扩展开来，雨日多或连续降雨受害重。该病是瓜类尤其是黄瓜靶斑病发病的初始菌源。

[防治方法]　参见冬瓜、节瓜棒孢叶斑病。

南瓜、小南瓜细菌性缘枯病

[症状]　主要危害叶片。初在叶

缘水孔附近产生水渍状斑点，后扩展成浅褐色不规则形病斑，周围具晕圈，发病重的形成"V"字形褐色大斑。病斑多时，整个叶片枯死。

南瓜细菌性缘枯病

病原 *Pseudomonas marginalis* pv. *marginalis*（Broun.）Stevens，称边缘假单胞菌边缘假单胞致病型，属细菌界薄壁菌门。

病菌形态特征、传播途径和发病条件、防治方法参见黄瓜、水果型黄瓜细菌性缘枯病。

南瓜、小南瓜细菌性褐斑病

症状 主要为害叶片和幼茎及叶柄。叶片染病初现黄化区，叶背生水渍状小圆斑，很薄，黄色至褐色，病斑周围有黄色晕，菌脓不明显。有时为害叶缘引起坏死。叶柄和茎染病产生灰褐色斑，其中心现黄色干菌脓，似痂斑。

病原 *Xanthomonas campestris* pv. *cucurbitae*（Bryam）Dye，异名为 *X. cucurbitae*（Bryam）Dowson，称油菜黄单胞菌黄瓜致病型，属细菌界薄壁菌门。菌体杆状，单生，双生

或链生，有荚膜，无芽胞，大小为（1～1.5）μm×（0.5～0.6）μm。该菌生长适温25～30℃，36℃能生长，49℃经10min致死。主要危害南瓜、西瓜、黄瓜等。

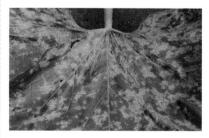

南瓜细菌性褐斑病叶片发病初期症状

传播途径和发病条件 该菌附着在种子上越冬，翌年条件适宜时从寄主气孔、水孔、自然伤口、农事操作伤口侵入，雨日多利其侵入。

防治方法 ①轮作倒茬、瓜类蔬菜不要连作。②种子用20%噻森铜悬浮剂1000倍液消毒10min。③发病初期喷洒20%噻森铜悬浮剂600倍液或噻森铜悬浮剂与多复佳叶面肥1∶1混配防病效果好。

南瓜、小南瓜小西葫芦黄花叶病毒病

小西葫芦黄花叶病毒从1991年在国内首次报道以来，在河南、陕西、河北、山西、北京、广州、浙江、广西等地的葫芦科作物上相继发现危害，已成为全国葫芦科蔬菜主要病原。现已成为甘肃瓜类的重要

毒原。

症状 南瓜受病毒侵染后，常表现为系统花叶，叶片黄化或病叶产生斑驳、疱斑、皱缩。果实染病，果实表面产生斑驳，有瘤状突起、果形扭曲等。产量大幅度降低。

南瓜小西葫芦黄花叶病毒病典型症状

病原 *Zucchini yellow mosaic virus*（ZYMV），称小西葫芦黄花叶病毒，属马铃薯 Y 病毒属成员。

传播途径和发病条件 经检测西葫芦种子带毒批次占 11.8%，南瓜种子带毒批次占 12.5%，已证实 ZYMV 可随西葫芦、南瓜带毒种子的调运进行传播蔓延，生产上播种带毒种子，长出幼苗发病后，即形成田间初侵染源，我国夏季高温干旱，蚜虫发生量大，很容易流行。

防治方法 ①加强种子检疫，种植无毒种子是防止该病的重要措施。②发现蚜虫及时喷洒 70% 吡虫啉水分散粒剂 7000 倍液、20% 吡虫啉浓可溶剂 4000 倍液、25% 吡·辛乳油 1500 倍液、10% 烯啶虫胺水剂 2000 ～ 3000 倍液、15% 唑虫酰胺乳油 1000 ～ 1500 倍液。也可采用播种

沟施药法，防效高。

南瓜、小南瓜花叶病毒病

症状 主要表现为叶绿素分布不均，叶面出现黄斑或深浅相间的斑驳花叶，有时沿叶脉叶绿素浓度增高，形成深绿色相间带，严重的致叶面凹凸不平，脉皱曲变形。一般新叶症状较老叶明显。病情严重的，茎蔓和顶叶扭缩。果实染病出现褪绿斑或果面现瘤状凸起或畸形。开花结果后病情趋于加重。

病原 *Squash mosaic* virus（SqMV），称南瓜花叶病毒，属豇豆花叶病毒科豇豆花叶病毒属病毒。

南瓜花叶病毒病叶片症状

南瓜花叶病毒病果实症状

蜜本南瓜花叶病毒病病瓜

传播途径和发病条件 甜瓜花叶病毒由种子带毒，棉蚜、桃蚜传毒。南瓜花叶病毒主要通过汁液摩擦，或黄瓜条叶甲、十一星叶甲等传毒。田间种子带毒率高、管理粗放、虫害多，发病也重。

防治方法 ①选用福海、黑金刚、旭日、锦栗等抗病毒病品种。从无病株选留种子，防止种子传毒。②加强田间管理，及时防治蚜虫、叶甲等。③商品种子用10%磷酸三钠浸种20min，水洗后播种。也可用0.5%香菇多糖水剂100倍液浸种20～30min，后洗净、催芽、播种，对控制种传病毒病有效。也可于发病初期喷洒5%菌毒清水剂200倍液或1%香菇多糖水剂 ($667m^2$ 用80～120ml，对水30～60kg) 或20%吗胍·乙酸铜可溶性粉剂300～500倍液 +0.01%芸薹素内酯乳油2500倍液，隔10天左右1次，连续防治2～3次。

南瓜、小南瓜根结线虫病

过去南瓜病虫害较少，但随着品种增多、面积扩大及连年种植南瓜、小南瓜，根结线虫病发生危害日趋严重，应引起重视。

南瓜根结线虫病

症状 南瓜、蜜本南瓜、香炉南瓜、黑籽南瓜根部受害后，产生大小不等的瘤状物，即根结，小的似小米粒，大的如核桃或鸡蛋大小。严重时使根部腐烂，地上部植株矮小，瓜蔓细短，生长缓慢或停滞，最后枯死。近年黑籽南瓜发病重，发病株率达70%～80%。

病原 *Meloidogyne incognita* Chitwood，称南方根结线虫，属动物界线虫门。病原线虫雌雄异形，雄线虫线形，乳白色，两端齐钝；雌虫梨形，头尖，腹大而圆。

传播途径和发病条件 南方根结线虫以成虫、卵在病根残体内或以幼虫在病土中越冬，病土病肥是传播的主要来源。翌年地温稳定在12～14℃，即可侵入南瓜根部，并在根内产卵繁殖。南瓜连作或与其他寄主作物连作，土壤中线虫的密度逐渐增加，加大了线虫对南瓜的侵染机会。经调查南瓜连续种植3

年以上，土壤含沙量高的病株率在34%～52%，含沙量少的黏土地中病株率为11%。

防治方法 ①轮作换茬。南方根结线虫在土壤中生存1～2年，与非寄主作物进行2年以上轮作，是防治该病经济有效的措施。生产上可采用水旱轮作，也可与葱蒜及禾本科作物轮作。②清洁田园。南瓜收获后及时把瓜蔓连根拔出，运到田外集中销毁，并注意彻底清除田内的残株、病根及杂草，减少病原基数。③冬闲时灌水60天以上，淹灭残存在土壤中的根结线虫。移栽前深翻，施用腐熟的不带病残体的土杂肥。④药剂防治。对南瓜根结线虫病可在定植的地方开沟，浇施液体氰氨化钙后埋土即可，每667m² 用5kg 穴施能减少根结线虫危害。⑤保护地南瓜、小南瓜发生根结线虫病的防治方法参见黄瓜、水果型黄瓜根结线虫病。⑥进入棚室要换鞋。

南瓜、小南瓜化瓜

症状 化瓜是南瓜生产上常发生的生理病害，造成落花落蕾，给生

南瓜化瓜

产者带来很大损失。生长前期、中后期均有发生，主要表现坐瓜后幼瓜由顶端向里变黄萎缩，幼瓜坐不住或坐瓜后生长缓慢，最后坏死。

病因、防治方法参见冬瓜、节瓜化瓜。

南瓜、小南瓜日灼

症状 发生在南瓜果实的向阳面上，受害部初期呈透明革质状，有光泽，后变薄呈白色，持续时间长了，腐生菌侵入后，长出黑霉。

南瓜日灼

病因 生理病害，系由强烈阳光直接照射果皮引起。

防治方法 ①选用抗日灼的品种。②种植密度适当并使果实上有叶片覆盖。③加强管理，天气长期干旱，阳光强烈时适当灌水，可防止该病发生。

南瓜、小南瓜缺素症

症状 南瓜缺镁，叶片均匀褪绿黄化，叶脉保持绿色。南瓜缺硼，顶叶萎缩，叶片黄化并反卷，茎和叶柄上有龟裂。

南瓜缺镁叶褪绿黄化

南瓜缺硼顶叶萎、缩叶片黄化反卷

南瓜缺硼引起果实横向开裂

病因 南瓜缺镁病因：一是土壤供镁不足；二是土壤中的有效镁与酸碱性密切相关，土壤中的有效镁随pH值下降土壤酸性增加而降低，酸性较强的土壤往往供镁不足，生产上遇到干旱减少了南瓜对镁的吸收，夏季强光会加重缺镁症的发生；三是施肥不当，当瓜田过量施用钾肥和氨态氮时会诱发缺镁，目前菜田普遍偏施氮肥，是造成瓜田缺镁较多的原因之一。

南瓜缺硼病因：一是新垦的瓜田土壤有机质少，有效硼储量低；二是土壤干旱影响有机质的分解，减少硼的供给，同时干旱使土壤对硼的固定作用增强，降低了硼的有效性，再加上土壤水分不足，硼的流动性减少都会引发缺硼。

防治方法 ①防止缺镁。土壤供镁不足，每 $667m^2$ 施入硫酸镁 $2 \sim 4kg$，对酸性土最好用镁石灰（白云石烧制的石灰）$50 \sim 100kg$，既补镁，又可改良土壤酸性。对根系吸收障碍引起的缺镁，可叶面喷洒 $1\% \sim 2\%$ 硫酸镁溶液，隔 $5 \sim 7$ 天 1 次，连喷 $3 \sim 5$ 次。控制氮肥用量。②防止缺硼。南瓜对硼是敏感的，每 $667m^2$ 施硼酸 1.2kg，提倡与有机肥配合施用可增加施硼效果。有机肥本身含有硼，全硼含量为 $20 \sim 30mg/kg$，施入土壤后可随有机肥料的分解释放出来。生产上要注意控制氮肥用量，防止铵态氮过多，不仅会使南瓜体内氮和硼的比例失调，而且影响硼的吸收。

南瓜、小南瓜花开得多结瓜少

症状 南瓜开花多、但结的瓜太少。雌花少，雄花多。

病因 生产上常因阳光不足、氮肥过多、授粉不足等原因造成南瓜花多瓜少。

南瓜的雌花及小南瓜放大

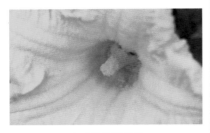

南瓜雄花开得多

防治方法 ①适时摘顶。当瓜蔓长到 2m 时，要摘去主蔓生长点，使主蔓长出 3 ～ 4 个支蔓逐渐开花结果。②搭架栽培。支蔓长到 2m 以后，引蔓上架，可改善通风透光条件，减少多种病害，能使坐瓜率提高 40% 以上。③防徒长。瓜蔓徒长结瓜就少，可在蔓上距根部 30cm 处割一裂缝，塞块木炭就可抑制徒长，同时还要减少氮肥施用量，增施磷钾肥。④进行辅助授粉。先把雌花用瓜叶盖上，防雨水侵入，次日上午 9 ～ 10 时，摘取异株上的雄花罩在雌花上，3 天后再拿掉。⑤已开花结果的瓜蔓上，及时摘去脚叶、老黄叶，并去除 30% 的雄花，有利于通风透光，减少养分消耗。

四、西葫芦、小西葫芦病害

西葫芦 学名 *Cucurbita pepo* L.，别名美洲南瓜，是葫芦科南瓜属中叶片具较少白斑，果柄五棱形的一年生栽培种。西葫芦原产北美洲南部，19 世纪中期传入中原。

小西葫芦 系短蔓类型，不需整枝和压蔓。需经常灌水，保证嫩瓜生长迅速，开花后 10～15 天及时采收。近年小西葫芦受到人们的喜爱。

西葫芦、小西葫芦蔓枯病

西葫芦、小西葫芦蔓枯病在露地栽培条件下很少发生，但日光温室中发生普遍，且扩展很快，成为西葫芦、小西葫芦生产中的主要病害。

症状 该病主要危害茎蔓、叶片、果实。茎蔓染病，初在茎基部附近产生长圆形水渍状病变，后向上下扩展成黄褐色长椭圆形病斑，当病斑横向扩展至绕茎一周后，病部以上茎蔓枯死；有的茎基部与叶柄分生处染病，湿度大时病部腐烂，干燥时病变呈灰褐色，上生黑色小粒点，致皮层纵裂。叶片染病，始于叶缘，后向叶内扩展成 "V" 字形黑褐色病斑，后期溃烂。果实染病，初在瓜中部皮层上产生水渍状圆点，后向果实内部深入，引起果实软腐，瓜皮呈黄褐色。

病原 *Didymella bryoniae*，属子囊菌门亚隔孢壳属。其无性型为 *Phoma cucurbitacearum*，称瓜茎点霉，属子囊菌门茎点霉属。

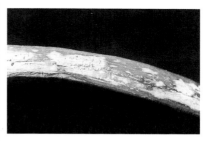

小西葫芦蔓枯病病蔓症状

传播途径和发病条件 病菌主要以分生孢子器或子囊壳随病残体在土壤中或架材及种子上越冬，条件适宜时产生大量分生孢子，借灌溉水、雨水、露水传播，从伤口、自然孔口侵入引起发病。当温度在 18～25℃，空气相对湿度在 80% 以上或土壤持水量过高时发病重，尤其是开始采瓜期，摘除老叶造成伤口过多时，再加上通风不良，常造成该病大流行。

防治方法 ①选用抗蔓枯病的品种。②西葫芦、小西葫芦种子提倡用 0.3% 的 60% 琥·乙磷铝（DTM）或 70% 甲基硫菌灵可湿性粉剂拌种。③提倡与非瓜类作物进行 2 年以上轮作；前茬收获后及早清园，以减少菌源。④发病初期喷洒 32.5% 苯甲·嘧菌酯悬浮剂 1500 倍液混 27.12% 碱式硫酸铜悬浮剂 500 倍液，或 25% 咪鲜胺乳油 500 ～ 1000 倍液、20% 松脂酸铜·咪鲜胺（冠绿）乳油 800 ～ 1000 倍液、2.5% 咯菌腈悬浮剂 1000 倍液。也可用上述杀菌剂 50 ～ 100 倍液涂抹病部。

西葫芦、小西葫芦白粉病

症状　苗期至收获期均可发生，叶片发病重，叶柄和茎次之，果实很少受害。发病初期在叶面或叶背及幼茎上产生白色近圆形小粉斑，叶正面多，随后向四周扩展成边缘不明晰的连片白粉，严重的整个叶片布满白粉，即病原菌的无性子实体——分生孢子梗和分生孢子。发病后期，白色的霉斑因菌丝老熟变为灰色，在病斑上生出成堆的黄褐色小粒点，后小粒点变黑，即病原菌的有性子实体——子囊壳。

西葫芦白粉病

病原　引起西葫芦白粉病的病原菌主要是 *Podosphaera xanthii*，称苍耳叉丝单囊壳，属真菌界子囊菌门叉丝单囊壳属。无性态为 *Oidium erysiphoides*，称白粉孢，属真菌界子囊菌门无性孢子类。

传播途径和发病条件　白粉病菌可在月季花或大棚及温室的瓜类作物或病残体上越冬，成为翌年初侵染源。田间再侵染主要是发病后产生的分生孢子，借气流或雨水传播。由于此菌繁殖速度很快，易导致流行。

白粉病在 10 ～ 25℃均可发生，能否流行，取决于湿度和寄主的长势。低湿可萌发，高湿萌发率明显提高而且有利侵入。高温干燥有利于分生孢子繁殖和病情扩展，尤其当高温干旱与高湿条件交替出现，又有大量白粉菌源及感病的寄主，此病即流行。因此，雨后干燥，或少雨但田间湿度大，白粉病流行速度加快。

防治方法　从选用抗病品种和喷药切断病菌来源两方面入手。①选用抗病品种。如美玉、中葫 3 号、潍早 1 号、邯郸西葫芦、济葫 1 号、阿尔及利亚、天津 25、晋早 3 号等。②药剂防治。西葫芦白粉病在山西太原 6 月 14 日始发，6 月 18 日病叶率 3.3%，6 月 22 日病叶率升到 30%，6 月 26 日达 66.7%，6 月 30 日达 96.7%，先是中部叶片发病，其次是老叶，当叶面、叶背面白粉斑扩展到直径 5 ～ 8mm 时，四周又出现单独的小粉斑后，相互融合，使叶上布满白色粉斑。生产上应选择在白粉病发生的初期，病叶率增加缓慢的前 4 天作为防治适期，早防早治，可取得事半功倍的效果。药剂可选用 1% 蛇床子素水乳剂 600 ～ 1000 倍液、4% 四氟醚唑水乳剂 1200 倍液、10% 苯醚甲环唑微乳剂 600 倍液、40% 氟硅唑乳油 5000 倍液、12.5% 烯唑醇可湿性粉剂 2000 倍液、75% 肟菌·戊唑醇水分散粒剂 3000 倍液、10% 己唑醇乳油 3500 倍液、25% 乙嘧酚悬浮剂 900 倍液。

西葫芦、小西葫芦西葫芦生链格孢叶斑病

症状 叶片上病斑近圆形，直径 10mm 左右，中央灰褐色，边缘黄褐色，病斑两面生暗褐色霉层。

病原 *Alternaria peponicola*（G.L. Rabenhorst）E.G.Simmons，称西葫芦生链格孢，属真菌界子囊菌门链格孢属。除危害西葫芦外，还可危害甜瓜、白兰瓜、哈密瓜、丝瓜、苦瓜等。

传播途径和发病条件、防治方法参见南瓜、小南瓜西葫芦生链格孢叶斑病。

小西葫芦西葫芦生链格孢叶斑病病叶

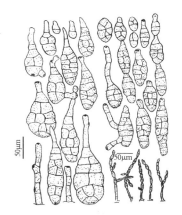

西葫芦生链格孢叶斑病病菌自然标本上的分生孢子梗和分生孢子（张天宇）

西葫芦、小西葫芦灰霉病

近年来，保护地西葫芦种植面积不断扩大，灰霉病成为春提前和秋延后生产中的瓶颈，一般年份减产 15% ～ 20%，高的达 50%，发病重的年份发病率高达 100%，减产 30% 左右。北方 2 月初定植，6 月底拉秧，3 月西葫芦花期灰霉病开始发生，4 月进入发病高峰。秋延后西葫芦 11 月发病，延续到上冻，对西葫芦、小西葫芦生产造成严重威胁。

症状 主要危害花和瓜，也危害叶和茎蔓。灰霉菌先从开败的花上侵入，花表面初密生白霜，后变成浅灰绿色霉，由病花向幼瓜蒂部扩展，致幼瓜蒂部变绿，渐呈水渍状湿腐，萎缩，产生灰色霉层，即灰霉菌的分生孢子梗和分生孢子。病花、病瓜接触茎叶后，也可引起茎叶数节腐烂、

易折。有时病部长出黑褐色小菌核。该病主要发生在保护地冬春或秋冬低温季节，病部灰色，有别于西葫芦褐腐病（花腐病），两病症状相似但病原菌不同，因此防治方法、使用杀菌剂不同，生产上注意区别。

小西葫芦病花上的灰霉扩展到果实上

病原 *Botrytis cinerea* Pers.：Fr.，称灰葡萄孢，属真菌界子囊菌门葡萄孢核盘菌属。

传播途径和发病条件 病菌以菌丝体和分生孢子及菌核附着在病残体上或遗留在土壤中越冬，分生孢子在病残体上可存活4～5个月，越冬、越夏的分生孢子成为保护地下茬作物的初始菌源。病菌借气流、水溅及农事操作传播，行间走动或整枝、蘸花、浇水都可传播，发病的叶、花、果上的分生孢子，落到健株上都可引起重复侵染。菌丝在2～31℃均能生长，最适温度为20～23℃，病菌必须在相对湿度88%～100%才能萌发，以92%～95%萌发最好。春秋两季阴雨天多，光照不足，气温偏低，棚内湿度90%以上，结露持续时间长，雾大，生产上放风不及时都

会引起灰霉病的发生或流行。灰霉病与西葫芦开花坐果期相对湿度关系更密切，相对湿度87%时易从开败的花瓣及授粉后的柱头侵入，因此开花坐果期连阴天多发病重。2～3月、11月连阴天多，出现两个灰霉病发病高峰。

防治方法 ①选用京葫新星等抗灰霉病的品种。提倡使用等离子体种子处理技术提高对灰霉病抗病性。②环境消毒。冬春茬提前20天扣棚，利用高温闷棚杀菌或用硫黄熏棚，每100m³用硫黄0.25kg、锯末0.5kg，混合后分多处点燃熏1夜。也可用50%乙烯菌核利干悬浮剂，每667m²用药2kg，撒在棚内地表进行环境消毒。③提倡用紫光膜，可把380nm紫外线滤掉，使灰霉菌萌发率大大降低。④加强管理。及时清除棚面尘土，增加透光，采用高畦铺地膜，采用滴灌或膜下浇水控制棚内湿度，种植密度适当，早青1代每667m²栽2200株，吊蔓。⑤蘸花时在配好的2,4-D或防落素稀释液中加入0.1%的50%异菌脲，能使西葫芦果实推迟7天发病。⑥西葫芦坐瓜后10天花瓣开始萎蔫时摘除，放入塑料袋中携出棚外烧毁。⑦生态防治。晴天上午晚放风，当棚温升至33℃时，放顶风，下午保持20～25℃，相对湿度保持60%～70%，棚温降至20℃时关闭，夜间棚温保持在15～17℃。阴天应通风换气。也可进行高温闷棚。闷棚前1天先灌水，中午关闭门和风窗，使棚温升到36～38℃，保持2h，然

后逐渐放风降温，高温闷棚后10天内病情变化不大。⑧药剂防治。a.定植前用50%异菌脲可湿性粉剂1000倍液喷洒西葫芦幼苗。b.初见病变时或连阴2天后提倡喷洒100万孢子/g寡雄腐霉菌可湿性粉剂1000～1500倍液，具防病范围广、杀菌活性高等特点，不仅有效预防病害并治疗病害，还可提高寄主抗病力。提倡喷洒50%啶酰菌胺水分散粒剂1400倍液。或50%嘧菌环胺水分散粒剂800～1000倍液或500g/L氟啶胺悬浮剂1500倍液或75%肟菌·戊唑醇水分散粒剂3000倍液，7～10天1次，防治2～3次。c.遇有阴雨天或大棚内湿度大时选用烟雾法或粉尘法。烟雾法用10%腐霉利烟剂（每667m² 200～250g）或20%百·腐烟剂（每667m² 250g），在棚内分放4～5处用香或烟等暗火点燃熏1夜。粉尘法于傍晚喷撒5%百菌清粉尘剂，667m²用1kg，隔7～10天1次。或康普润静电粉尘剂，667m²用800g，持效20天。

西葫芦、小西葫芦水烂花病

症状 西葫芦水烂花病有五六种，主要有灰霉菌引起的灰霉病，核盘菌引起的菌核病，有2～3种花腐菌引起的花腐病，还有细菌引起的细菌性软腐病。

病原 灰霉病病部长出灰色霉状物，菌核病长出白色菌丝后期可见黑色菌核，花腐病由瓜笄霉引起，长出黑色大头针状的孢子囊。烂花部位出现软腐，可确定为细菌引起的软腐病。病原菌是真菌和细菌。

西葫芦水烂花灰霉病

防治方法 ①灰霉病和菌核病，除及时放风降低湿度外，必要时喷洒25%咪鲜胺乳油1500倍液混加25%嘧菌酯悬浮剂1000倍液，主防灰霉病、菌核病兼治细菌软腐病。②防治花腐病可喷洒58%甲霜灵·锰锌600倍液混加60%甲基硫菌灵600倍液，重点喷幼瓜和尚未开放及刚刚开放的花。③防治细菌软腐病可喷洒32.5%苯甲·嘧菌酯悬浮剂1500倍液混27.12%碱式硫酸铜500倍液或72%农用高效链霉素可溶性粉剂3000倍液。

西葫芦、小西葫芦绵腐病

症状 主要危害果实，有时危害叶、茎及其他部位。果实发病初呈椭圆形、水浸状的暗绿色病斑。干燥条件下，病斑稍凹陷，扩展不快，仅皮下果肉变褐腐烂，表面生白霉。湿度大、气温高时，病斑迅速扩展，整个果实变褐、软腐，表面布满白色霉层，致病瓜烂在田间。叶上初生暗绿色、圆形或不整形水浸状病斑，湿度大时软腐似开水煮过状。

病原 *Pythium aphanidermatum*（Eds.）Fitzp.，称瓜果腐霉，属假菌界卵菌门腐霉属。

西葫芦绵腐病病叶

传播途径和发病条件 以卵孢子在土壤中越冬，适宜条件下萌发，产生孢子囊和游动孢子，或直接长出芽管侵入寄主。后在病残体上产生孢子囊及游动孢子，借雨水或灌溉水传播，侵害果实，最后又在病组织里形成卵孢子越冬。病菌主要分布在表土层内，雨后或湿度大，病菌迅速增加。土温低、湿度高则利于发病。

防治方法 ①施用腐熟有机肥。利用抗生菌抑制病原菌，如在瓜田内喷淋"5406"三号剂 600 倍液，使土壤中抗生菌迅速增加，占优势后可抑制病原菌生长，从而达到防病目的。②采用高畦栽培，避免大水漫灌，大雨后及时排水，必要时可把瓜垫起。③发病初期喷洒 60% 唑醚·代森联水分散粒剂 1500 倍液或 32.5%

苯醚甲环唑·嘧菌酯悬浮剂 1000 倍液，隔 10 天左右 1 次，连续防治 2～3 次。

西葫芦、小西葫芦菌核病

近年保护地西葫芦、小西葫芦菌核病的发生有日趋严重之势，无论是春茬，还是秋冬茬遇连阴天常发生菌核病。已上升为保护地、露地西葫芦的主要病害。

小西葫芦菌核病病瓜上的黑色鼠粪状菌核

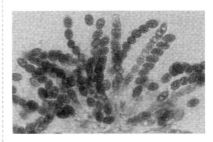

西葫芦菌核病病原菌的子囊（李宝聚）

症状 保护地、露地栽培的西葫芦、小西葫芦，从苗期到成株期均可发病，主要危害茎蔓和果实。茎蔓染病多发生在近地面的茎部或侧枝分叉处，病部先呈水渍状腐烂，随之长出白色棉絮状菌丝。果实染病，多在残花部出现上述症状，后菌丝纠结成先白色、后变成黑色的鼠粪状菌核。发生时期冬春茬为 3 月中旬至 5 月上旬，秋冬茬发生在 11 ～ 12 月。

病原 *Sclerotinia sclerotiorum* (Lib.) de Bary，称核盘菌，属真菌界子囊菌门核盘菌属。

传播途径和发病条件 参见黄瓜、水果型黄瓜菌核病。该病现已上升为保护地西葫芦的重要病害，其原因：一是菌源充足。除残留在土壤中的菌核外，全国各地油菜栽培区每年 4 月油菜进入盛花期，大量随风飘落染有菌核病的花瓣，成为该病再侵染源。二是气候适宜。早春各地气候多变，如江苏常年 3 月中下旬均温 9.7℃，4 月平均气温 14℃，5 月上旬均温 18.3℃，大棚内温度多在 16 ～ 28℃，3 月中旬至 5 月上旬平均降雨量为 209.3mm，雨日 25.7 天，这样的气候条件十分有利于菌核的萌发。三是西葫芦、小西葫芦处在感病的生育期。3 月中旬至 5 月上旬，正处在营养生长与生殖生长并进期，抗病力差，菌核菌容易侵染，使菌核病呈上升态势。该病在山东、河北发生也很重。

防治方法 ①避免插花种植，实行大面积连片种植，减少交叉感染。②在茬口安排上要避开上年种过瓜类、茄果类及油菜的田块。③大棚西葫芦、小西葫芦在种植前结合施肥深翻土壤，使落入土表的菌核深埋在地下防止其萌发。④大棚通风时在下风揭膜开窗，可避免或减少空气中随风飘移的病菌落入大棚中。⑤加强监测，在发病初期每 667m² 大棚用 15% 腐霉利烟剂 300g 于傍晚闭棚后进行烟熏，翌日上午通风换气。在天气晴好的情况下，也可选用 50% 咯菌腈可湿性粉剂 5000 倍液混加 50% 异菌脲 1000 倍液混 27.12% 碱式硫酸铜悬浮剂 500 倍液，或 25% 咪鲜胺乳油 1500 倍液混加 25% 嘧菌酯 1000 倍液，或 50% 嘧菌环胺水分散粒剂 800 ～ 1000 倍液，或 50% 啶酰菌胺水分散粒剂 1800 倍液，隔 5 ～ 7 天 1 次，连续防治 2 ～ 3 次。

西葫芦、小西葫芦黑星病

症状 为害叶、茎及果实。幼叶初现水渍状污点，后扩大为褐色或墨色斑，易穿孔。茎上现椭圆形或纵长凹陷黑斑，中部易龟裂。幼果初生暗绿色凹陷斑，后发育受阻呈畸形果。果实病斑多疮痂状，有的龟裂或烂成孔洞，病部分泌出半透明胶质物，后变琥珀色块状。湿度大时，上述各病部表面密生煤色霉层。

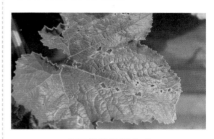

小西葫芦黑星病叶

病原 *Cladosporium cucumerinum* Ellis et Arthur，称瓜枝孢霉，属真菌界子囊菌门枝孢属。

传播途径和发病条件 主要以菌丝体或分生孢子丛随病残体遗落土中，或以菌丝体潜伏种皮内及分生孢子黏附种子表面越冬。靠分生孢子进行初侵染和再侵染，借气流、雨水溅射传播，多从气孔侵入致病。气温20℃左右，相对湿度90%以上，或植株郁闭多湿的生态环境利于发病。

防治方法 参见黄瓜、水果型黄瓜黑星病。

西葫芦、小西葫芦根霉腐烂病

症状 小西葫芦、金皮西葫芦根霉腐烂病发病率高达10%～40%。主要为害幼瓜，也为害叶及叶柄。病菌常从开败的花或受伤的组织开始侵染，致病部呈水渍状坏死腐烂，后在腐烂组织表面长出毛刺状灰黑色或黑色霉层，即病原菌的孢子囊梗和孢子囊。瓜条染病多从残留花器侵入，沿脐部向瓜条迅速扩展致全瓜软腐，病瓜表面亦生出较茂密的大头针状灰黑色霉层，烂瓜常散发出腥臭味。

病原 *Rhizopus stolonifer* (Ehrenb.ex Fr.) Vuill.，称匍枝根霉，属真菌界接合菌门根霉属。

传播途径和发病条件 该菌是弱寄生菌，腐生性特强，田间空气中就有，能在多种蔬菜瓜果残体上以菌丝状态腐生，孢囊孢子也可附着在架

小西葫芦根霉腐烂病病瓜

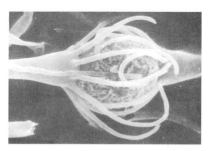

匍枝根霉的接合孢子

杆、保护地内暴露的表面上越冬。只要条件适其活动，病菌就能由伤口或衰弱的病部侵入，并分泌果胶酶迅速分解细胞间质，引发腐烂，然后产出大量孢子，又借气流或雨水、灌溉水传播，进行多次再侵染。病菌生长适温23～28℃，相对湿度高于80%，田间浇水多，有湿气滞留则易发病。平畦栽植、无地膜覆盖、管理粗放则发病重。

防治方法 ①栽植前要彻底清除病残组织，发病重的棚室内墙、立柱、地面喷洒84消毒液灭菌。②采用高畦或高垄覆盖地膜栽培。③千方百计地减少伤口，注意清除病瓜、病花、衰败的残花，要及时通风降

湿，雨后及时排水，严防湿气滞留。④发病初期及时喷洒68%精甲霜·锰锌水分散粒剂600倍液或68.75%噁酮·锰锌水分散粒剂800～1000倍液。

西葫芦、小西葫芦褐腐病

症状 西葫芦、小西葫芦、香蕉西葫芦褐腐病在保护地、露地均有发生，塑料大棚中尤其常见。该病危害西葫芦、瓠瓜称为褐腐病，危害黄瓜称为花腐病，危害甜瓜称为果腐病。小西葫芦、金皮西葫芦染病，发病初期花和幼果呈水浸状湿腐、病花变褐腐败，病菌从花蒂部侵入幼瓜，向瓜上扩展，致病瓜外部逐渐变褐，表面生白色茸毛状物，后期可见褐色、黑色大头针状霉，高温、高湿扩展快，干燥时半个瓜变褐，无法食用。

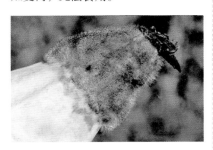

西葫芦瓜笄霉褐腐病病瓜上的
孢囊梗和孢子囊

病原 *Choanephora cucurbitarum* (Berk.et Rav.) Thaxt.，称瓜笄霉，属真菌界接合菌门笄霉属。除危害小西葫芦、金皮西葫芦外，还可侵染黄瓜、节瓜、金瓜、豇豆、南瓜、辣椒、甘薯等。

传播途径和发病条件、防治方法参见南瓜、小南瓜花腐病。

西葫芦、小西葫芦曲霉病

症状 主要危害茎基部、花及果实。被害茎上初生白色菌丝体，后扩展到花和果实上。病斑上长出点点黑霉，即病原菌的分生孢子头，严重时整个果实和花全部变为褐黑色，致果实逐渐腐烂。

病原 *Aspergillus niger* Van Tiegh.，称黑曲霉，属真菌界子囊菌门曲霉属。

传播途径和发病条件 病菌以菌丝体在土壤、病残体等多种基物上存活和越冬。翌年条件适宜时，分生孢子借气流传播，从伤口或表皮直接侵入，高温高湿、土壤温湿度变化激烈或有湿气滞留则易发病。

西葫芦曲霉病病瓜上的黑曲霉

防治方法 ①收获后及时清除病残体，集中深埋或烧毁，以减少菌源。②用64%噁霜·锰锌可湿性粉剂或72%甲霜·锰锌可湿性粉剂1kg，对细干土50kg，充分混匀后撒

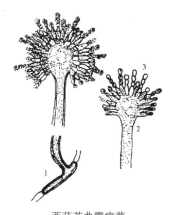

西葫芦曲霉病菌

1—足细胞；2—分生孢子梗；3—分生孢子

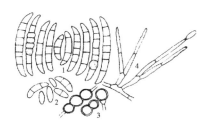

西葫芦镰孢果腐病菌（茄腐镰孢）

1—大型分生孢子；2—小型分生孢子；
3—厚垣孢子；4—产孢细胞

在瓜秧的基部。③发病初期喷洒 560g/L 嘧菌·百菌清悬浮剂 600 ～ 800 倍液，视病情防治 1 ～ 2 次。

西葫芦、小西葫芦镰孢果腐病

症状　该病常发生在棚室或露地，主要为害果实。幼果或成长果实初病部变褐，呈湿润腐烂状，中、后期病部长出白色略带粉红色的致密霉层，后病果腐烂，汁液从病部流出。

病原　*Fusarium solani*（Mart.）Sacc.，称茄腐镰孢，属真菌界子囊菌门镰刀菌属。

传播途径和发病条件　病菌在土壤中越冬，果实与土壤接触易染病。湿度大发病重。

防治方法　①避免果实与地面接触。②及时摘除病果，并集中处理。③发病前喷洒 20% 辣根素水剂（4L/667m²）或 50% 甲基硫菌灵悬浮剂 800 倍液或 40% 多菌灵悬浮剂 500 倍液或 86.2% 氧化亚铜水分散粒剂 700 ～ 800 倍液，隔 10 天左右 1 次，连续防治 2 ～ 3 次。

西葫芦、小西葫芦疫病

西葫芦、小西葫芦疫病正季栽培，病情较轻一般不会造成大的危害，但反季节栽培时却成为重要病害，尤其露地反季栽培秋延后西葫芦，无论 8 月上中旬播种，还是 9 月初播种，无论运用何种方式栽培，苗期都要发生疫病，每年发病程度不

小西葫芦镰孢果腐病病瓜

同，严重的造成大批烂瓜和死秧，生产上应进行防治。

小西葫芦疫病病瓜上的菌丝体、孢囊梗及孢子囊

金皮西葫芦疫病雨后田间受害状

症状 苗期、成株均可发病。苗期染病，侵染嫩茎和嫩叶，出现暗绿色水渍状坏死，嫩蔓缢缩腐烂、枯焦或倒折。成株果实染病，初现水渍状浅绿褐色不定形病斑，迅速向四周扩展，湿度大时病部长出白霉，即病菌孢囊梗和孢子囊。

病原 *Phytophthora drechsleri* Tucker，称掘氏疫霉，异名为 *P.nicotianae*、*P.melonis*，均属假菌界卵菌门疫霉属。

传播途径和发病条件 病菌以卵孢子或厚垣孢子在土壤中越冬，条件适宜时产生大量孢子囊和游动孢子，侵染西葫芦，也可直接长出芽管进行侵染，发病以后病部又长出孢子囊，借雨水或灌溉水传播，进行多次再侵染。温度偏低或气温、棚温较高均可发病，发病轻重程度、病情扩展速度取决于当时雨量和湿度，有时浇1次大水高湿持续时间长，就可引发该病流行成灾。病菌在水湿条件下，经4～5h即产生大量孢子囊和游动孢子，25～30℃经24h潜育后即发病，病斑上产生的孢子囊及萌发后产生的游动孢子进行多次再侵染。发病适温为28～32℃。在适温条件下，土壤水分是该病流行的决定因素。

防治方法 对秋延后西葫芦必须以防为主进行综合防治。①品种选用早青1代。②山东、河北、北京一带8月上旬育苗或直播，播种过早苗期雨多、死苗多，播种过迟效益上不去。③对西葫芦种子要进行温汤或药剂浸种，西葫芦种子用72.2%霜霉威600倍液浸种30min。④药剂蘸根。定植时先把69%烯酰·锰锌可湿性粉剂配成700倍液，放在长方形大容器内15kg，再将穴盘整个浸入药液中，把根部蘸湿。⑤采用膜下暗灌等减少湿度的浇水方法，杜绝大水漫灌，雨后及时排水，防止湿气滞留。适时追肥，适当增施钾肥。发现病株及时拔除。⑥秋延后栽培要在栽植前每667m²用96%硫酸铜3～5kg，对细土20kg，均匀撒在定植穴内，可有效地防止苗期发病。⑦从病害初发生或雨季到来之前立即喷洒或浇灌 20% 氟吗啉可湿性粉剂 1000 倍液、50% 烯酰吗啉水分散粒剂 1500 ～ 2000 倍液、10% 苯醚甲环唑 1500 倍液混加 27.12% 碱式硫酸铜 600 倍液、69% 烯酰·锰锌可湿性粉剂 600 ～ 800 倍液、18.7% 烯酰·吡唑酯水分散粒剂（每 667m² 用 75 ～ 125g，对水 100kg，均匀喷雾）。

小西葫芦疫霉根腐病坐瓜前凋萎状
（李林）

西葫芦、小西葫芦疫霉根腐病

近年设施栽培的小西葫芦疫霉根腐病日益严重，造成较大损失。

症状 主要表现在苗期地上部迅速萎蔫，根系主根根端、须根、次生根产生水渍状浅褐色腐烂，后向主根及根茎部扩展，根茎处表皮变成褐色，严重的茎基部产生暗绿色至褐色斑块，据李林在山东阳谷县发病大棚调查，病株率高达 100%，病情指数 54.47。

病原 *Phytophthora capsici* Leonian，称辣椒疫霉，属假菌界卵菌门疫霉属。

传播途径和发病条件 一是施用了未腐熟有机肥和生鸡粪，根系受伤后有害菌趁机侵入。二是浇水后遇连阴天发生沤根，沤根后植株抗病力下降也是该病发生原因之一。三是土壤盐渍化，土壤出现泛白现象，说明土壤含盐量偏高，常年使用复合肥，使土壤有机质降低，盐渍化加重。

防治方法 ①参见黄瓜、水果型黄瓜疫霉根腐病定植期药剂灌根法，地上部还需喷洒 60% 唑醚·代

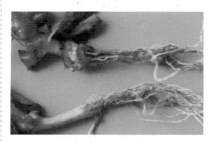

西葫芦辣椒疫霉根腐病根部症状

森联水分散粒剂 1500 倍液、44% 精甲·百菌清悬浮剂 800 倍液、56% 或 560g/L 嘧菌·百菌清悬浮剂 700 倍液、66.8% 丙森·缬霉威可湿性粉剂 700 倍液。②对连作年限长、发病重的大棚定植前用氰胺化钙颗粒剂对土壤进行消毒处理，定植期结合上述药剂对疫霉根腐病防效好。土壤消毒最好在夏季休闲期进行。上茬收获后，马上挖除根茬集中烧毁或深埋，利用 6 月中旬至 7 月下旬的高温，每 667m² 施氰胺化钙颗粒剂 50 ～ 75kg，均匀撒在地表，再撒上 4 ～ 6cm 长的碎麦秸 600 ～ 1000kg，翻入土中20cm 深，起垄，垄高 30cm，宽 40 ～ 60cm，垄间距 40 ～ 50cm。覆盖地膜，四周

用土封严，膜下垄沟灌水至垄肩部。要求37℃气温下维持20天以上。揭膜后翻地晾透。此方法集氰胺化钙土壤消毒、太阳能杀菌、秸秆还田、高温发酵、高温灭菌、土壤改良于一体，可有效防治土传病害。③对越冬茬西葫芦，在深冬季节由于光照弱、温度低植株常出现早衰现象，土壤中有效养分得不到充分吸收，春节期间应以养根促产量为主，追肥时瓜秧上有3～4个幼瓜可按10：8：20的比例追施N、P、K，以高钾供瓜为主，也可选用依露丹高钾型水溶肥稀释成500～800倍液，每667m²用2～4kg冲施。下次追肥N、P、K之比为10：6：15，第3次为15：15：15，每次15～20kg，这样做到既供瓜又供秧。也可结合追施少量氨基酸或腐殖酸冲施肥或含甲壳素的冲施肥，既能补钙，又能促根系生长。④疫霉根腐病重的地区，可在定植时进行药剂蘸根，先把722g/L霜霉威水剂700倍液配好，放在长方形大容器中15kg，再把穴盘整个浸入药液中把根部蘸湿。或定植后再灌1次，用27.12%碱式硫酸铜500倍液混722g/L霜霉威水剂700倍液，或2.5%咯菌腈悬浮剂1200倍液混50%多菌灵600倍液灌根，每株灌对好的药液250ml。

西葫芦、小西葫芦镰孢根腐病

症状 主要危害根及根颈部，初呈水渍状，后逐渐腐烂，茎萎缩不

明显，病部腐烂处的维管束褐变，后期病部以上出现萎蔫，轻病株早晚尚可恢复，严重时不再恢复而枯死。秋延后小西葫芦发病重。

小西葫芦镰孢根腐病病根症状

西葫芦镰孢根腐病发病初期植株萎蔫状

病原、传播途径和发病条件、防治方法参见黄瓜、水果型黄瓜镰孢根腐病。

西葫芦、小西葫芦霜霉病

西葫芦、小西葫芦霜霉病过去偶有发病，近年在棚室内栽培或秋延后尤其是棚室内秋延后栽培的西葫芦很易发生霜霉病。2006年笔者在京郊观察病株率高达40%～50%，严重的70%以上，造

成植株枯死，成为制约秋西葫芦反季栽培的重要病害。

症状 苗期、成株期均可发病，生产上只要有发病条件出现，无论是露地还是大棚均可发病。主要危害叶片，初发病时叶背面现水渍状小圆点，后逐渐扩展成水渍状多角形病斑，叶面现黄色褪绿斑，湿度大时病斑背面现紫黑色霉层，即病菌孢囊梗和孢子囊。随病情扩展，叶面上病斑变成灰褐色至黄褐色多角形坏死斑，后多个病斑融合成不规则形大斑，致叶片干枯。

病原 *Pseudoperonospora cubensis*（Berk. et Curt.）Rostov.，称

秋延后小西葫芦霜霉病发病初期
叶面上的小病斑

秋延后小西葫芦霜霉病病叶背
面现黄褐色病斑

秋延后小西葫芦霜霉病田间为害状

古巴假霜霉菌，属假菌界卵菌门霜霉属。病菌形态特征参见黄瓜、水果型黄瓜霜霉病。

传播途径和发病条件 病菌在黄瓜、甜瓜等瓜类作物上越冬，也可随病叶越季，条件适宜时产生孢子囊，通过风雨传播，进行初侵染和多次再侵染，造成反季节栽培的西葫芦、小西葫芦染病。秋季温暖、潮湿，北方叶面结露持续时间长，对发病和流行十分有利。病菌发育气温 15～30℃，孢子囊形成适温为 15～20℃，相对湿度高于 85%，孢子囊萌发适温 15～22℃。气温 20～24℃，高湿持续时间长保护地整个生育期均可发病，秋延后 9～11 月霜霉病扩展快，易流行成灾。

防治方法 ①秋延后栽培的西葫芦要注意预防该病发生，选用秋延后品种世诚 301 和抗霜霉病的品种。②前茬收获后彻底清除病残体，并与非瓜类作物进行 2 年以上轮作。③起垄或高畦栽培，采用地膜覆盖、膜下暗灌等方法，提倡搭架栽植以利通风透光，适当稀植，不可过密，千方百计地降低棚内湿度，阴雨天要控制浇

水、加大放风量，使棚室内远离发病条件，可减少发病。④秋延后栽培的西葫芦在秋冬季节或11～12月只要棚内出现霜霉病发生的温、湿度条件，霜霉病就可发生，有时持续1个月，造成西葫芦叶片提早干枯乃至拉秧。药剂防治时温室、大棚可采用烟雾法或粉尘法，露地可采用喷雾法，方法参见西葫芦、小西葫芦疫病。此外，可选用0.3%丁子香酚·72.5%霜霉威盐酸盐1000倍液。

西葫芦、小西葫芦茎基腐病

症状 主要为害西葫芦、小西葫芦茎基部，初生褐色至暗褐色近圆形病斑，病部略凹陷或缢缩，有的变成黑褐色，当病部扩大至绕茎一周时，病部以上枯死、干枯。田间湿度大时病部生出浅褐色蛛丝状或纠结成油菜籽状小菌核。

西葫芦茎基腐病

病原 *Rhizoctonia solani*，称立枯丝核菌，原属真菌界半知菌类，现《真菌词典》第10版（2008）将其归到担子菌门，有性态

为 *Thanatephorus cucumeris*，称为瓜亡革菌，属真菌界担子菌门，亡革菌属。

传播途径和发病条件 病菌以菌丝或菌核在土壤中越冬，可在土中腐生2～3年，通过雨水或灌溉水或带菌土壤或带菌有机肥传播，温暖潮湿，通风不畅或高温、高湿条件下易发病，该菌发病适温20～40℃，最高42℃，最低14～15℃。

防治方法 ①先把发病严重的植株拔出来，再用生石灰消毒病穴防止土壤中病原菌随水蔓延，传染其他健株。②发病初期浇灌50%氯溴异氰尿酸1000倍液或1%申嗪霉素悬浮剂800倍液，隔7天1次，防治2次。③提倡用归源4号自发酵生物菌剂灌根或喷洒地面，既能防病，还可补肥。

西葫芦、小西葫芦枯萎病

症状 与黄瓜枯萎病基本相似，苗期、成株期均可发病。幼苗染病，子叶无光泽，暗绿色，子叶变黄，生长变缓或停止生长以至枯死。成株染病，植株一侧或基部叶片边缘变黄，随植株生长变黄的叶片不断增多，严重时遍及全株，致整株枯死。主蔓初现暗绿色纵纹，后发展为黄褐色纵裂，长几厘米至30cm，纵剖病茎维管束变为黄褐色。湿度大时，病部表面现白色至粉红色霉状物，有时病部溢出少量红褐色胶质物。

小西葫芦枯萎病病株

小西葫芦枯萎病颈部病变

【病原】 *Fusarium oxysporum* (Schl.) f. sp. *cucumerinum* Owen., 称尖镰孢菌黄瓜专化型, 属真菌界子囊菌门镰刀菌属。

【传播途径和发病条件】 以菌丝体或厚垣孢子随病残体留在土壤中越冬, 成为初侵染源。厚垣孢子在土中可存活 5～10 年, 萌发后先长芽管, 从根部伤口或根冠细胞间隙侵入。地上部重复侵染主要靠灌溉水, 地下部当年很少重复侵染。种子带菌和带有病残体的有机肥, 是无病区的初侵染源。

【防治方法】 ①选用京葫 1 号、萨丽特、新浪潮、瑞龙等抗枯萎病品种。②采用嫁接防病。选用云南黑籽南瓜作砧木, 山东小白皮西葫芦或早青一代西葫芦作接穗。将催好芽的西葫芦播种在备好的苗床上, 株行距 5cm×5cm, 覆土 2cm, 覆地膜, 出苗 1/3 时揭膜, 齐苗后喷 50% 异菌脲可湿性粉剂 1000 倍液; 黑籽南瓜较西葫芦晚播 3 天, 覆土 3cm, 覆地膜, 待子叶展开、第一片真叶半展时即可嫁接。先用刀片去掉南瓜生长点和真叶, 后在子叶下 1cm 处向下斜切, 深为茎粗的 1/2～2/3, 角度 35°～45°, 再取西葫芦苗于生长点下 1.5cm 处向上斜切, 深度和角度同砧木, 切后在接口处嫁接, 用嫁接夹固定, 西葫芦苗在里, 南瓜苗在外, 栽在苗床上, 株行距 20cm×20cm, 浇透水, 扣小拱棚遮阴 3 天, 12 天后断开接穗的根, 逐渐见光, 待接穗长出 3～4 片真叶时定植, 定植后 15 天去掉嫁接夹, 接口处涂 50% 甲基硫菌灵悬浮剂 500 倍液防感染。③定植时先把 2.5% 咯菌腈悬浮剂 1000 倍液配好, 放在长方形大容器中 15kg, 再将穴盘整个浸入药液中, 把根部蘸湿即可。④发病初期用 72.2% 霜霉威水剂 700 倍液混加 70% 噁霉灵可湿性粉剂 1500 倍液, 或 2.5% 咯菌腈悬浮剂 1200 倍液混 50% 多菌灵可湿性粉剂 600 倍液, 或 50% 咯菌腈可湿性粉剂 5000 倍液灌根, 隔 15 天 1 次, 灌 1～2 次。

西葫芦、小西葫芦细菌性角斑病

西葫芦细菌性角斑病, 过去危害不重, 近年由于反季节栽培面积不断扩大，在保护地或秋延后栽培时，该病已上升为不亚于霜霉病的重要病害。

症状 叶片上初生针尖大小透明或半透明褪绿小斑点，扩展后产生具黄色晕圈的黄褐色病斑，中央变褐或出现灰白色穿孔状，有露水或湿度大时溢有白色菌脓。多个病斑融合造成叶片迅速干枯。茎和果实染病，初现水渍状褐色小斑点，易产生菌脓。

秋延后栽培小西葫芦细菌性
角斑病初期症状

小西葫芦细菌性角斑病后期症状

病原 *Pseudomonas syringae* pv. *lachrymans*（Smith et Bryan）Young et al. =*Pseudomonas syringae* pv. *lachrymans*（Smith et Braan）Krasner，称丁香假单胞菌黄瓜角斑病致病变种，属细菌界薄壁菌门。病菌形态特征参见黄瓜、水果型黄瓜细菌角斑病。

传播途径和发病条件 病原菌从茎与花梗连接处侵入果实，可引起果实腐烂，造成种子带菌。生产上播种后，只要条件适宜，整个生育期均可发病。西葫芦秋延后栽培的常在雨后发病，尤其 9 ～ 11 月湿度大、气温偏低，易发病。该病已成为生产上的主要病害。

防治方法 ①秋延后栽培小西葫芦要注意预防该病发生，露地栽培的要搭防雨棚，采用避雨栽培法；棚室栽培要加强通风换气，防止浇水过量，浇水时间选在上午，以免高湿持续时间长，减少该病的发生。②选用无病种子或种子用 50℃温水浸种 30min，迅速移入冷水中冷却，再催芽播种，杀灭种子上携带的细菌。③发病初期喷洒 72% 农用高效链霉素 3000 倍液混加 50% 琥胶肥酸铜 500 倍液，或 32.5% 苯甲·嘧菌酯悬浮剂 1500 倍液混 27.12% 碱式硫酸铜 500 倍液。④保护地可用脂铜粉尘剂，$667m^2$ 用药 1kg。或康普润静电粒尘剂，$667m^2$ 用 800g，持效 20 天。

西葫芦、小西葫芦
细菌性叶枯病

症状 主要危害叶片，有时也危害叶柄和幼茎。幼叶染病，病斑出现后在叶面现黄化区，但不大明显，叶背面出现水渍状小点，后病斑变为黄色至黄褐色圆形或近圆形，大小 1～2mm，病斑中间半透明，斑四周具黄色晕圈，菌脓不明显或很少，有时侵染叶缘，导致坏死。苗期生长点染病，可造成幼苗死亡，扩展速度快。幼茎染病，茎基部有的裂开，棚室经常可见但危害不重。

病原　*Xanthomonas campestris* pv. *cucurbitae*（Bryan）Dye，称油菜黄单胞菌油菜变种，属细菌界薄壁菌门。

传播途径和发病条件　主要通过种子带菌传播蔓延。该菌在土壤中存活非常有限。此病在我国东北、内蒙古均有发生。棚室保护地常较露地发病重。

小西葫芦细菌性叶枯病发病
初期的小白点

西葫芦细菌性叶枯病病叶

防治方法　①进行种子检疫，防止该病传播蔓延。②种子处理及药剂防治参见冬瓜、节瓜细菌性角斑病。

西葫芦、小西葫芦 细菌性软腐病

近年日光温室内连年种植西葫芦病原菌逐年积累，西葫芦进入开花坐果期，人工去雄易造成大量伤口，日光温室湿度高、持续时间长则利于该病发生，造成减产。

金皮西葫芦细菌性软腐病病瓜

小西葫芦细菌性软腐病茎基部
腐烂状（李林）

症状　主要危害西葫芦的根茎部和果实。根茎部染病，髓组织溃烂，湿度大时，溃烂处流出灰褐色黏稠状物，稍碰病株即倒折。果实染病，初呈水渍状，后逐渐变软，病部凹陷，内部组织腐烂，病茎及病果散出恶臭味。

病原 *Pectobacterium carotovorum* subsp. *carotovorum*（Jones）Bergey et al.［*Erwinia aroideae*（Towns.）Holland］，称胡萝卜果杆菌胡萝卜亚种，属细菌界薄壁菌门。

传播途径和发病条件 病菌随病残体在土壤中越冬。翌年，病菌借雨水、灌溉水及昆虫传播，由伤口侵入，病菌侵入后分泌果胶酶溶解中胶层，导致细胞分崩离析，致细胞内水分外溢，引起腐烂。阴雨天或露水未干就整枝打杈、农田操作损伤叶片及虫伤，多引起病菌侵染，导致西葫芦软腐病的发生。

防治方法 ①选用奇山二号、美国碧玉等较抗软腐病的品种。②嫁接栽培。采用黑籽南瓜作砧木进行嫁接栽培，可使植株根系强大，耐低温能力提高，抗病性增强。③避免与白菜等十字花科蔬菜连茬。栽培西葫芦的地块，前茬最好是葱蒜类或茄果类蔬菜。及时腾地，夏季深翻地，争取长时间晒垡，促进病残体分解，杀死部分致病菌。④山东李林在用氰氨化钙进行土壤消毒的基础上，定植期用诱抗剂0.5%氨基寡糖素水剂600倍液穴施灌根结合定植后15天喷雾防效达93.96%。用诱抗剂6%甲壳素（阿波罗963）水剂600倍液+77%氢氧化铜可湿性粉剂600倍液处理，防效达98.25%。也可在发病初期喷77%氢氧化铜可湿性粉剂600倍液灌根或喷淋3%中生菌素可湿性粉剂600倍液+33.5%喹啉铜悬浮剂800倍液，隔5～7天1次，连续防治2～3次。⑤发病初期可选用桂林生产的90%新植霉素可溶性粉剂4000倍液和72%农用高效链霉素可溶性粉剂3000倍液，6天1次，交替喷洒防效优异。

西葫芦、小西葫芦细菌性缘枯病

症状 主要危害叶片、叶柄、茎蔓及果实，叶片染病，初在叶缘产生水渍状小点，扩大后出现黄褐色不规则坏死斑，常融合成"V"字形大小不一的大斑，后向叶片中央扩展，病健交界处有黄色晕。叶柄、茎蔓染病，产生暗色油渍状病变，后龟裂或坏死，湿度大时溢有菌脓。

小西葫芦细菌性缘枯病病叶

病原 *Pseudomonas marginalis* pv. *marginalis*（Brown）Stevens，称边缘假单胞菌，属细菌界薄壁菌门。

传播途径和发病条件、防治方法

参见西葫芦、小西葫芦细菌软腐病。

西葫芦、小西葫芦死棵

症状 山东青州一带西葫芦种植面积大，连年重茬种植，一般都不处理土壤，近年西葫芦死棵时有发生，严重的成片死棵，过去春茬西葫芦能生产到6月下旬，近年4月下旬就拉秧了，只好接茬种越夏西葫芦，经常出现不断死棵的情况，死棵后拉秧换茬，接着又死棵，形成了恶性循环。

小西葫芦死棵

病因 引起西葫芦死棵的病害有镰孢根腐病、疫霉根腐病、枯萎病等。引起枯萎病、镰孢根腐病的病原菌都是镰刀菌，引起疫霉根腐病的病原菌是辣椒疫霉。西葫芦生产上缺少施用底肥的习惯，也就不进行高温闷棚，再加上年年连茬栽培，病原菌在土壤中不断积累，能不死棵吗？这就是近年死棵不断升级的主要原因。

防治方法 ①歇棚期进行高温闷棚，清理田园后，每667m²把归源7号均匀撒到地里，深翻35cm以上，浇水后密闭棚室7～8天提温，进行高温闷棚，即可杀灭土壤中的大多数病原菌，就可达到预防西葫芦死棵的目的。②定植前用归原2号蘸根防病。归原2号、3号、4号、7号都是自发酵生物菌剂，可有效防治真菌、细菌病害及死棵，对根腐病防治效果好。③定植后用归源4号灌根或喷洒地面。定植后灌根，定植后10天再灌1次，以后每隔7天再喷归源4号，既能防病又可补肥，防治死棵效果十分好。

西葫芦、小西葫芦病毒病

症状 病毒病是保护地和露地西葫芦的重要病害，山东的越冬西葫芦发病率50%～60%，高的达90%～100%，且劣质果实大增，造成提早拉秧或毁种。该病危害有日趋严重之势。上述西葫芦病毒病从幼苗至成株期均有发生，症状分花叶型、黄化皱缩型及两者混合型3种。①花叶型。嫩叶产生明脉或褪绿斑点，后呈淡而不均匀的小花叶斑驳，严重时顶叶变成鸡爪状，发病早的常引起全株萎蔫。②黄化皱缩型。植株上部叶片沿叶脉失绿，叶片产生浓绿色隆起皱纹，后叶片黄化，皱缩下卷，叶片小或出现蕨叶、裂叶；植株矮化或后期扭曲畸形；果实小，果面出现花斑或产生凹凸不平的瘤状物，严重的植株枯死。③两者混合型。可见前两者病变。

病原 有多种，如黄瓜花叶病

毒（CMV）、南瓜花叶病毒（SqMV）及烟草环斑病毒（TRSV）等。

传播途径和发病条件 上述病毒可在棚室或露地栽培的瓜类、茄果类等多种蔬菜和多种杂草上越冬，因此翌年蚜虫发生后就会把病毒传播到西葫芦上，主要通过蚜虫刺吸汁液和汁液摩擦传毒。西葫芦的种胚里常携带甜瓜花叶病毒，种子也可传毒。高温干旱、日照强、管理粗放、杂草多、蚜虫危害猖獗发病重。

西葫芦病毒病病叶

西葫芦病毒病病果上的凹凸斑

防治方法 ①选用抗病品种。如长蔓西葫芦、长青王3号、晋早3号、阿太一代、早青1号、晋园2号、济南1号、黑皮西葫芦、京葫2号、珍玉9号、傲雪、世诚301、阿尔及利亚、美玉西葫芦、长绿西葫芦、中葫3号等品种较抗病。②施足腐熟有机肥，适时追肥，前期少浇水，多中耕，促进根系生长发育。发现传毒蚜虫要尽快消灭，发现早期病苗要及时拔除，中后期注意适时浇水，按配方追肥，增强抗病力。③育苗畦可采用30目尼龙纱覆盖育苗，提倡采用防虫网栽培西葫芦。④播种前用1%香菇多糖水剂200倍液浸种20～30min，洗净、催芽、播种，对防治种传病毒病有效。⑤发病初期喷洒1%香菇多糖水剂（667m² 用药80～120ml，对水30～60kg）或20%吗胍·乙酸铜可溶性粉剂300～500倍液或5%菌素清水剂200倍液灌根。同时喷0.01%芸薹素内酯乳油2500倍液，防效倍增。⑥防治日光温室越冬西葫芦病毒病。确定适宜播种期，山东聊城一带以9月20日至10月10日播种为宜，播种过早病毒病严重，播种过晚结瓜期推迟。为了有效防治该病，在西葫芦幼苗期提倡采用遮阳网或塑料薄膜＋草苫等进行覆盖栽培，并注意浇水，防止高温干旱，这是防治越冬西葫芦病毒病成功与否的关键一环。需要用药防治时，可选用上述杀菌剂。

西葫芦、小西葫芦的小西葫芦黄花叶病毒病

症状 西葫芦受小西葫芦黄花叶病毒（ZYMV）侵染后初发病时，西葫芦叶片产生局部褪绿斑、明脉，

后产生叶片花叶，新叶上有病斑，甚至产生严重的蕨叶现象。

小西葫芦黄花叶病毒病

病原、传播途径和发病条件、防治方法参见南瓜、小南瓜小西葫芦黄花叶病毒病。

西葫芦、小西葫芦花打顶

症状　茎尖部生长点受阻，"龙头"节间变短不舒展，不再产生新的幼叶，出现雌花抱顶，像是自封顶的生长趋势，严重影响继续坐瓜，早期产量常减产 30% ～ 40%。

冷害引起的西葫芦花打顶（李明远）

病因　一是蹲苗过度，蹲苗虽能控上促下培育壮苗，但蹲苗过度造成龙头营养不够，致生长衰弱，出现花打顶。二是低温。适于西葫芦生长发育的温度是 18 ～ 25℃，低于 15℃发育不良，低于 11℃生长停止，当12 月下旬至翌年 3 月初遭遇寒流侵袭，棚内夜间温度 11 ～ 15℃或 11℃以下时，"龙头"就已停止生长，造成发育失调，出现雌花抱顶，产生花打顶。三是伤根或沤根或烧根都会造成"龙头"生长发育受抑，产生花打顶。四是使用乙烯利、增瓜灵不当，造成雌花多，雄花稀少或退化，成为有老叶但无新叶的自封顶瓜株。五是肥害或药害也能引发花打顶。

防治方法　①蹲苗严格掌握，不得过度，土壤不宜太干，初现花打顶时适时适量浇水，必要时随水追施速效氮肥，能促进瓜株的营养生长，也可喷施赤霉素 500 ～ 1000mg/kg，能促进茎叶生长。②加强温度管理。夜间低温对花打顶影响很大，苗期或定植初期夜温必须控制在 15℃以上。③加强保根护根，严防沤根，按配方施肥，不可过多防止烧根。西葫芦上部长出的雌花要全部去掉，可减轻负担，对茎叶健康生长有利。④对已发生花打顶的瓜株，要把熟瓜及时摘除，花多的进行疏花疏果，只留1 ～ 2 个瓜。

西葫芦裂果

症状　西葫芦、小西葫芦、金皮西葫芦裂果常有发生，幼瓜、成瓜均有发生。常见裂瓜有纵向、横向或斜向开裂 3 种，裂口深浅、开裂宽窄不一，严重的可深至瓜瓤、露出种子，裂口创面逐渐木栓化，轻者仅裂开一条小缝，接近成熟的瓜多出现较严重或严重开裂。

小西葫芦果实纵向裂果症状

病因　一是西葫芦生长中遇长期干旱或怕发生灰霉病控水过度，突降暴雨或大雨或浇水过量，致果肉细胞吸水膨大，而果皮因细胞趋于老化，造成不能同步膨大，就会出现裂瓜。此后果实继续生长，裂口也会逐渐加大或加深。二是幼果在生长发育过程中遇机械伤害产生伤口时，常在伤口处产生裂果。三是西葫芦缺硼时，果实易发生纵裂。此外，开花时花器供钙不足，也可造成幼果开裂。

防治方法　①选择土质肥沃、保水性能好的地块种植西葫芦。②施足腐熟有机肥、采用配方施肥技术，注意氮磷钾配合比例，注意钾肥、钙肥和硼肥的施用。③保持土壤湿润，避免长期干旱，浇水量适中，不要大水漫灌，大暴雨后要及时排水。

西葫芦、小西葫芦冻害

西葫芦、小西葫芦冻害常发生在苗期；秋延后西葫芦冻害主要发生在秋末冬初，保护地、露地均可发生，措施跟不上常造成严重损失。2006年京郊保护地小西葫芦 11 月 6 日发生严重冻害。

症状　秋延后西葫芦、小西葫芦很易受到低温冻害，叶片受害表现为叶片边缘失绿，呈水渍状或脱水萎蔫，光合作用受到抑制。根系受冻生长停止，老根变黄褐色呈沤根状。生长点受冻造成生长停滞甚至死亡。

病因　反季节延后栽培的西葫芦、小西葫芦主要生长季节是秋冬时节，这时常出现突发性的灾害天气，如低温、冷冻、大风、雨和阴天、大雪等恶劣天气，在这种情况下稍有疏忽大意，措施未到位，棚里生长着的西葫芦一夜之间就会发生低温冷害和冻害，造成很大经济损失。

小西葫芦冻害

防治方法　①正确选择秋延后西葫芦播种育苗时间。②设防风障或采用 2 层膜覆盖，防止寒流直接侵袭，减轻冻害发生。③寒流袭来之前，及时灌溉，能防止地温大幅下降，尤其对干冻防效明显。浇水要浇足、浇透。④清沟排渍，疏通畦沟、围沟，抬高畦面，可提高地温，增加透气性，有利防寒、防涝。⑤喷洒抑蒸剂，寒流来临前 3 天，选晴天对植株喷洒石油抑蒸剂 30 ～ 40 倍液，能在叶片上产生一层看不见的防寒薄膜，有利叶片保温防寒。⑥在棚室后墙挂一道反光膜，增加光照。也可安电灯，在阴天或雪天补光 3h，提高棚室内温度，保证有 8h 黑暗时间，以利光合作用进行。⑦调节棚室内空气，向棚内施入二氧化碳或增施海藻类肥料能促进根系发育，可增强抗寒力。⑧室外气温 –10℃时，棚内温度 16℃上下，当天气转晴后，棚温可上到 30℃以上，这时应反复放风，使棚室内外温差接近，然后再慢慢升温，使植株逐渐适应，才能转入正常生长，否则会出现几日受抑，一日猛长闪苗等弊端。⑨喷洒 3.4% 赤·吲乙·芸苔可湿性粉剂 7500 倍液或 15kg 水中加红糖 50g 和 0.3% 磷酸二氢钾。也可喷洒 0.01% 芸薹素内酯乳油 2500 倍液，可提高幼株夜间耐 7 ～ 10℃低温的能力。

西葫芦、小西葫芦高温障碍

症状 采用地膜覆盖的早熟西葫芦子叶、真叶均易受害，在阳光直接照射条件下，高温致叶面上叶脉间产生黄斑，后叶色变白或呈黄褐色，严重的叶片干枯或枯死。

小西葫芦高温障碍

病因 早春栽培的覆膜西葫芦，破膜时间未掌握好，破膜过早起不到增温早熟的作用，但破膜过晚，气温升高，又易出现高温危害，尤其是采用打窝子等小型覆盖栽培的，覆膜后空间小，再加上土壤中水分不足，中午阳光强烈，致膜下温度升高到 40℃以上，轻则叶片发生灼伤，影响光合作用，严重的植株干枯或枯死，失去早熟之作用。

防治方法 ①选用耐热的西葫芦品种。施用腐熟的有机肥或生物有机活性肥，防止高温烧苗。②覆膜栽培条件下要适时、适量浇水，保持土壤湿润。③正确掌握破膜时间，防止温度过高。④破膜后施用惠满丰多元素复合有机活性液态肥料，每 667m² 用 400ml，对水 500 倍喷洒，每周 1 次，共喷 3 次，可使西葫芦提早成熟。⑤喷洒 0.004% 芸薹素内酯水剂 1000 ～ 1500 倍液。

西葫芦、小西葫芦化瓜

症状 西葫芦化瓜是指西葫芦雌花开放后 3 ～ 4 天内，幼果先端退绿变黄，变细变软，果实不膨大，表面失去光泽，先端萎缩，最终烂掉或脱落的现象，是西葫芦生产上的重要病害。

小西葫芦化瓜

病因 西葫芦化瓜主要是环境条件不适和养分供应失调造成的。病因主要有八。①授粉不良或未授粉，子房内不能生成植物生长素，导致胚和胚乳不能正常生长，加之营养生长与其竞争养分，当养分向雌花供应不足时，子房的植物生长素含量减少，不能结实而化瓜。②品种不同，化瓜的多少也不一样。一般对温、光敏感性不高，有一定单性结实能力，苗期内源激素产生多的品种，化瓜就少，反之化瓜就多。③温度过高或过低。白天超过 35℃，夜间高于 20℃，造成光合作用降低，呼吸作用增强，碳水化合物大量向茎叶输送，蔓秧徒长，营养不良而化瓜。温度过低，白天低于 20℃，晚上低于 10℃，根系吸收能力减弱，光合作用也会降低，造成营养饥饿引起化瓜。④光照不足，西葫芦开花遇到连续阴天或阴雨连绵，昼夜温差小，光合作

用受抑，养分的消耗多于制造，就会造成营养不良而致化瓜。⑤栽植密度大，根系竞争土壤中的养分，地上部的茎叶则竞争空间，当叶面积指数达到 4 以上时，透光透气性降低，光合效率不高，消耗增加。当每 $667m^2$ 密度在 3000 株时，叶子相互嵌合遮阳严重，化瓜率高。⑥二氧化碳浓度高或低。西葫芦植株周围的 CO_2 浓度低于 300mg/L，或高于 1800mg/L 时，植株的光合作用会受到影响。植物体内积累的碳水化合物减少，雌花发育不良，引起化瓜。⑦二氧化硫危害。菜地附近有 SO_2 气体飘移的，可以飘浮到西葫芦田中；或大棚里用煤火加温，燃烧后也会产生 SO_2 气体；或未经腐熟的禽粪、豆饼等有机肥料在分解过程中，释放大量的 SO_2 气体。这些 SO_2 遇水生成亚硫酸，能直接破坏叶绿体而使植株受害，同时影响光合作用的进行。有人测试，当空气中 SO_2 的含量达到 0.2mg/L 左右时，经 3～4 天西葫芦就出现肥害症状而化瓜，达到 1mg/L 左右时，4～5h 后就会化瓜。⑧氨气危害。在露地或保护地，氨气主要来源于有机肥料的分解和高温下氨态氮肥的气化等。在一般情况下，氨气可以被土壤水分所吸收或被作物吸收利用。但高温使氨气逸散到空气中，当含量达到 8mg/L 时，可使西葫芦受到一定的危害；当含量达 50mg/L 时，西葫芦就会化瓜，甚至死亡。

防治方法 ①选择具有单性结实能力的品种，如绿宝等。②调节

温度。白天保持在 25 ～ 30℃，超过 30℃，应马上放风。夜间保持在 15 ～ 20℃，温度过低，可通过炉子加温或点沼气灯加温。为了防止 SO_2 的危害，保护地加温时，烟道必须不漏气，加温火源一定设在栽培室外间，有机肥一定腐熟后再用，管理上加强通风。③补充光照。在保持棚内温度的情况下要早拉晚放草苫，假如遇到连续阴天或阴雨连绵，可用点燃沼气灯、贴挂反光膜的方法增加光照。④激素处理。在西葫芦开花后 2 ～ 3 天，用 100mg/kg 赤霉素或 100mg/kg 防落素喷洒，能使小瓜长得快，不易化瓜。⑤确定适宜密度。栽植密度每 $667m^2$ 控制在 2000 ～ 2500 株，采用大小行距种植时，大行距 80cm，小行距 60cm，株距 40cm。⑥增加 CO_2 浓度。西葫芦植株周围 CO_2 浓度低于 300mg/L 时，可通过通风增强空气对流来增加棚内 CO_2 的浓度或进行 CO_2 施肥。棚内 CO_2 浓度高于 1800mg/L 时，适当放风即可。⑦减少氨气来源。施用充分腐熟的有机肥；施用氮肥时要深施少撒施，尤其是碳铵一定要埋施。⑧于开花前或当天用 0.1% 氯吡脲可溶性液剂 50 ～ 100 倍液涂瓜柄，防止化瓜。

西葫芦、小西葫芦等葫芦科植物银叶病

症状　主要危害西葫芦、南瓜等葫芦科蔬菜。发病初期叶片沿叶脉变成银色或白色，以后全叶变成银色，在阳光下闪闪发光，似银镜，但叶背面叶色正常，有时可见到白粉虱成虫、若虫。西葫芦 3 ～ 4 片叶时是敏感期，幼瓜、花器柄部及花萼变白，半成品瓜、商品瓜白化呈乳白色或白绿相间，失去商品价值。受害植株长势弱，株型偏矮，叶片下垂，生长点叶片皱缩，呈半停滞状态，茎部上端节间缩短，茎及幼叶和功能叶片叶柄褪绿，叶片的叶绿素含量明显降低，严重影响西葫芦等葫芦科植物的光合作用，受害严重的造成大幅度减产，产值降低 70% ～ 80%。

病因　较早的看法是由于银叶粉虱（又称 B 型烟粉虱）（*Bemisia argentifolii* Bellows & Perring）在西葫

小西葫芦银叶病

南瓜银叶病症状

芦、南瓜上危害引起的。银叶粉虱唾液分泌物对西葫芦等葫芦科植物有毒害作用，而且是内吸传导性的，即有虫叶不一定有症状表现，而在以后新长出的叶上显症，而发病叶上并没有烟粉虱或银叶粉虱危害，这也是长期以来银叶病因不易搞清的原因。生产上银叶粉虱虫密度、虫龄、西葫芦或南瓜品种及光照条件都影响银叶症状的表现。尤其是光照对银叶症状的表现很关键，而一般露地或温室中，于春、秋两季均有超过西葫芦等所要求的光照强度，生产上大部分西葫芦、南瓜品种均易对银叶粉虱的危害产生生理紊乱，生产上遇酷夏或秋初强光直射高温是发病诱因。也有认为是由 *Whitefly transmitted geminivirus*（WTG）（称烟粉虱传双生病毒）引起。双生病毒的病毒粒子孪生颗粒状，大小为30nm×18nm，基因组单链环状DNA，大小2.5～3.0kb。WTG病毒大多包含两个大小相近的DNA组分，称之为DNA-A和DNA-B两组分。DNA-A与病毒的复制和介体传播有关，DNA-B与病毒在植株体内的运输和病毒的寄主种类有关。

传播途径和发病条件　烟粉虱传双生病毒在田间是由粉虱传播的一类单链DNA病毒，春秋两季均可发生，当南瓜、西葫芦等幼嫩时，受烟粉虱危害就会感病，且发病株率高，发病轻的可恢复正常，不同瓜种、不同品种发病程度不一，生产上早青1号、金皮西葫芦发病重。

防治方法　①农业防治。选用中葫3号、京葫2号、傲雪等抗银叶病品种是农业防治中一项行之有效的方法。培育无虫苗是关键防治措施，保护地栽培中可采用60目防虫网，阻止粉虱进入。调节播种期，避免敏感作物在银叶粉虱危害高峰期受害，种植之前彻底清园，特别注意清除烟粉虱野生寄主。②生物防治。烟粉虱发生初期，即平均每株有烟粉虱成虫5～10头，每叶1～2头时，即可释放丽蚜小蜂，每株3头，隔7～10天，每田选4～20个点，每卡500头，放蜂3～5次（每株5头），保持蜂虫比例为3∶1。释放时把蜂卡挂在植株中部即可。③烟粉虱成虫有趋黄性，可在栽培棚内挂橙黄色诱杀板，黄板下端距作物顶部约10cm，每13～15m²挂1块，7～10天换1次机油。④加强苗期管理，培育无虫苗至关重要。通风口用尼龙纱封口，严防烟粉虱进入。⑤发现烟粉虱马上喷洒10%烯啶虫胺可溶性液剂2500倍液、50%吡蚜酮水分散粒剂4500倍液、25%噻嗪酮可湿性粉剂1000～1500倍液、25%噻虫嗪水分散粒剂1500～2000倍液、40%啶虫脒水分散粒剂6000～8000倍液、33%吡虫啉·高效氯氟氰菊酯微乳剂（2.31～2.64g/667m²），隔10天左右1次，需防3～4次。使粉虱成虫基数降到每株5头以下，用药7天后再释放丽蚜小蜂。防治中一定要注意轮换用药，严格按照推荐浓度使用，不要随意加大浓度，以免产生抗药性。

金皮西葫芦变色下陷

症状 只见金皮西葫芦瓜条发病，未见植株症状，瓜条上离果柄不远的地方颜色变深，多由金黄色变成褐黄色，病部下陷坏死。坏死组织略显水渍状，后期瓜条茎部坏死收缩，最后干腐无异味。

病因 是一种生理病害，叫作茎腐病。病因是瓜条中水分倒流引起的。尤其是冬季气温较低时，结瓜期供水不足或供水温度偏低，土壤浓度高，再遇连阴天光合作用产物不足，使瓜条内水分倒流。造成瓜条果柄附近组织失水坏死，有别于软腐病。

金皮西葫芦变色下陷

防治方法 ①种植金皮西葫芦要施用充分腐熟的有机肥，前期注意中耕和适当控水，促根系发育。中期适时追肥浇水。结果期叶面喷施磷、钾肥，如普施或穴施激抗菌968、肥田生、落地生根等生物菌肥，以利创造良好的土壤环境，促使根系生长发育。②适当稀植，使叶片受光均匀。③科学灌水，生长期不要失水，冬季注意提高水温，喷洒磷酸二氢钾400倍液混尿素250倍液或1.8%复硝酚钠水剂5000～6000倍液。

西葫芦瓜条变白

症状 西葫芦瓜条发白。

病因 主要原因是西葫芦果实表面的叶绿素缺失。叶绿素合成过程中，受很多因素影响，主要是温度、光照、水分及微量元素。春分时节仍有降雪，气温很低，再加上光照不足及土壤干旱都严重影响微量元素的吸收和种种合成酶的活性，造成瓜条中的叶绿素合成受抑，引起瓜条发白。

西葫芦瓜条发白（杨晓红）

防治方法 ①增加棚室光照、擦净棚膜。有人试验每隔5～7天清洗棚膜表面的灰尘、碎草等可提高透光率5%～8%；晴天及时撤掉大棚中的二膜、三膜，减少遮光。②加强棚室夜间保温，进入结果期以后，白天棚温保持在25℃，夜间10℃。③防止干旱，以免影响对微量元素的吸收。④叶面补施微量元素铁、镁等，铁、镁不仅是叶绿素的组成成分，也是叶绿素合成的催化剂；提倡喷施光合动力、乐多收等叶面肥，以利叶绿素的制造。

大棚秋冬西葫芦、小西葫芦只开花不坐果

症状 秋冬反季栽培的小西葫芦经常出现只见开花却不见坐果的情况。

病因 主要是生理障碍引起的。一是基肥偏施了氮肥，促西葫芦生长过旺，叶片面积增大，荫蔽严重；二是大棚内温度过低或过高；三是大棚内水分不足或湿度过大。这样的环境都会使花粉和花柱的生命活力受到抑制，出现西葫芦只开花不坐果的情况。

小西葫芦只开花不坐果

防治方法 ①采用西葫芦测土配方施肥技术，避免偏施氮肥，防止营养生长过旺。注意调控温度增加光照，白天棚温 25～30℃，夜间 18～20℃，促进缓苗，缓苗后白天 20～26℃，夜间 12～15℃，促其健壮生长，坐瓜后白天 25～30℃，夜间 15～20℃，注意拉开昼夜温差，对瓜的营养积累和瓜的膨大有利。②进行人工授粉。每天上午 9～10 时正是雄花开放高峰期，取雄花去掉花冠，把花药轻轻地涂在雌花柱头上，每朵雄花可授 4 朵雌花。同时用 20mg/L 的 2,4-D 溶液涂抹雌花柱头或花柄，可提高坐果率。药液最好用毛笔蘸涂在花梗或柱头、子房上，不要溅到茎叶上。当发现花朵过多时要适当疏花，有利于植株正常坐瓜。③改善棚内排灌条件，要求明水能排，暗水能渗。开始坐瓜时遇 10 天左右的干旱，再行沟灌，严防大水漫灌。④加强肥水管理，根瓜长到 10cm 时浇头水，随水每 667m² 追复合肥 25kg，以后隔 15～20 天浇 1 次水，并结合追肥。冬季浇水一定选晴天上午，阴天不浇，防止棚温低引起病害发生。冬季棚温低通风少，有条件的补充二氧化碳。⑤采用吊蔓整枝。把瓜蔓绑在吊绳上，当瓜蔓长到棚顶时，随下部瓜的采收及时落蔓，并摘除下部老叶、侧芽，以利主蔓生长和防病透光。⑥及时防治病虫害。11 月以后灰霉病严重起来，要及时喷洒 25% 丙环唑乳油 3000 倍液或 50% 乙烯菌核利悬浮剂 1000 倍液。⑦花期、结果期喷 25% 甲哌鎓水剂 2500 倍液，促早开花多坐果。

越夏西葫芦坐瓜率低

症状 越夏西葫芦坐瓜率不高，发病重的引起早衰。

病因 西葫芦从定植到采收一般只有 70 天左右，结瓜期多为 40～50 天，但夏季高温常常是提高西葫芦产量的瓶颈。

越夏西葫芦坐瓜率低

越夏西葫芦雌花

防治方法　①提倡种植万盛碧秀1号、2号，三季丰，比德利，曼谷绿1号、2号，天王，碧绿，绿宝石，越夏皇后，翠莹，寒丽等国内外越夏品种。②西葫芦喜冷凉气候，越夏西葫芦种在气温、地温都高的大棚内，栽植密度要合适，一般定植西葫芦时以株距70～80cm为宜，这样可防止栽植过密造成的旺长，也可使株间通风透光良好，提高坐果率，前期地温高时通过浇小水降低地温，促壮棵形成。③加大温度管理，温度调控要准确。缓苗后适当降低温度，白天控制在20～25℃，夜间控制在12～15℃，进入开花坐果和果实膨大期，白天温度控制在18～25℃，夜间13～16℃。西葫芦耐高温能力差，进入高温季节一定要采取种植耐

高温品种同时安装越夏栽培的遮阳网，进行对流通风等措施，把棚温控制在白天不高于30℃，夜温在25℃以下。④水肥供应要充足。采用黑籽南瓜或砧样1号南瓜为砧木嫁接的西葫芦生长发育情况变化很大：原来自根西葫芦结瓜持续期60～80天，单株结瓜5～8个，而嫁接西葫芦结瓜期变成200天，单株结瓜35个以上，单株增产2～3倍。所需肥水也有较大变化，定植水、缓苗水应适当，以利根系生长，根瓜坐住后，隔10天浇1次水，每667m²每次冲施氮磷钾三元复合肥9kg和硫酸镁0.8kg，然后轻浇1次水，以后据长势再冲肥浇水，保持营养生长和生殖生长平衡，做到持续结瓜。⑤西葫芦单性结实差，每天日出后1～1.5h雌花开放后要进行人工授粉，方法是用雄花直接涂抹雌花柱头，使柱头沾上花粉。结瓜前期无雄花或有雄花但无花粉时，使用植物生长调节剂。在西葫芦三叶一心时叶面喷施40%乙烯剂（增瓜灵）水剂800～1000倍液，10天后再喷1次增加雌花数，提高坐瓜率，减少化瓜。当西葫芦出现旺长时喷洒40%甲哌鎓水剂750倍液或50%矮壮素水剂1500倍液，抑制营养生长，促进生殖生长，同时注意叶面喷洒硼肥和镁肥。

西葫芦、小西葫芦缺素症

症状　①西葫芦、小西葫芦缺钾。新叶呈爪形，老叶产生块状黄化或坏死，叶缘皱缩不平，严重时呈焦枯

状。②缺钙。新叶生长受阻，叶片的叶缘残缺不全，叶面皱缩，有黄色至黄褐色斑块，生长点新抽出的叶片上出现水渍状斑块。③缺硼。上部新叶萎缩并失绿黄化，叶柄上现明显的横裂。④缺镁。叶脉间失绿变黄，叶脉保持绿色呈掌状花叶。西葫芦缺锌叶小、黄绿色。

病因、防治方法参见黄瓜、水果型黄瓜缺素症。

西葫芦缺硼叶柄上有明显横裂

小西葫芦缺钾叶片叶缘失绿变黄
（胡永军）

西葫芦缺钙叶呈爪状

西葫芦缺镁叶脉间失绿变黄

西葫芦缺锌叶小、黄绿色

五、飞碟西葫芦病害

飞碟西葫芦（兴农玉黄）白粉病

症状　病叶、叶柄及茎上生有白色小霉点，逐渐扩展融合成片，形成白粉斑。

飞蝶西葫芦（兴农玉黄）白粉病

病原　*Podosphaera xanthii*，称苍耳叉丝单囊壳，属真菌界子囊菌门。

病害的传播途径和发病条件、防治方法参见黄瓜、水果型黄瓜白粉病。

飞蝶西葫芦褐腐病病花、病果

飞碟西葫芦褐腐病

症状、病原、传播途径和发病条件、防治方法参见西葫芦、小西葫芦褐腐病。

飞碟西葫芦菌核病

症状　飞碟西葫芦菌核病主要发生在塑料大棚，温室、露地也有发生，从苗期至成株期均可发病，危害花器、茎蔓及果实。果实染病：多出现在残花部，初呈水渍状腐烂，接着长出白色菌丝，不久菌丝纠结形成黑色菌核。茎蔓染病：初在近地面的茎部或主侧蔓的分枝处产生褪绿水渍状斑，不久扩展成褐色，湿度大时亦生出白色棉絮状菌丝，菌丝密集形成菌核，茎表皮纵裂，病部以上茎蔓、叶片萎蔫死亡。菌核多生在腐败的茎基部或烂叶、叶柄、花梗或瓜组织上。

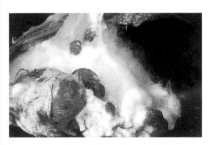

飞蝶西葫芦菌核病病瓜上的菌核
（温庆放）

【病原】 *Sclerotinia sclerotiorum*（Lib.）de Bary，称核盘菌，属真菌界子囊菌门核盘菌属。

病菌形态特征、传播途径和发病条件、防治方法参见黄瓜、水果型黄瓜菌核病。

飞碟西葫芦灰霉病

症状、病原、传播途径和发病条件、防治方法参见西葫芦、小西葫芦灰霉病。

飞碟西葫芦灰霉病病瓜（李明远）

飞碟西葫芦病毒病

症状、病原、传播途径和发病条件、防治方法参见西葫芦、小西葫芦病毒病。

飞碟西葫芦病毒病

飞碟西葫芦脐腐病

飞碟瓜脐腐病是生产上重要的生理病害，发生普遍，一般发病率为10%，严重的发病率高达80%，对产量影响大。

飞碟西葫芦脐腐病

【症状】 多发生在生长后期，主要为害果实。发病后幼瓜脐部出现水渍状凹陷坏死，后向果柄扩展，造成整个瓜坏死腐烂。

【病因】 主要是水肥管理不当，生产上遇有干旱，植株体内缺水，瓜盘内水分会倒流造成缺钙，使脐部组织坏死。有时土壤不缺钙，但生产上偏施氮肥或田间钾肥过多，抑制瓜株对钙肥吸收，也会产生脐腐病。

【防治方法】 ①施用足够的腐熟有机肥，前期及时中耕松土和适当控水，促进根系发育。②加强管理，分别在缓苗后、坐瓜后或果期冲施果丽达水溶肥，每次5～8kg。

六、丝瓜病害

丝瓜 是葫芦科丝瓜属一年生攀缘性草本植物，6世纪初传入我国，19世纪传入有棱丝瓜。丝瓜分普通丝瓜和有棱丝瓜两个栽培种。普通丝瓜 [*Luffa cylindrica*（L.）Roem.]，别名圆筒丝瓜、蛮瓜、水瓜等，在长江流域和长江以北栽培较多，主要品种有南京长丝瓜、线丝瓜、湖南肉丝瓜、台湾米管种、竹竿种、华南地区的短度水瓜和长度水瓜等；有棱丝瓜 [*Luffa acutangula*（L.）Roxb.]，别名棱角丝瓜，主要品种有广东胜瓜、双青、乌耳、夏棠1号、天河夏丝瓜、绿旺、3号丝瓜等。

丝瓜蔓枯病

症状 主要为害茎蔓、叶片、果实。茎蔓染病初在茎基部附近产生长圆形水渍状病斑，后向上下扩展形成长椭圆形病斑，扩展到绕茎1周后，病部以上茎蔓枯死。

丝瓜蔓枯病

病原 有性态为 *Didymella bryoniae*，称蔓枯亚隔孢壳，属子囊菌门亚隔孢壳属。其无性型为 *Phoma cucurbitacearum*，称瓜茎点霉。

传播途径和发病条件 病菌以子囊壳或分生孢子器在病残体上越冬，由气流或浇水传播，种子带菌的也可传播。病菌发病适温20～30℃，高温发病重。

防治方法 ①实行与非瓜类蔬菜轮作，拉秧后及时彻底清除病残体，运出田外深埋或沤肥。②生长期加强管理，适时浇水追肥，保护地要在浇水后增加通风，发病打掉一部分老叶，以利株间通风透光良好。③发病初期喷洒21.4%氟吡菌酰胺·肟菌酯15～25ml/667m² 或30%戊唑·多菌灵悬浮剂1100倍液、70%甲基硫菌灵可湿性粉剂600倍液+70%代森联干悬浮剂900倍液、70%丙森锌可湿性粉剂700倍液+10%苯醚甲环唑水分散粒剂1500倍液。

丝瓜霜霉病

症状 主要危害叶片。先在叶正面现不规则褪绿斑，后扩大为多角形黄褐色病斑，湿度大时病斑背面长出紫黑色霉层，即病菌孢囊梗及孢子囊，后期病斑连片，致整叶枯死。

病原　*Pseudoperonospora cubensis*（Berk. et Curt.）Rostov.，称古巴假霜霉菌，与黄瓜霜霉病菌同属一种，属假菌界卵菌门霜霉属。以前只发现古巴假霜霉，现又在丝瓜上发现一种 *Plasmopara australis*，称南方轴霜霉，属卵菌门单轴霉属，可侵染丝瓜，尚不知是否还侵染其他葫芦科蔬菜。孢囊梗从气孔伸出，1～3次分枝，无隔膜、圆柱形、直立，长270～860μm；孢囊梗基部10～18μm一段稍肿胀，顶端钝平，孢囊梗上部呈3～6次单轴分枝；孢子囊椭圆形，具1～2μm长的微乳突，大小（11.6～23.3）μm×（10～15.2）μm，成熟后脱落，未发现卵孢子。

传播途径和发病条件　南方周年种植丝瓜地区，病菌在病叶上越冬

丝瓜霜霉病典型症状

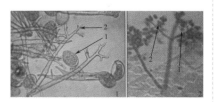

古巴假霜霉（左）和南方轴霜霉
1—孢子囊；2—孢囊梗

或越夏。北方病菌孢子囊主要是借季风从南方或邻近地区吹来，进行初侵染和再侵染。结瓜期阴雨连绵或湿度大则发病重。

防治方法　①选用夏绿3号、双丰1号、江苏1号、白沙双丰1号、驻丝瓜1号、广西1号、广西118、丰棱1号、南宁肉丝瓜、钦州小丝瓜、桂林八棱瓜、湘丝瓜等耐病品种。②加强田间管理，增施有机活性肥，提高抗病力。③发病初期开始喷洒250g/L吡唑醚菌酯乳油1000～1500倍液或18.7%烯酰·吡唑酯水分散粒剂（$667m^2$用75～125kg，对水100kg，均匀喷雾），隔10天1次，防治2～3次。

丝瓜疫病

症状　主要危害果实，茎蔓或叶片也可受害。近地面的果实先发病，出现水浸状暗绿色圆形斑，扩展后呈暗褐色，病部凹陷，由此向果面四周作水渍状浸润，上面生出灰白色霉状物，即病菌孢囊梗和孢子囊。湿度大时，病瓜迅速软化腐烂。茎蔓染病，病部初呈水渍状，扩展后整段软化湿腐，病部以上的茎叶萎蔫枯死。叶片染病，病斑呈黄褐色，湿度大时生出白色霉层腐烂。苗期染病，幼苗根茎部呈水浸状湿腐。

病原　*Phytophthora nicotianae* Breda de Hann，称烟草疫霉，属假菌界卵菌门疫霉属。

传播途径和发病条件　病菌在

种子上或以菌丝体及卵孢子随病残体在土壤中越冬，借风雨及灌溉水传播，病菌侵染幼苗致秧苗倒伏，成株坐瓜后，雨水多、湿度大易发病。病菌发育适温 27～31℃，最高 36℃，最低 10℃。遇阴雨或湿度大、土壤黏重、地势低洼、重茬地发病重。

丝瓜疫病病瓜上的水浸状浸润

防治方法 ①选用奥优丝瓜、丰棱 1 号、广西 1 号等耐病品种。②发病初期喷洒 560g/L 嘧菌·百菌清悬浮剂 700 倍液或 44% 精甲·百菌清悬浮剂 700 倍液。

丝瓜棒孢叶斑病

症状 叶上病斑近方形至长方形，灰色至灰褐色，边缘围以紫红色细线圈，大小 5～8mm。

病原 *Corynespora cassiicola*（Be-rk.&Curt.）Wei.，称多主棒孢霉，异名为 *C.mazei* Güssow，属真菌界子囊菌门棒孢属。

病菌形态特征、传播途径和发病条件、防治方法参见黄瓜、水果型瓜棒孢叶斑病。

丝瓜棒孢叶斑病病斑放大

丝瓜尾孢叶斑病

症状 主要为害叶片。病斑圆形或长形至不规则形，直径 0.5～13mm，叶面病斑中央白色至浅褐色，病斑边缘明显或不明显，有时现出褪绿至黄色晕圈，霉少见。早晨日出或晚上日落时，病斑上可见银灰色光泽，即病原体反射所致。

病原 *Cercospora citrullina* Cooke，称瓜类尾孢，属真菌界子囊菌门尾孢属。

丝瓜尾孢叶斑病

传播途径和发病条件 以菌丝体或分生孢子丛在土中的病残体上越冬。翌年以分生孢子进行初侵染和再侵染，借气流传播蔓延。温暖高湿、偏施氮肥或连作地发病重。

防治方法 ①清洁田园。②做好菜田开沟排水工作，防止积水。③发病初期开始喷洒 20% 唑菌酯悬浮剂 800～1000 倍液、50% 异菌脲可湿性粉剂 900 倍液、70% 丙森锌可湿性粉剂 500～600 倍液、50% 多菌灵可湿性粉剂 600 倍液、40% 百菌清悬浮剂 600 倍液、1：1：240 倍式波尔多液，隔 10 天左右 1 次，防治 1～2 次。

丝瓜西葫芦生链格孢叶斑病

症状 主要为害叶片，叶上病斑近圆形，中央灰褐色，边缘黄褐色，直径 10mm 左右，病斑两面生暗褐色霉层。

病原 *Alternaria peponicola*（G. L. Rabenhorst）E. G. Simmons，称西葫芦生链格孢，属真菌界子囊菌门链格孢属。

病害传播途径和发病条件、防治方法参见南瓜、小南瓜西葫芦生链格孢叶斑病。

丝瓜花腐病

症状 又称烂蛋。初发病时花和幼瓜呈水渍湿腐状，花或病果局部变褐腐败，病菌从花蒂部侵入幼瓜，向瓜上部扩展，造成幼瓜变褐，高温、高湿条件下扩展很快。

病原 *Choanephora cucurbitarum*（Berk. et Rav.）Thaxter，称瓜笄霉，属真菌界接合菌门笄霉属。

丝瓜花腐病病瓜

传播途径和发病条件、防治方法参见南瓜、小南瓜花腐病。

丝瓜灰霉病

症状 丝瓜灰霉病又称水烂花。主要危害瓜条，也为害花、叶和蔓，发病部位产生灰色霉层。病菌最初多从开败的花开始侵入，使花腐烂，产生灰色霉层，后由病花向幼瓜扩展，染病瓜条初期顶尖褪绿，后呈水渍状软腐，病花、病瓜接触到茎、花、幼瓜引起发病而腐烂，病部长满灰霉。

病原 *Botrytis cinerea* Pers.：Fr.，称灰葡萄孢菌，属真菌界子囊菌门葡萄孢核盘菌属。

丝瓜灰霉病症状

传播途径和发病条件　灰霉病是深冬时节主要病害，当棚内气温20℃左右、相对湿度85%以上时，放风不及时则灰霉病发生十分严重。灰霉菌的分生孢子通过气流传播，首先侵染丝瓜的残花败叶。

防治方法　①保护地采取变温管理，上午保持较高温度使棚顶露水雾化，下半夜适当增温防止叶面结露，清晨适当放风，雾气外流后马上关闭风口提温。②发病后适当控水，浇水应在晴天上午使其远离发病条件，减少发病概率。③蘸花时加入防治灰霉病的杀菌剂，如咯菌腈、异菌脲等，及时去除残花残叶。④有条件的用自控臭氧消毒。⑤阴雨天采用熏烟法控制气传灰霉病，可用菌核净、百菌清、异菌脲、腐霉利等烟雾剂和5%乙霉威粉尘剂、康普润静电粉尘剂，也可采用喷雾法，选晴天上午喷洒啶酰菌胺水分散粒剂1000～1500倍液混50%异菌脲1000倍液混27.12%碱式硫酸铜500倍液，或50%嘧菌环胺水分散粒剂800～1000倍液、41%聚砹·嘧霉胺水剂800倍液。喷药后闭棚提温，待叶上的水分蒸发后再放风。

丝瓜炭疽病

症状　主要为害丝瓜叶片、瓜蔓和果实。苗期发病，子叶边缘产生浅褐色凹陷斑，半圆形至椭圆形，四周常有黄褐色晕圈。成株叶片染病，初生水浸状小点，扩展后病斑成近圆形至不规则形，浅褐色，边缘红褐色。严重时病斑连片形成不受叶脉限制的大病斑，后期病斑上长出很多小黑点，湿度大时病斑上生出粉红色黏稠物。瓜蔓、叶柄染病，产生黄褐色长条形病斑。果实染病毒，现黄褐色椭圆形病斑，略凹陷。

丝瓜炭疽病叶片上的病斑

病原　*Colletotrichum orbiculare* Arx，称瓜类炭疽菌，属真菌界子囊菌门瓜类刺盘孢属。

传播途径和发病条件、防治方法参见黄瓜、水果型黄瓜炭疽病。

丝瓜菌核病

症状、病原、传播途径和发病条件、防治方法参见黄瓜、水果型黄瓜菌核病。

丝瓜菌核病病瓜上的菌丝和
纠结成的菌核

丝瓜黑星病

症状　苗期、成株均可受害。叶片染病先从幼嫩叶片开始发病，初发病时现圆形褪绿小斑点，后扩展成近圆形至不规则形 2 ~ 8mm 暗绿色病斑，1 ~ 2 天后病部干枯呈穿孔状，病部外缘出现星纹状穿孔。叶脉染病后致组织坏死，但由于病斑四周继续生长，造成周围的组织发生扭皱。幼叶染病时，多在 2 ~ 3 天时烂腐，造成秃尖或叶片变小畸形。

病原　*Cladosporium cucumerinum* Ell. et Arthur.，称瓜枝孢，属真菌界子囊菌门枝孢属。

传播途径和发病条件　病菌随病残体在田间或土壤中越冬，成为翌年初侵染源。播种带菌的种子引起丝瓜幼苗发病。病菌从叶片、茎等表皮直接侵入，也可从伤口或气孔侵入，后病斑上生出分生孢子，借气流、雨水传播进行多次再侵染。发病适温 17℃，低温、高湿持续时间长易发病，塑料温室气温 15 ~ 20℃、相对湿度高于 83% 或结露持续 12h 发病重。

防治方法　①选用抗病品种，从无病株上留种。与非瓜类蔬菜进行 2 年以上轮作，雨后及时排水，防止湿气滞留。②发病初期喷洒 15% 亚胺唑可湿性粉剂 2200 倍液或 50% 醚菌酯水分散粒剂 2000 倍液。

丝瓜枯萎病

症状　丝瓜枯萎病苗期发病，子叶先变黄、萎蔫后全株枯死，茎部或茎基部变褐缢缩成立枯状。成株发病，主要发生在开花结瓜后，初表现为部分叶片或植株的一侧叶片中午萎蔫下垂，似缺水状，但萎蔫叶早晚恢复，后萎蔫叶片不断增多，逐渐遍及全株，致整株枯死。主蔓基部纵裂，纵切病茎可见维管束变褐。湿度大时，病部表面现白色或粉红色霉状物，即病原菌子实体。有时病部溢出少许琥珀色胶质物。

病原　*Fusarium oxysporum* (Schl.) f. sp. *luffae* (Kawai) Suzuki et Kawai，称尖镰孢菌丝瓜专化型，属真菌界子囊菌门镰刀菌属。

丝瓜黑星病病叶

丝瓜枯萎病病株

病菌形态特征、传播途径和发病条件、防治方法参见黄瓜、水果型黄瓜枯萎病。抗枯萎病丝瓜品种有奥优丝瓜、夏绿 3 号、早冠 408、白沙双丰 1 号、莞研 1 号、雅绿 4 号。

丝瓜绵腐病

症状　苗期染病引起猝倒，主要在幼苗长出 1 ～ 2 片真叶时，先在胚茎露出土面的基部现水浸状斑，很快病部变为黄褐色，干瘪收缩成线状，在子叶还没萎凋之前即猝倒。3 片真叶后猝倒明显减少。果实染病，引起绵腐，初现水渍状斑点，扩展后变为黄色或褐色水浸状大病斑，与健部分界明显，后半个或整个果实腐烂，并在病部外围长出一层茂密的白色棉絮状菌丝体，果实染病始于脐部或从伤口侵入，在伤口附近显症，后导致全果腐烂。丝瓜果实生长期长，绵腐病发生重，长江以南尤为普遍。

丝瓜绵腐病典型症状

病原　*Pythium aphanidermatum* (Eds.) Fitzp.，称瓜果腐霉，属假菌界卵菌门腐霉属。

传播途径和发病条件　该菌腐生性强，在土壤中长期存活，病菌以卵孢子在土壤中越冬或度过不利环境条件，条件适宜时萌发产生游动孢子或直接长出芽管侵入寄主；在土中营腐生生活的菌丝也可产生孢子囊，释放出游动孢子侵染瓜苗，引起猝倒病；在病残体上又产生孢子囊和游动孢子借雨水溅射到近地面的果实上，侵入后形成绵腐，在田间不断进行重复侵染。主要靠风雨或流水及带菌有机肥传播，秋后病菌又在病部组织里形成卵孢子越冬。结瓜期阴雨连绵、湿气滞留易发病。

防治方法　①选用绿旺、3 号丝瓜、短度丝瓜、长度丝瓜等耐湿的品种。②育苗期及丝瓜长出 3 片真叶以前要注意防止幼苗猝倒病，具体方法参见黄瓜、水果型黄瓜猝倒病。③定植时采用高畦或起垄种瓜，南方畦面做成龟背形，排水沟深 30 ～ 40cm，防止雨后畦面积水，定植穴施入腐熟有机肥，丝瓜架棚要搭得高些，下垂的果实不要与地面接触，同时要注意通风，防止湿气滞留。北方前期少浇水、多中耕，棚室栽培时要注意放风、降湿。④苗期发病初期喷淋 32.5% 苯醚甲环唑·嘧菌酯悬浮剂 1000 倍液混 50% 烯酰吗啉水分散粒剂 750 倍液，或 560g/L 嘧菌·百菌清悬浮剂 600 ～ 800 倍液、25% 嘧菌酯悬浮剂 1000 倍液、250g/L 吡唑醚菌酯乳油 1500 倍液、52.5% 噁酮·霜脲氰水分散粒剂 800 ～ 1000 倍液。⑤生物防治法。即将人工培养的抗生菌施入土中抑制病菌生长。如在瓜田施用枯草芽孢杆菌或哈茨木霉的培养物，以利土壤中拮抗微生物繁育，从而达到抑制病原菌生长之目的，可以收到防病增产的效果。

丝瓜白粉病

症状 丝瓜白粉病主要为害叶片。先在叶背产生白色粉状圆斑，后在叶正、背两面长出稀疏或浓密的白粉状霉，致叶片局部或全部变黄干枯。有些品种白粉不明显，仅在病部产生黄褐色斑块，经保湿48h，病部产生白霉，即病原菌分生孢子梗和分生孢子。

丝瓜白粉病病叶

病原 *Podosphaera xanthii*，称苍耳叉丝单囊壳，属真菌界子囊菌门。无性态为 *Oidium erysiphoides*，称白粉孢，属真菌界子囊菌门粉孢属。此外还有奥隆特高氏折粉菌，属子囊菌门高氏白粉菌，主要分布在江苏、黑龙江、甘肃、青海、新疆等地。苍耳叉丝单囊壳分布更广，分布在河北等17个省市。

传播途径和发病条件 参见冬瓜、节瓜白粉病。

防治方法 ①选用抗病品种。如夏棠1号、夏绿3号、双丰1号肉丝瓜、莞研1号、雅绿4号、天河夏丝瓜。种植其他品种要注意防治白粉病。②其他方法参见冬瓜、节瓜白粉病。

丝瓜轮纹斑病

症状 主要为害叶片，病部初呈水渍状褐色斑，边缘呈波纹状，若干个波纹形成同心轮纹状，病斑四周褪绿或出现黄色区，湿度大时表面现污灰色菌丝，后变为橄榄色，有时病斑上可见黑色小粒点，即病菌分生孢子器。

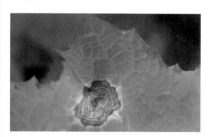

丝瓜轮纹斑病病叶（摄于昆明）

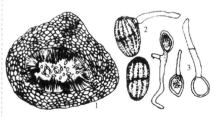

丝瓜轮纹斑病菌
1—分生孢子器；2—成熟的分生孢子及萌发；3—不成熟的分生孢子及其萌发状态

病原　*Diplodia natalensis* Evans，称蒂腐色二孢或蒂腐壳色单隔孢，属真菌界子囊菌门色二孢属。

传播途径和发病条件　病菌以菌丝体和分生孢子器在病残体上越冬。翌年条件适宜时，分生孢子器内释放出分生孢子，通过风雨在田间传播蔓延，在南方柑橘种植区病菌可从柑橘园传播到菜田，孢子萌发后从叶片侵入，气温 27 ～ 28℃，湿度大或干湿与冷热变化大时易发病。

防治方法　①选用绿旺、3 号丝瓜、短度节瓜等耐湿品种。②选择高燥地块种植，施用酵素菌沤制的堆肥或生物有机复合肥，加强田间管理，提高抗病力。③注意及时防治守瓜类、蟓象类害虫，防止从伤口侵入。④雨后及时排水，防止湿气滞留。⑤发病初期喷洒 33.5% 喹啉铜可湿性粉剂 800 倍液、36% 甲基硫菌灵悬浮剂 500 倍液、75% 百菌清可湿性粉剂 600 倍液、25% 嘧菌酯悬浮剂 1000 倍液，每 667m² 喷对好的药液 60 ～ 70L，隔 7 ～ 10 天 1 次，连续防治 2 ～ 3 次。

丝瓜细菌性角斑病

症状　主要发生在叶、叶柄、茎、卷须及果实上。叶片染病初生透明状小斑点，扩大后形成具黄色晕圈的灰褐色斑，中央变褐或呈灰白色穿孔破裂，湿度大时病部产生乳白色细菌溢脓。茎和果实染病，初呈水浸状，后也溢有白色菌脓，干燥时变为灰色，常形成溃疡。

丝瓜细菌性角斑病症状

病原　*Pseudomonas syringae* pv. *lachrymans*（Smith et Bryan）Young，Dye&Wilkie，称丁香假单胞杆菌黄瓜角斑病致病变种，属细菌界薄壁菌门。

传播途径和发病条件　参见冬瓜、节瓜细菌性角斑病。

防治方法　①选用夏棠 1 号、天河夏丝瓜等抗细菌性角斑病的品种。②其他方法参见冬瓜、节瓜细菌性角斑病。

丝瓜病毒病

症状　幼嫩叶片感病呈浅绿与深绿相间的斑驳或褪绿色小环斑。老叶染病现黄色环斑或黄绿相间花叶，叶脉抽缩致叶片歪扭或畸形。发病严重的叶片变硬、发脆，叶缘缺刻加深，后期产生枯死斑。果实发病，病果呈螺旋状畸形，或细小扭曲，其上产生褪绿色斑。

丝瓜病毒病病瓜

病原　由多种病毒侵染引起。据南京、北京等地鉴定以黄瓜花叶病毒（CMV）为主，此外，还有烟草环斑病毒（TRSV），泰安还检测出烟草花叶病毒（TMV）、芜菁花叶病毒（TuMV）及马铃薯Ｖ病毒（PVY）。

传播途径和发病条件　黄瓜花叶病毒可在菜田多种寄主或杂草上越冬，在丝瓜生长期间，除蚜虫传毒外，农事操作及汁液接触也可传播蔓延。甜瓜花叶病毒除种子带毒外，其他传播途径与黄瓜花叶病毒类似。烟草环斑病毒主要靠汁液摩擦传毒。

防治方法　①选用湘丝瓜、江苏1号丝瓜、驻丝瓜1号等抗病毒病品种。②其他方法参见黄瓜、水果型黄瓜病毒病。

丝瓜根结线虫病

症状　丝瓜被根结线虫危害后，植株地上部生长缓慢，影响生长发育，致植株发黄矮小，气候干燥或中午前后地上部打蔫，拔出病株，可见根部产生大小不等的瘤状物或根结，剖开根结可见其内生有许多白色细小的梨状雌虫，即根结线虫。

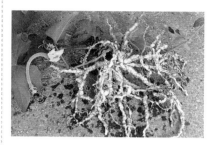

丝瓜根结线虫病

病原　*Meloidogyne incognita* Chi-twood，称南方根结线虫，属动物界线虫门。病原线虫雌雄异形，幼虫细长蠕虫状。雄成虫线状，尾端稍圆，无色透明，大小（1.0～1.5）mm×（0.03～0.04）mm。雌成虫梨形，每头雌线虫可产卵300～800粒，雌虫埋藏于寄主组织内。

传播途径和发病条件　该虫多在土壤5～30cm处生存，常以卵或2龄幼虫随病残体遗留在土壤中越冬，病土、病苗及灌溉水是主要传播途径。一般可存活1～3年，翌春条件适宜时，由埋藏在寄主根内的雌虫产出单细胞的卵，卵产下经几小时形成一龄幼虫，脱皮后孵出二龄幼虫，离开卵块的二龄幼虫在土壤中移动寻找根尖，由根冠上方侵入定居在生长锥内，其分泌物刺激导管细胞膨胀，使根形成巨型细胞或虫瘿，或称根结，在生长季节根结线虫的几个世代以对数增殖，发育到4龄时交尾产卵，卵在根结里孵化发育，2龄后离开卵块，进入土中进行再侵染或越冬。在温室或塑料棚中单一种植几年后，导致寄主植物抗性衰退时，根结线虫可逐步成为优势种。南方根结线虫生存最适温度25～30℃，高于40℃、低于5℃都很少活动，55℃经10min致死。田间土壤湿度是影响孵化和繁殖的重要条件。土壤湿度适合蔬菜生长，也适于根结线虫活动，雨季有利于孵化和侵染，但在干燥或过湿土壤中，其活动受到抑制，其危害沙土常较黏土重，适宜土壤pH值4～8。

【防治方法】 ①保护地前茬收获后及时清除病残体，集中烧毁，深翻50cm，起高垄（30cm），沟内淹水，覆盖地膜，密闭棚、室15～20天，经夏季高温和水淹，防效90%以上。②保护地丝瓜根结线虫病其他防治方法参见黄瓜、水果型黄瓜根结线虫病。③提倡用砧祥抗线1号砧木与丝瓜嫁接防治根结线虫，防效高达95%。

丝瓜缺硼

【症状】 果实发育不良，果皮果肉木栓化或坏死，果实纵向开裂。

【病因】 一是土壤质地轻或沙性强，有效硼易淋失，造成土壤供硼不足。二是高度风化和淋溶的红黄壤，在成土过程中因强的淋溶作用造成土壤全硼含量低，有效硼不足。三是新开发的菜田，土壤有机质

丝瓜缺硼果实出现开裂

少，有效硼储量不足，也常引起缺硼。四是土壤过干影响硼素的吸收，有时大量施用石灰也会降低硼的有效性，使土壤供硼不足，导致缺硼。

【防治方法】 ①土施。每667m² 施入硼酸0.5kg，瓜类对硼敏感不宜多施。②应急时叶面喷施0.1%～0.15%硼砂或硼酸水溶液，配制时，先用热水溶解为宜。

丝瓜防早衰提高精品瓜率

【症状】 丝瓜长势弱，瓜条生长不良，弯瓜、细腰瓜等畸形瓜增多，植株生长缓慢，入夏以后气温、光照等环境条件发生变化，根系易老化或发生早衰。

【病因】 一是留瓜偏多。一般冬季种植丝瓜时，采取5～6片叶留1个瓜，这样既能保证瓜条得到充足的营养，又可保证植株生长旺盛。种植越夏丝瓜时，植株生长快，都是3～4片叶留1个瓜，这要根据植株长势而定，植株生长旺盛可以3～4片叶留1个瓜；但在生长弱的植株上，应适当减少留瓜，改为5～6片

丝瓜早衰症状

叶留1个瓜，否则瓜株负担过重，根系、茎、叶生长发育不良易引发早衰。二是棚室温度。立夏后棚温升高，必须加强通风，生产上温度过高或过低都会发生早衰。三是肥水。丝瓜喜潮湿不耐干旱，适宜土壤含水量为70%～85%，这时干旱持续时间长也易发生早衰。四是营养生长与生殖生长失衡。很多人都在主蔓长到15片叶、株高1.5m时开始留瓜，对于越冬茬和早春茬这时留瓜有些早，因为温度低，瓜株生长缓慢，易出现营养分配失调，茎秆细弱，瓜条生长不良或出现畸形瓜，出现早衰。五是病虫害危害也会发生早衰。

防治方法　①坐瓜之前以壮棵为主，植株长到5～6片叶时吊蔓，进行第1次冲肥，可选用肥力钾、顺藤A+B等全水溶性肥料3～4kg，配施阿波罗963养根素1kg，促生根壮棵。越夏丝瓜吊蔓时间尽量向后延，最好见雌花开花时进行吊蔓，防止植株旺长。吊蔓后及时把主蔓上的侧枝和雄花疏掉，以利主蔓粗壮。②越冬茬和早春茬长到22～24片叶时再留瓜，进入夏季气温升高长

势旺可尽早留瓜，为了保证连续结瓜、温度高时长势旺，每隔3片叶留1瓜，长势弱的隔4～5片叶留1瓜，发现瓜株生长过于缓慢，可把幼瓜全部疏除，促蔓生长。再据长势决定怎么留瓜。合理留瓜、不要过多。③调整棚温，防止棚温过高或过低。丝瓜生长适温白天25～32℃，夜间15～20℃，立夏后棚温升高，必须加强通风，采用遮阳网，合理浇水降温，防止早衰。④巧施肥水，防止因干旱引起早衰。生产上应在摘心后浇1次水，蘸瓜后2天浇1次水，摘瓜前2天浇1次水，促进瓜条生长，这时应冲施阿波罗963养根素配合肥力钾水溶肥，预防早衰。结果期据测土数据进行施肥，增强抗病力。⑤落蔓前喷洒32.5%苯甲·嘧菌酯悬浮剂1500倍液混27.12%碱式硫酸铜500倍液防治细菌性角斑病。利用防虫网、悬挂黄色粘虫板，及时喷洒24%螺虫乙酯悬浮剂2000倍液或40%啶虫脒乳油4000倍液杀灭传毒蚜虫，减少病毒病，有效防止早衰，提高精品瓜率。

越夏丝瓜雌花少、不坐瓜、拔节长、预防结果盛期出现早衰歇秧

症状　丝瓜是喜温蔬菜，丝瓜也是热门蔬菜，这几年丝瓜的价格一直居高不下，种好了效益很高，种不好经常出现丝瓜旺长或有花无瓜、花杂开了一批又一批但就是没结几个瓜

的现象，原因是开的雄花多，雌花很少。这是丝瓜有花无瓜、丝瓜徒长、丝瓜不结瓜的大问题。结瓜盛期出现早衰歇秧也时有发生。

越夏丝瓜气温高时只开雄花

入秋后天凉了才开雌花（左为雌花花蕊，右为雄花）

病因　一是棚室或露地温度高，高温强光以及光照时间过长，都会影响丝瓜的正常生长发育。二是气温或大棚中温度很容易超过35℃，通风条件不好的甚至超过40℃，遇有偏施氮肥、水分充足很易引起丝瓜植株旺长，夜晚棚室中的最低温度也在20℃以上，会造成雌花分化节位提升，延迟开花的时间。三是越夏丝瓜种植过程中很易出现雌花少、开花迟等问题。四是结瓜盛期出现丝瓜早衰歇秧，是管理不到位。

防治方法　①加强前期管理，促进雌花分化，丝瓜进入子叶期茎尖已开始花芽分化，雄花先于雌花发育，早熟品种的苗龄12天，幼苗2～3叶期开始；中熟品种苗龄16天，幼苗3～5叶期，雄蕊原基发生；晚熟品种苗龄22天，幼苗5～7叶期，雌蕊原基开始出现，提早喷洒40%增瓜灵，可在幼苗3～5叶期喷洒，间隔7～10天再喷1次，浓度2000～3000倍液，即可达到促进雌花分化，提高成花率的目的。对旺长的植株可喷洒25%助壮素750倍液。②合理调控前期棚内温度，保持棚内白天35℃以下，延迟闭风时间，把夜温控制在18～20℃，如果夜温过高，放风口夜间也开着，也可在中午进行喷水降温。③减少光照时间，这时光照将成为影响雌花分化的最大障碍，在6月要增设遮阳网，通过控制光照长度和光照强度，确保雌花正常分化，遮阳网选择遮光率较低的银灰色为好。同时注意遮阳时间，只在光照最强的12点至14点遮阳。④合理施肥控制氮肥用量，防止出现旺长。此外还需适当补充硼肥，叶面喷施速乐硼1500倍液或硼尔镁1000倍液。⑤加强管理，防止结瓜盛期出现断茬歇秧情况，除上述做法外，还要注意留瓜，丝瓜一般5～6叶片留1条瓜，既可保证瓜条得到充足养分，又可保证植株生长旺盛。越夏丝瓜种植时，多为三四片叶留1条瓜，生产上根据长势确定留瓜，生长旺盛的就这么做，生长较弱的植株上应改为五六片叶留 1 条瓜，否则造成瓜株负担过重，根系、茎叶生长发育不良而引起早衰。丝瓜夏季要加强落蔓，增加落蔓幅度至 80cm，保持株高 120cm。生产上要及时浇水追肥，丝瓜喜潮湿，不耐旱，适宜土壤含水量为 70%～85%，应及时浇水，防止瓜株因干旱出现早衰，生产上应在摘心后浇 1 次水，摘瓜前 2 天浇 1 次水，可促进瓜条和瓜株生长，防止早衰。丝瓜结果期营养生长和生殖生长都很旺盛，对养分需求量很大，因此要及时追肥。提倡施用硅肥又称寡肽素。硅在瓜株体内作用机理是随着硅元素吸收量增加会抑制氮的吸收，对底肥中氮元素充足的，使用 1～2 次硅肥，可预防徒长的发生，可在返棵期冲施 1～2 次裕原硅肥，每 667m^2 施 6～20kg，10～15 天后再施 1 次促根深扎，达到控旺防止徒长的效果。也可施用智能 963 养根素，每 667m^2 随水冲施 1000ml 养根促花。

七、苦瓜病害

苦瓜 学名 *Momordica charantia* L.，别名凉瓜，是葫芦科一年生攀缘性草本植物，是南方主要瓜类蔬菜，现北方已作为名优或小品种蔬菜普遍种植。苦瓜在南方栽植病虫害较少，但在北方种植后，由于生态条件或栽培季节的改变，苦瓜的病害仍然是生产上的重要问题。如蔓枯病和白粉病发病重，造成茎叶枝蔓枯死。

苦瓜蔓枯病

症状 为害叶片、茎蔓、瓜条。叶片染病，初生水渍状小点，后变成圆形至椭圆形或不规则形较大病斑，灰褐色至黄褐色，有轮纹，后期病斑上生出黑色小点，即病菌的分生孢子器。茎蔓染病，产生长条形不规则浅灰褐色病斑，常引起茎蔓纵裂，湿度大时流胶。果实染病，初生水渍状小圆点，后产生稍凹陷黄褐色木栓化病斑，造成瓜组织变朽或开裂，后期病斑上也具小黑点。

病原 有性态为 *Didymella bryoniae*，称蔓枯亚隔孢壳，属子囊菌门亚隔孢壳属。无性型为 *Phoma cucurbita-cearum*，称瓜茎点霉，属真菌界子囊菌门茎点霉属。

传播途径和发病条件 病菌以子囊壳或分生孢子器随病残体留在土壤中或在种子上越冬。翌年病菌靠风、雨传播，从气孔、水孔或伤口侵入，导致发病。种子带菌可行远距离传播，播种带菌种子苗期即可发病，田间发病后，病部产生分生孢子进行再侵染。

苦瓜蔓枯病病叶

苦瓜蔓枯病病蔓

气温 20～25℃、相对湿度高于 85%、土壤湿度大易发病；高温多雨、种植过密、通风不良的连作地易发病，北方或反季节栽培发病重。近年蔓枯病有日趋严重之势，生产上应注意防治。

[防治方法] ①选用江门大顶、槟城苦瓜、穗新2号、夏丰2号、湛油苦瓜、永定大顶苦瓜、89-1苦瓜、玉溪苦瓜、成都大白苦瓜、草白苦瓜等耐热品种。②嫁接防病。即用苦瓜作接穗，丝瓜作砧木，把苦瓜嫁接在丝瓜上。播种前种子先消毒，再把苦瓜、丝瓜种子播在育苗钵里，待丝瓜长出3片真叶时，将切去根部的苦瓜苗或苦瓜嫩梢作接穗嫁接在丝瓜砧木上。可采用舌接法：把苦瓜苗切断接入丝瓜切口处，待愈合后再剪断丝瓜枝蔓，待苦瓜长出4片真叶时，再定植。生产上用什么品种，采用哪种嫁接方法各地应先试验后确定，以免产生亲和性不好等问题。③实行与非瓜类作物2～3年以上轮作，瓜类蔬菜收获后，及时清除病残体及落叶，以减少菌源。④选用无病种子。⑤采用苦瓜测土配方施肥技术，施用腐熟有机肥，雨后及时排水。棚室要适度放风，浇水后不宜闷棚。⑥保护地于发病初期用45%百菌清烟剂，每667m² 每次用药250g，熏1夜，也可用5%百菌清粉尘剂1kg喷粉。⑦露地喷洒560g/L嘧菌·百菌清悬浮剂700倍液、30%戊唑·多菌灵悬浮剂700倍液、250g/L吡唑醚菌酯乳油1500倍液、75%肟菌·戊唑醇水分散粒剂3000倍液，隔10天1次，防治2～3次。

苦瓜棒孢叶斑病

[症状] 又称褐斑病、靶斑病。叶上初生褐色多角形或不规则形小点，后中央变浅，病斑扩展后呈近方形至多角形，病斑一侧保持深褐色，另一侧色浅，大小3～8mm，病健交界处具不完整的褐色细线，多斑融合致叶片干枯。

苦瓜棒孢叶斑病叶面上的病斑

[病原] *Corynespora cassiicola* (Berk. et Curt.) Wei.，称多主棒孢霉，异名为 *C.mazei* Güssow，属真菌界子囊菌门棒孢属。

传播途径和发病条件、防治方法参见黄瓜、水果型黄瓜棒孢叶斑病。

苦瓜炭疽病

[症状] 苦瓜炭疽病主要为害叶、茎蔓和果实。叶片染病，现圆形至不规则形中央灰白色斑，直径0.1～0.5cm，后产生黄褐色至棕褐色圆形或不规则形病斑。茎蔓染病，病斑呈椭圆形或近椭圆形，边缘褐色的凹陷斑，有时龟裂。瓜条染病，病斑不规则，初病斑黄褐色至黑褐色，

水渍状，圆形，后扩大为棕黄色凹陷斑，有时有同心轮纹，湿度大或阴雨连绵时，病部呈湿腐状；天气晴或干燥条件下，病部呈干腐状凹陷，颜色变得浅淡，但边缘色仍较深，四周呈水渍状黄褐色晕环，严重时数个病斑连成不规则凹陷斑块。后期病瓜组织变黑，但不变糟且不易破裂，有别于蔓枯病。该病叶片上产生的小黑点，即病原菌的分生孢子盘，很小，肉眼不易看清。

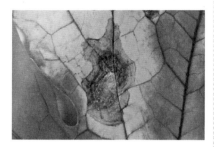

苦瓜炭疽病叶片上的炭疽斑
（蔡学清）

苦瓜炭疽病病瓜上的炭疽斑

病原 *Colletotrichum orbiculare* Arx，称瓜类炭疽菌，属真菌界子囊菌门瓜类刺盘孢属。有性阶段为 *Glomerella cingulata* var. *orbicularis* Jenk. et al.，称葫芦小丛壳。

传播途径和发病条件 主要以菌丝体或拟菌核在种子上或随病残株在田间越冬，亦可在温室或塑料温室旧木料上存活。越冬后的病菌产生大量分生孢子，成为初侵染源。此外，潜伏在种子上的菌丝体也可直接侵入子叶，导致苗期发病。病菌分生孢子通过雨水传播，孢子萌发适温 22～27℃，病菌生长适温 24℃，8℃以下、30℃以上即停止生长。10～30℃均可发病，其中 24℃发病重。湿度是诱发本病的重要因素，在适宜温度范围内，空气湿度 93% 以上，易发病，相对湿度 97%～98%、温度 24℃潜育期 3 天，相对湿度低于 54% 则不能发病。早春塑料棚温度低，湿度高，叶面结有大量水珠，苦瓜吐水或叶面结露，发病的湿度条件经常处于满足状态，易流行。露地条件下发病不一，南方 7～8 月，北方 8～9 月，低温多雨条件下易发生，气温超过 30℃，相对湿度低于 60%，病势发展缓慢。此外，采用不放风栽培法及连作、氮肥过多、大水漫灌、通风不良，植株衰弱则发病重。此病南方危害不重，但北方反季节栽植的苦瓜危害较重。

防治方法 ①选用英引苦瓜、绿宝石苦瓜、滑身苦瓜、90-2 苦瓜、89-3 苦瓜等对病害抗性强的品种。②选用无病种子，从无病种株上采收种子。种子消毒，种子用 55℃温水浸种 15～20min，或用种子重量 0.3% 的 25% 溴菌腈（炭特灵）或

25% 施百克可湿性粉剂拌种。③无病土育苗，高畦栽培。施足基肥，增施磷、钾肥。适当控制灌水，采用地膜覆盖和滴灌或膜下暗灌等先进技术，雨后及时排水。保护地应注意通风降低湿度，控制该病发生。④加强田间管理。及时摘除初期病瓜、病叶，减少田间菌源。绑蔓、采收等农事操作，应在露水干后进行，以免人为传播。收获后彻底清除田间病残体，并携出田外沤肥或烧毁。生产上大棚坐瓜多的棚内湿度大，易发病，因此要加大通风，降低棚内湿度，大水大肥的管理也是炭疽病高发的原因之一，生产上要控制浇水量，做到小水勤浇，防止湿度过大，减少发病。⑤苦瓜苗出地前可先用药防治 1 次，防止幼苗带菌。⑥药剂防治。发病初期喷洒 32.5% 苯甲·嘧菌酯悬浮剂 1500 倍液混 27.12% 碱式硫酸铜 500 倍液或 25% 咪鲜胺乳油 1000 倍液、50% 咯菌腈可湿性粉剂 5000 倍液、30% 戊唑·多菌灵悬浮剂 700 倍液、70% 代森联悬浮剂 600 倍液，可有效防治苦瓜苗期和成株期的炭疽病。

苦瓜疫病

症状 苦瓜疫病多在开花以前显症。叶片染病先失去光泽，后呈水烫状萎凋下垂。一般下部叶片先发病，后逐渐向上蔓延。发病初期上述症状早、晚尚能恢复，病情严重时则不能复原。仔细观察植株基部变为水

苦瓜疫病发病初期症状

苦瓜疫病病株

渍状发软，湿度大时可见病部长出很薄的一层白霉，即病菌的孢囊梗和孢子囊。

病原 *Phytophthora drechsleri* Tucker，称掘氏疫霉，属假菌界卵菌门疫霉属。

形态特征、传播途径和发病条件参见黄瓜、水果型黄瓜疫病。

防治方法 ①选用湘旱优 1 号、大肉 2 号、春玉、春帅、热炎 1 号、春华、春绿等抗病品种。②其他方法参见黄瓜、水果型黄瓜疫病。

苦瓜霜霉病

症状 苦瓜霜霉病主要为害叶片。初叶面现浅黄色小斑，后扩大，

病斑受叶脉限制呈多角形或不规则形，颜色由黄色逐渐变为黄褐色至褐色，严重时病斑融合为斑块。湿度大时，在叶背面长出淡紫色霉状物，有时叶面也可见淡紫色菌丝，天气干燥时则很少见到霉层，该病田间症状与苦瓜白粉病酷似。苦瓜白粉病也危害叶片、叶柄和茎，初多在叶面或嫩茎上现白色霉点，后扩展成霉斑，严重时叶片出现褪绿黄色斑，有的连成大片或布满整个叶片正面或背面。进入秋季在白色霉斑上长出很多黑色的小粒点，即病原菌的子囊壳，有别于疫霉病。必要时镜检病原确定。

苦瓜霜霉病病叶上的霜霉斑

病原 *Pseudoperonospora cubensis*（Berkeley et Curtis）Rostov.，称古巴假霜霉菌，属假菌界卵菌门霜霉属。除侵染苦瓜外，还可侵染冬瓜、西瓜、甜瓜、香瓜、洋香瓜、黄瓜、西葫芦、葫芦、金瓜、丝瓜和佛手瓜等。

传播途径和发病条件 在寒冷地区，病菌可在温室或大棚活体植株上存活，从温室或大棚向露地植株传播侵染，至于能否以卵孢子在土中存活越冬尚不明确。在温暖地区，田间周年都有瓜类寄主存在，病菌可以孢子囊借风雨辗转传播危害，无明显越冬期。病菌萌发温限 4 ～ 32℃，以15 ～ 19℃为最适，低温阴雨易诱发本病。华南、云南 5 ～ 6 月及 9 月发生，北京、内蒙古 7 ～ 10 月发生，一般危害较轻，看来苦瓜对霜霉病抗性较强，但在北方或反季节栽培时，要考虑进行防治。

防治方法 ①在重病地注意选用抗病良种。如中华领秀、碧玉苦瓜、夏丰 3 号、湘苦瓜、湘丰 11 号苦瓜。②施用酵素菌沤制的堆肥或生物有机复合肥，做好清沟排渍，降低田间湿度，可减轻危害。③从避免病害的角度出发，棚室内湿度最好保持在 90% ～ 95%，尤其要缩短叶面结露的时间或将其控制在间歇状态。生产上由于夜间辐射散热作用，植株的体温有时比棚室内气温低，当这时棚室内湿度处于饱和状态时，气温和结露温度（露点温度）相等时，植株表面即产生结露。此外，日出后作物表面温度上升速度较气温慢，当土表水分蒸发致相对湿度接近饱和状态，则植株表面温度低于露点温度，这种情况也会出现结露。看来，结露可在两种情况下出现，但其频度则因地区、季节、设施条件不同而异。管理上应设法缩短叶面结露持续的时间。④发病初期喷洒 0.3% 丁子香酚 • 72.5% 霜霉威盐酸盐 1000 倍液、60% 锰锌•氟吗啉可湿性粉剂 750 倍液、10% 氰霜唑悬浮剂 2000 倍液、560g/L 嘧菌•百菌清悬浮剂 700 倍液、18% 霜脲氰悬浮剂 800 倍液、68.75% 噁酮·锰锌水分散粒剂 900 倍液、69% 烯酰·锰锌可湿性粉剂或水分散粒剂 500 倍液、18.7% 烯酰·吡唑酯水分散粒剂（75 ～ 125g/667m²，对水 100kg）。

苦瓜枯萎病

症状 尖镰孢菌苦瓜专化型引起的苦瓜枯萎病病株表现黄化和萎蔫，茎基部组织内导管褪色变褐。近年广东该病发生相当普遍，十分严重。

苦瓜枯萎病病株茎基部症状

苦瓜枯萎病菌
大分生孢子、小分生孢子和厚垣孢子

病原 *Fusarium oxysporum* f. sp. *momordicae* Sun & Huang，称尖镰孢菌苦瓜专化型，属真菌界子囊菌门镰刀菌属。高度侵染苦瓜，不侵染冬瓜、黄瓜、丝瓜。

传播途径和发病条件 病菌以厚垣孢子或菌丝体在土壤、肥料中越冬，成为翌年主要初侵染源，病部产生的大、小分生孢子通过灌溉水或雨水飞溅，从植株地上部的伤口侵入，并进行再侵染，菜地土表和田边草丛中的病原菌需 12 ～ 18 个月失去存活力。地势低洼、植株根系发育不良、天气湿闷则发病重。

防治方法 ①选用穗新 1 号、夏丰 2 号、中华领秀、碧玉苦瓜、英引苦瓜、夏雷苦瓜、成都大白苦瓜、草白苦瓜等抗枯萎病的品种。②避免与瓜类蔬菜连作。③采用营养钵育苗，营养土提前消毒，培育无病苗方法参见黄瓜、水果型黄瓜枯萎病。④定植时每 667m² 用 80% 多菌灵可湿性粉剂 2kg 与 20kg 细土，混匀后撒在定植穴内，与土混匀后定植，浇水，可减少发病，开花坐果后或发病前浇灌 2.5% 咯菌腈悬浮剂 1000 倍液或 25% 咪鲜胺乳油 1000 倍液或 25% 氰烯菌脂悬浮剂 700 倍液或 70% 噁霉灵可湿性粉剂 1500 倍液或 50% 异菌脲可湿性粉剂 1000 倍液或 70% 多菌灵或 1% 申嗪毒素悬浮剂 700 倍液，隔 10 天左右 1 次，防治 2 ～ 3 次。

苦瓜尾孢叶斑病

症状 主要危害叶片，初在叶片上现灰褐色小点，后扩展成不规则形坏死斑，灰褐色，中央白色，边缘明显，四周围有暗褐色至近黑褐色线圈，后期变成暗褐色，病斑上生出灰褐色至浅黑灰色霉状物，即病原菌的分生孢子梗和分生孢子。多个病斑融合成大斑致叶片干枯。

[病原] *Cercospora citrullina* Cooke.，称瓜类尾孢，属真菌界子囊菌门尾孢属。除危害苦瓜外，还危害黄瓜、冬瓜、西瓜、南瓜、西葫芦、丝瓜、香瓜等。

苦瓜尾孢叶斑病病叶

[传播途径和发病条件] 病菌以菌丝体在病残组织上越冬，条件适宜时，产生分生孢子，借风雨传播进行初侵染，发病后病斑上又产生分生孢子进行多次再侵染。雨日多、湿度高易发病。

[防治方法] ①苦瓜拉秧后，彻底清除病残体，集中烧毁或沤肥，以减少菌源。②采用测土配方施肥技术，增施磷钾肥，增强抗病力。③加强田间管理，雨后及时排水，防止湿气滞留，浇水改在上午，切忌大水漫灌。④发病初期喷洒 20% 唑菌酯悬浮剂 900 倍液、50% 甲基硫菌灵可湿性粉剂 600 倍液、50% 多菌灵可湿性粉剂 700 倍液、250g/L 吡唑醚菌酯乳油 1000 倍液。

· 苦瓜瓜链格孢叶枯病

[症状] 苦瓜叶枯病主要为害叶片和果实。果实染病，初在果面现圆形至不规则形褐色至暗褐色病斑，后扩大，直径 2～5mm，病情严重的，病斑融合成片，致果面产生黑斑干枯。叶片染病，产生椭圆形褐斑，湿度大时长出黑霉。

苦瓜瓜链格孢叶枯病病叶

苦瓜瓜链格孢叶枯病病瓜

[病原] *Alternaria cucumerina* （Ell. et Ev.）Elliott，称瓜链格孢，属真菌界子囊菌门链格孢属。

传播途径和发病条件 以菌丝体、分生孢子在病残体上或以分生孢子在病组织外，或黏附在种表越冬，成为翌年初侵染源。在室温条件下，种子表面附着的分生孢子可存活 1 年以上，种子里的菌丝体则可存活一年半以上，病残体上的菌丝体在室内保存可存活 2 年，在土表或潮湿土壤中可存活 1 年以上。生长期内病残体产生的分生孢子借风雨传播，分生孢子萌发可直接侵入叶片，条件适宜 3 天即显症，很快形成分生孢子进行再侵染。种子带菌是远距离传播的重要途径。该病的发生主要与苦瓜生育期、温湿度关系密切。气温 14 ～ 36℃、相对湿度高于 80% 即见发病。雨日多、雨量大，相对湿度高于 90% 易发病，晴天、日照时间长对该病有一定抑制作用，生产上连作地、偏施氮肥、排水不良、湿气滞留发病重。

防治方法 ①选用无病种瓜留种。②轮作倒茬。③施用酵素菌沤制的堆肥或有机活性肥，提高抗病力。严防大水漫灌。④棚室发病初期采用粉尘法或烟雾法。a. 粉尘法，喷撒康普润静电粉尘剂每 $667m^2$ 800g，持效 20 天。b. 烟雾法，于傍晚点燃 45% 百菌清烟剂，每 $667m^2$ 200 ～ 250g，隔 7 ～ 9 天 1 次，视病情连续或交替轮换使用。⑤露地发病前喷洒 10% 苯醚甲环唑微乳剂 900 倍液、32.5% 苯甲·嘧菌酯悬浮剂 1500 倍液、50% 异菌脲或 50% 腐霉利可湿性粉剂 1000 倍液，每 $667m^2$ 喷对好的药液 60L，隔 7 ～ 10 天 1 次，

连续防治 2 ～ 3 次，喷药后 4h 遇雨，应补喷，生产中雨后及时喷药可减轻危害。

苦瓜西葫芦生链格孢叶斑病

症状 主要为害叶片，叶斑近圆形，直径 10mm 左右，中央灰褐色，边缘黄褐色，病斑两面生暗褐色霉层，即病原菌分生孢子梗和分生孢子。

苦瓜西葫芦生链格孢叶斑病病瓜上的黑斑

病原 *Alternaria peponicola* （G. L.Rabenhorst）E.G.Simmons，称西葫芦生链格孢，属真菌界子囊菌门链格孢属。

传播途径和发病条件 病菌随病残体在土壤中越冬，翌年产生分生孢子，借风、雨传播蔓延。孢子从伤口侵入，一般高湿多雨或多露易发病。

防治方法 参见苦瓜瓜链格孢叶枯病。

苦瓜菌核病

症状 棚室或露地栽培的苦瓜

早春或晚秋均可发病，主要为害果实和茎蔓。果实染病，多始于残花部，初呈水渍状，后长出白色菌丝，菌丝纠结成黑色鼠粪状菌核。茎蔓染病，初在病部产生褪色水渍状斑，后长出菌丝，病部以上叶、蔓萎凋枯死。

苦瓜菌核病采种瓜上的鼠粪状菌核

病原　*Sclerotinia sclerotiorum* (Lib.) de Bary，称核盘菌，属真菌界子囊菌门核盘菌属。

传播途径和发病条件　参见黄瓜、水果型黄瓜菌核病。

防治方法　①选用成都大白苦瓜、湖南 89-1 苦瓜、89-3 苦瓜等耐寒的品种，可减轻发病。②其他方法参见冬瓜、节瓜菌核病。

苦瓜死棵和嫁接苦瓜死棵

苦瓜死棵问题这两年日趋严重，主要是枯萎病、根腐病导致的，但生产上苦瓜大多数不嫁接，根系怕涝，生产上苦瓜根系受伤严重，常造成苦瓜枯萎病、根腐病发生，引起死棵，影响苦瓜生产。

症状　苦瓜枯萎病发病后植株生长缓慢，初期白天萎蔫，夜间恢复正常，受害严重时地上全株枯萎，病株茎部及根部维管束组织变褐、患部软化缢缩以致腐烂，最后全株死亡。

苦瓜死棵

苦瓜根腐病主要侵染根及茎基部，发病初期呈水渍状，扩展后变褐腐烂留下维管束，后期叶片中午萎蔫早晚有的还可恢复，多数不能恢复。

病原　枯萎病病原是 *Fusarium oxysporum* f.sp.*momodicae*，称尖镰刀菌苦瓜专化型。根腐病病原为 *Fusarium solani*，称腐皮镰孢，均属真菌界无性态子囊菌镰刀菌属。至于苦瓜嫁接苗引起的死棵，要从嫁接上找原因。需要查砧木与接穗亲和力，嫁接苗生长条件等与育苗厂有关。

传番途径和发病条件　苦瓜死棵两种病原菌是尖镰孢和腐皮镰孢，均在土壤中存活，条件适宜时从根部侵入引起死棵。高温高湿利其发病，连作地、黏土地发病重。

防治方法　①苦瓜定植前要土壤消毒，可选用土壤处理剂，根宜杀线王，在土壤翻松后随水冲施，每 667m² 用量 25 ～ 30kg，对真菌杀灭作用强。②定植时穴盘用 70% 噁霉灵 1500 倍液 +72.2% 霜霉威（普力克）700 倍液，蘸盘后定植。定植时 667m² 穴施生物菌肥 50kg。③进入盛瓜期防止伤根冲施顺藤生根剂 5kg 促苦瓜生根，防止死棵。④药剂防治发病：初期浇灌 70% 噁霉灵可湿性粉剂 1500 倍液或 25% 咪鲜胺乳油 1000 倍液、25% 氰烯菌酯悬浮剂 700 倍液，隔 7 天 1 次，每株灌对好的药液 200ml，共灌 2 次。⑤提倡用自发酵生物菌剂归源 4 号灌根或喷洒，既能防死棵还能补肥，经济有效。⑥对于苦瓜嫁接苗出现死棵需按购苗合同解决。

苦瓜根腐病

症状 主要侵染根及茎部，初呈水浸状，后腐烂。茎缢缩不明显，病部腐烂处的维管束变褐，但不向上发展，有别于枯萎病。后期病部往往变褐，留下丝状维管束。病株地上部初期症状不明显，后叶片中午萎蔫，早晚尚能恢复。严重的则多数不能恢复而枯死。

苦瓜根腐病症状

病原 *Fusarium solani* var. *cucurbitae*，是腐皮镰孢瓜类变种。称瓜类腐皮镰孢菌，属真菌界子囊菌门镰刀菌属。

传播途径和发病条件、防治方法参见黄瓜、水果型黄瓜镰孢根腐病。另外，可选用湘苦瓜、碧绿 2 号苦瓜、成都大白苦瓜、湖南 89-1 苦瓜、89-2 苦瓜等较耐寒的品种和英引苦瓜、夏雷苦瓜等耐高湿、高温品种。

苦瓜白绢病

症状 全株枯萎，茎基缠绕白色菌索或油菜子状茶褐色小菌核，患部变褐腐烂。土表可见大量白色菌索和茶褐色菌核。

病原 *Sclerotium rolfsii* Sacc.，称齐整小核菌，属真菌界子囊菌门小核菌属。菌丝白色绢丝状，呈扇状或放射状扩展，后集结成菌索或纠结成菌核。菌核似油菜子状，初白色至黄白色，后变茶褐色，圆形，表面光滑。有性态为 *Athelia rolfsii*（Curzi.）Tu.et Kimbrough.，称罗耳阿太菌，属真菌界担子菌门阿太菌属。

苦瓜白绢病茎基部的白色菌丝
呈放射状扩展

传播途径和发病条件 病菌以菌核或菌索随病残体遗落土中越冬，翌年条件适宜时，菌核或菌索产生菌丝进行初侵染，病株产生的绢丝状菌丝延伸接触邻近植株或菌核借水流传播进行再侵染，使病害传播蔓延。连作或土质黏重及地势低洼或高温多湿的年份或季节发病重。

防治方法 ①重病地避免连作。②提倡施用酵素菌沤制的堆肥或 301 菌肥。③及时检查，发现病株及时拔除、烧毁，病穴及其邻近植株淋灌 5% 井冈霉素水剂 1000 倍液或 50% 异菌脲可湿性粉剂 800 倍液，每株（穴）淋灌 0.4 ～ 0.5L。④用培养好的哈茨木霉 0.4 ～ 0.45kg，加 50kg 细土，混匀后撒覆在病株基部，能有效地控制该病扩展。

苦瓜红粉病

症状 苗期、成株均可发病。苗期染病主要危害生长衰弱的幼苗，病菌沿子叶或真叶叶缘侵入，产生半圆形或不定形灰绿色至红褐色坏死斑，较大，扩展到嫩茎上时，引起幼茎发病，湿度大时生出白色至粉红色霉。成株发病主要危害叶片和茎。叶片染病，从叶中间或叶缘开始发病，初在叶片上产生圆形或椭圆形至不规则形病斑，直径 0.2 ～ 5cm，病健部分界明显，病斑呈灰褐色至褐色，一般不穿孔，干燥时偶有开裂，湿度大时呈水浸润状，病斑上现橙红色霉状物，即病原菌的分生孢子梗和分生孢子。发病重的多个病斑融合连片，造成叶片腐烂或枯死。茎染病造成茎节间开裂，呈水浸状淡橙红色病斑。

苦瓜红粉病病叶

苦瓜红粉病后期叶背面症状（李宝聚）

病原 *Trichothecium roseum* (Pers. : Fr.) Link，称粉红单端孢，属真菌界子囊菌门无性型单端孢属。

传播途径和发病条件 病原菌以菌丝、分生孢子在病株的腐烂组织和土壤中存活和越冬，成为翌年的侵染源，通过气流或灌溉、土壤和农具传播，进行多次重复侵染。病菌菌丝体经由寄主的皮孔或伤口侵入，引发危害。高温有利于病原菌繁殖，20 ～ 31℃菌丝生长好，在棚室保护地内湿度大、过分密植、光照不足易发病，多发生在 2 ～ 4 月。露地多发生在多雨的高温季节。

防治方法　①积极选育抗红粉病的品种。②提倡与十字花科蔬菜进行轮作。③种子消毒。苦瓜种皮坚硬，播种前用湿沙搓去种皮蜡质，不要把种壳搓破，用 50～60℃热水浸泡 10min，不断搅拌，待冷却后继续浸 1～2 天，使其吸水膨胀，浸种后置于 30～33℃催芽。④提倡采用生态防治法。保护地加强温、湿度管理，适时通风换气，适当排湿。合理密植，及时摘除病叶，增加株间通透性。适时追肥，提高植株抗病性。灌水、施肥在畦上膜下暗灌沟内进行，可有效降低棚内空气湿度，抑制该病发生。⑤清洁棚室。定植前空棚消毒，可用硫黄粉熏蒸，清除残留病苗。发病的温室、大棚，收获后要集中烧毁病株。夏季提倡采用太阳能日光消毒法，密闭数日，可杀死残存病菌。⑥药剂防治。发病初期喷洒 70% 代森锰锌可湿性粉剂 600 倍液、50% 多菌灵可湿性粉剂 600 倍液、36% 甲基硫菌灵悬浮剂 500 倍液、12.5% 腈菌唑乳油 2000 倍液，5～7 天 1 次，连续防治 3 次。

苦瓜白粉病

症状　主要为害叶片。初生近圆形粉斑，直径 4～6mm 不等，严重时粉斑密布于叶面上并互相融合，致叶片变黄，终致干枯，使植株生长及结瓜受阻，生育期缩短，产量降低。

病原　*Podosphaera xanthii*，称苍耳叉丝单囊壳，属真菌界子囊菌门叉丝单囊壳属。无性态为 *Oidium erysiphoides*，称白粉孢，属真菌界子囊菌门粉孢属。分生孢子串生，椭圆形或圆筒形。闭囊壳内仅 1 个子囊，内含 8 个子囊孢子，附属丝丝状。

苦瓜白粉病病叶

传播途径和发病条件　在寒冷地区，两病菌以菌丝体或闭囊壳在寄主上或在病残体上越冬，翌年以子囊孢子进行初侵染，后病部产生分生孢子进行再侵染，致病害蔓延扩展。在温暖地区，病菌不产生闭囊壳，以分生孢子进行初侵染和再侵染，完成其周年循环，无明显越冬期。通常温暖湿闷的天气，施用氮肥过多或肥料不足，植株生长过旺或不良则发病重。北方 6 月始见发病。

防治方法　①选用耐病品种。如泸丰 2 号、翠秀苦瓜、穗新 2 号、湘苦瓜、湘丰 11 号苦瓜、绿宝石、穗新 1 号、夏丰 2 号苦瓜。②发病初喷洒 12.5% 腈菌唑乳油 2000 倍液、12.5% 烯唑醇可湿性粉剂 2000 倍液、250g/L 吡唑醚菌酯乳油 1500 倍液、4% 四氟醚唑水乳剂 1200 倍液。

苦瓜斑点病

症状　主要为害叶片，叶片初现近圆形褐色小斑，后扩大为椭圆形至不定形，色亦转呈灰褐至灰白，严重时病斑融合，致叶片局部干枯。潮湿时斑面现小黑点即病原菌分生孢子器，斑面常易破裂或穿孔。

苦瓜斑点病病叶上的小黑点
（分生孢子器）

病原　*Phyllosticta cucurbitacearum* Sacc.，称南瓜叶点霉，异名为 *P. orbicularis* Ell. et Ev.，称正圆叶点霉，属真菌界子囊菌门叶点霉属。

传播途径和发病条件　以菌丝体和分生孢子器随病残体遗落土中越冬，在南方温暖地区，周年都有苦瓜种植，病菌越冬期不明显。分生孢子借雨水溅射辗转传播，进行初侵染和再侵染，高温多湿的天气有利于本病发生，植地连作或低洼郁蔽，或偏

施过施氮肥则发病重。

防治方法　①在重病区避免连作，注意田间卫生和清沟排渍。②施用有机活性肥或生物有机复合肥，避免偏施、过施氮肥，适当增施磷钾肥，在生长期定期喷施植宝素或喷施宝等，促植株早生快发，减轻受害。③结合防治苦瓜炭疽病喷洒 25% 嘧菌酯悬浮剂 1500 倍液、20% 唑菌酯悬浮剂 900 倍液、50% 异菌脲可湿性粉剂 900 倍液，可兼治本病。

苦瓜绵腐病

症状　结瓜期染病，主要为害果实，苦瓜贴近地面果实易发病，病部初呈褐色水渍状，后很快变软，病部呈软腐状，雨后或湿度大时长出白霉，即病原菌的菌丝体。

病原　*Pythium aphanidermatum* (Eds.) Fitzp.，称瓜果腐霉，属假菌界卵菌门腐霉属。

苦瓜绵腐病病瓜

传播途径和发病条件、防治方法参见黄瓜、水果型黄瓜绵腐病。

苦瓜细菌性角斑病

症状 主要为害叶、茎及果实。叶片染病,初生黄褐色水浸状小病斑,多角形或不整形,中央黄白色至灰白色,易穿孔或破裂。茎部染病,呈水渍状浅黄褐色条斑,后期易纵裂,清晨或湿度大时分泌出白色至乳白色菌液。果实染病,初现水渍状小圆点,后迅速扩展,小病斑融合成大斑,果实呈水渍状软腐,湿度大时瓜皮破损,种子和瓜肉外露,全瓜腐败脱落。干燥条件下,病部呈油纸状凹陷,有些干缩后悬在蔓上。该病可溢出白色菌脓,不形成小黑粒点,有别于蔓枯病。

病原 *Pseudomonas syringae* pv. *lachrymans*(Smith et Bryan)Young et al.,称丁香假单胞杆菌黄瓜角斑病致病变种,异名为 *Pseudomonas lachrymans*(Smith et al.)Carsner,属细菌界薄壁菌门。

苦瓜细菌性角斑病

传播途径和发病条件 病原细菌在苦瓜种子上或随病残体留在土壤中越冬。病菌可在种皮内外存活 1～2 年。翌年春季播种带菌的苦瓜种子,发芽后子叶上就可产生病斑,后扩展到真叶上,借雨水飞溅进行传播蔓延。病菌经气孔、水孔或伤口侵入。此外,随病残体在土壤中越冬的病原菌,也可引起初侵染。湿度大时,病部溢出菌脓进行再侵染。我国南方或北方,该病主要发生在雨季,尤其是台风或暴风雨后扩展迅速。重茬田块、地势低洼、排水不良则易发病,管理粗放或大水漫灌则发病重。

防治方法 ①从无病田选用无病的种子,必要时用 56℃ 温水浸种至室温后再浸 24h,捞出晾干后置于 30～32℃ 条件下催芽,芽长 3mm 时播种。此外,还可用医用硫酸链霉素或氯霉素 500 倍液浸种 12h,冲洗干净后催芽播种。②采用高畦地膜覆盖栽培,不仅能降低田间湿度,还能减少病菌传播,减少发病。③与瓜类作物实行 2～3 年轮作,密度适宜,雨后及时排水,有条件的可推行避雨栽培法。④棚室或露地在发病前开展预防性药剂防治。喷洒 10% 苯醚甲环唑水分散粒剂 1500 倍液混 27.12% 碱式硫酸铜 600 倍液,或 32.5% 苯甲·嘧菌酯悬浮剂混加 72% 农用高效链霉素 3000 倍液,或 20% 叶枯唑可湿性粉剂 600 倍液,或 90% 新植霉素可溶性粉剂 4000 倍液,或 33.5% 喹啉铜悬浮剂 800 倍液,隔 10 天 1 次,防治 2～3 次。

苦瓜病毒病

症状 全株受害，尤以顶部幼嫩茎蔓症状明显。早期感病株叶片变小、皱缩，节间缩短，全株明显矮化，不结瓜或结瓜少；中期至后期染病，中上部叶片皱缩，叶色浓淡不均，幼嫩蔓梢畸形，生长受阻，瓜小或扭曲；发病株率高的田块，产量锐减甚至失收。

病原 由黄瓜花叶病毒（CMV）和西瓜花叶病毒（WMV）单独或复合侵染引起。

苦瓜病毒病

传播途径和发病条件 两种病毒均在活体寄主上存活越冬，并可借汁液和蚜虫传染。土壤不能传染，种子有可能传染，但其作用程度尚在进一步研究。一般利于蚜虫繁殖的气候条件，对本病发生扩展有利。

防治方法 ①选用湘苦瓜4号、中华领秀、碧玉苦瓜、湘丰11号苦瓜等抗病毒病品种。②喷施增产菌、多效好或农保素等生长促进剂促进植株生长，或喷施磷酸二氢钾、黑皂或洗衣皂混合液1：1：250倍液，隔5～7天1次，连续喷施4～5次，注意喷匀。③喷洒20%吗胍·乙酸铜可溶性粉剂400倍液+0.004%芸薹素内酯水剂1000～1500倍液，或0.1%高锰酸钾水溶液、0.5%香菇多糖水剂（每667m² 用150～250ml，对水60kg喷雾）。

苦瓜根结线虫病

症状、病原、传播途径和发病条件、防治方法参见黄瓜、水果型黄瓜根结线虫病。

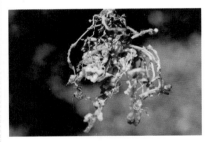

苦瓜根结线虫病

苦瓜化瓜

症状、病原、防治方法 参见南瓜、小南瓜化瓜。

苦瓜化瓜

越夏苦瓜早衰

近年苦瓜早衰时有发生，致植株生长不良，叶片黄化，根系萎缩，使其品质和产量大受影响。生产上多数人认为早衰多发生在根系或叶片上，常把根系弱、叶片黄化当作早衰的表现，其实早衰的发生也是系统性地发展着，涉及苦瓜植株是否健壮、土壤环境好不好、肥料施用是否对路、棚室管理是否及时等多方面的问题。瓜株常提前死亡。

病原　一是苦瓜植株出现弱株，尤其是根系弱的瓜株，以后栽培过程中特别难于管理，壮苗基础没有打好，没有培育出健壮的根系。二是养分供应不足，就会给瓜株自身带来

越夏苦瓜早衰

苦瓜早衰

不可逆的影响，引起植株早衰。三是激素刺激造成植株提前透支，都会出现早衰。

防治方法　①种植天一、正一、伟一、统一四个苦瓜新品种。从培育壮苗做起，打好壮苗基础，防止出现徒长苗、老化苗。②定植后开花前培育健康的根系十分重要，防止瓜株出现早衰，为瓜田壮棵打好基础。③调整土壤环境，促进根系生长和下扎，适宜的土壤环境可培育出健壮根系，尤其进入高温季节，要防止强光对地表温度影响，在没有遮阳的、地表温度高、水分蒸发快，刚定植的苦瓜，根系生长和下扎都不利，因此必须千方百计降温，保护土壤环境。④减少激素刺激，防止瓜株过早透支。生产上滥用激素造成瓜株早衰包括 ABT 生根粉、复硝酚钠、萘乙酸、吲哚乙酸、DA-6 等，现在凡是需要生根的，菜农就会使用激素，有的菜农因过量使用激素或用低廉水溶肥也会诱发早衰，应引起各地注意。⑤养分供应失衡也会诱发早衰。特别是在大量元素施用过量、中微量元素施用不足情况下，苦瓜缺少中微量元素时，造成生长不良或出现异常，缺镁缺锌会造成叶片黄化，光合效率下降，限制了苦瓜生长，生产上大量施用钾肥影响镁肥吸收，大量施用磷肥影响锌肥吸收都会造成苦瓜早衰，应在测土施肥基础上确定配方，每年春季天气刚刚转暖，地温不很高，根系处在恢复阶段，冲施高氮中磷中钾型水

溶肥，防止根系受伤，应以全水溶性肥料为主，刚定植的苦瓜可随定植水冲施裕原硅肥，促根深扎，协调氮素吸收利用并控旺，提倡施用智能 963 养根素，每 $667m^2$ 随水冲施 1000ml 养根促花。苦瓜喜湿，可隔 9 天浇 1 次水，随气温升高棚内蒸发量大时，还要适当缩短浇水时间。⑥越夏苦瓜可促侧枝萌发、结果，当主蔓爬到架上后，保留 2～3 个健壮的侧枝与主蔓一起横向绕到棚架铁丝上，为保持通风透光良好，减少营养消耗，棚架以下的侧蔓、卷须全疏掉，对爬上架的结果蔓，只保留质量较好的第二雌花，当第一只瓜摘除后，每株保留5～6个侧蔓即可，主、侧蔓任其生长不必摘心，可在各蔓坐稳瓜后最后摘心可增加 1 条瓜。

八、越瓜、菜瓜病害

越瓜 学名 *Cucumis melo* var. *conomon* Makino，别名脆瓜、白瓜等，是葫芦科黄瓜属甜瓜种中以嫩果生食的变种，是一年生蔓性草本植物。多认为越瓜、菜瓜、甜瓜起源于同一物种，越瓜由非洲经中东传入印度进一步分化，经越南传入中国，故名越瓜。越瓜在公元6世纪30年代已有记载，其生长发育规律与甜瓜相近，分生食和加工两个类型。

菜瓜 学名 *C.melo* L. var. *flexuosus* Naud.，别名蛇甜瓜，生物学特性、栽培技术与薄皮甜瓜相近，品种有新疆的毛菜瓜、杭州的青菜瓜、广东的茶瓜等。

越瓜、菜瓜炭疽病

症状 叶、茎、果实均可发病。叶片发病，病斑初为淡黄色近圆形或不整齐形，边缘不明显，叶片上病斑少的数个，多的数十个，直径5～20mm，后期病斑中央易破裂，病斑多时互相融合连成片，致叶片枯死。叶柄及茎染病，现出淡褐色至白色梭形或条状病斑。果实染病，初为淡绿色水浸状小点，后扩大为中间凹陷近圆形的深褐色至黑褐色病斑，有时表面溢出橙色黏稠物，致病瓜腐烂。

病原 *Colletotrichum orbiculare*

Arx，称瓜类炭疽菌，属真菌界子囊菌门瓜类刺盘孢属。有性阶段为 *Glomerella cingulata* var. *orbicularis* Jenk. et al.，称葫芦小丛壳，属子囊菌门小丛壳属。该菌有生理分化现象。不同的生理小种，对该科不同属及同一属内不同品种的致病力不同。黄瓜、甜瓜、西瓜易感病，冬瓜、瓠瓜、苦瓜次之。

越瓜成株炭疽病病叶

越瓜炭疽病病瓜

传播途径和发病条件 参见黄瓜、水果型黄瓜炭疽病。

防治方法　①选用耐炭疽病的品种，如华瓠杂 1 号、圆瓠 1 号等。②种子包衣。每 50kg 种子用 10% 咯菌腈悬浮种衣剂 50ml，以 0.25～0.5kg 水稀释药液后均匀拌种，晾干后播种。③喷洒 32.5% 苯甲·嘧菌酯悬浮剂 1500 倍液混加 27.12% 碱式硫酸铜 500 倍液或 75% 肟菌·戊唑醇水分散粒剂 3000 倍液。

越瓜、菜瓜疫病

症状　苗期染病，生长点、嫩叶、幼茎初呈水渍状，后变褐色软腐。成株染病，茎蔓、叶片、瓜条都能被侵染，但以茎基部及节部发生较多。近地面的茎基部及节部染病，初呈水渍状，病部皱缩，后变黑褐色，病部以上茎、叶萎蔫或枯死，因此又称"烂节枯萎病"。一条茎蔓上有时 3～5 个节发病，侧蔓也可发病，生产上有时采果后的瓜蒂部先发病，后向主蔓扩展。叶片染病，初生暗绿色水渍状斑点，后扩展成圆形至不规则形大病斑，也有的始于叶缘，后向内扩展，湿度大时或连续阴雨，病斑扩

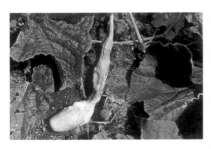

越瓜疫病病瓜

展迅速，致全叶腐烂。叶柄染病，向叶片扩展，致叶片萎蔫干枯。果实染病，形成水渍状近圆形凹陷斑，后扩展到整个瓜条，致病瓜皱缩软腐，表面长出灰色霉状物。

病原　*Phytophthora drechsleri* Tucker，称掘氏疫霉，属假菌界卵菌门疫霉属。

病菌形态特征、病原图、传播途径和发病条件参见黄瓜、水果型黄瓜疫病。

防治方法　①选用短度白瓜、青筋白瓜、茶瓜等抗性强的品种和长度白瓜、中度白瓜等耐热品种，可减轻发病。②其他方法参见黄瓜、水果型黄瓜疫病。

越瓜、菜瓜霜霉病

症状　为害叶片。初在叶面现淡黄色小斑，后扩大并受叶脉限制而呈多角形，颜色亦由淡黄变为黄褐，严重时病斑融合为斑块，终致叶片干枯。潮湿时病斑背面现淡紫色霉状物，天气干燥时则很少现霉状物，与瓜类细菌性角斑病相似。

病原　*Pseudoperonospora cubensis*（Berkeley et Curtis）Rostov.，称古巴假霜霉菌，属假菌界卵菌门霜霉属。

传播途径和发病条件　在寒冷地区，病菌可在温室或大棚活体植株上存活，从温室或大棚向露地植株传播侵染，至于能否以卵孢子在土中存活越冬尚不明确。在温暖地区，田间

越瓜霜霉病发病初期症状

周年都有瓜类寄主存在，病菌可以孢子囊借风雨辗转传播为害，无明显越冬期。病菌萌发温限 4 ～ 32℃，以15 ～ 19℃为最适，低温阴雨则易诱发本病。但梢瓜在温暖多湿的栽培季节，只要水湿条件得以满足，本病仍可盛发。

防治方法 ①在重病地选用抗病良种。②加强肥水管理，增施有机肥和磷钾肥，做好清沟排渍，降低田间湿度，可减轻危害。③抓住发病初期喷药控制。药剂可选用 52.5% 噁唑菌酮·霜脲氰水分散粒剂 1500 倍液、25% 吡唑醚菌酯乳油 1000 倍液、60% 唑醚·代森联水分散粒剂 1500 倍液、60% 氟吗·锰锌可湿性粉剂 700 倍液、66.8% 丙森·异丙菌胺可湿性粉剂 700 ～ 800 倍液、32.5% 嘧菌酯·苯醚甲环唑悬浮剂 1500 倍液、50% 烯酰吗啉水分散粒剂 700 倍液。

越瓜、菜瓜棒孢叶斑病

症状 主要为害叶片，叶上初生褐色芝麻粒大小的水渍状斑点，后扩展成近圆形至不规则形灰白色凹陷

斑，往往有数十个至数百个小病斑分布在叶片上，后期多个病斑融合成黄褐色大斑，并逐渐变成灰褐色，四周呈扩散状，大小 3 ～ 8mm。

菜瓜棒孢叶斑病叶面症状
（摄于北京顺义）

菜瓜棒孢叶斑病叶背症状

病原 *Corynespora cassiicola*（ Berk. & Curt. ），称多主棒孢霉，异名为 *C.melonis*（Cook）Lindau，均属真菌界子囊菌门棒孢属。

传播途径和发病条件、防治方法参见黄瓜、水果型黄瓜棒孢叶斑病。

越瓜、菜瓜细菌性角斑病

症状、病原、形态特征、传播途径和发病条件、防治方法参见黄瓜、水果型黄瓜细菌性角斑病。

越瓜细菌性角斑病叶背的角状斑

越瓜病毒病

越瓜、菜瓜病毒病

症状 全株受害。病株矮缩，叶片特别是顶部幼嫩叶片明显畸形、皱缩、变小，有的叶片还现浓绿与淡绿相间的斑驳，浓绿部分呈疱状突起，病株生长受抑制，不结瓜或结瓜少且小。

病原 *Watermelon mosaic virus*（WMV）（称西瓜花叶病毒）和黄瓜花叶病毒（CMV）。越瓜、菜瓜病毒病由西瓜花叶病毒和黄瓜花叶病毒单独或复合侵染引起。WMV属马铃薯Y病毒科马铃薯Y病毒属病毒，质粒线状，长750nm，致死温度50～55℃经10min，稀释限点500～1000倍，体外存活期为5～10天。黄瓜花叶病毒质粒为球状，直径28～30nm。

传播途径和发病条件 两种病毒都在活体寄主植物上存活越冬，并可借汁液传染和昆虫传毒。西瓜花叶病毒传毒虫媒主要是棉蚜和桃蚜，并可进行持久性传毒；黄瓜花叶病毒传毒虫媒除棉蚜和桃蚜外，还有菜蚜、玉米蚜等多种蚜虫，但属非持久性传毒。土壤不能传播，种子传播有可能，但其作用大小尚未明确。任何有利于传毒虫媒繁殖、活动的天气条件和田间生态条件的存在，都对本病的发生发展有利。反季节栽培或肥水管理不善的植地往往发病较重。

防治方法 主要是加强肥水管理，促进植株茁壮生长，及早拔除病株和及时杀灭传毒虫媒，具体方法可参见黄瓜、水果型黄瓜病毒病。

九、瓠瓜（瓠子、葫芦）病害

瓠瓜 学名 *Lagenaria siceraria*（Molina）Standl. syn. L. *leucantha* Rusby，别名扁蒲、蒲瓜，是葫芦科葫芦属中的一年生栽培种，原产在非洲南部，新石器时代传入我国。嫩瓜、嫩苗可做菜，也可用作西瓜砧木，与西瓜接穗嫁接，防治枯萎病效果很好。

瓠瓜根据果实形状分做5个变种，即瓠子、长颈葫芦、大葫芦、细腰葫芦、观赏腰葫芦。

瓠子、葫芦枯萎病

症状 又称蔓割病、萎蔫病，主要侵害根部和茎蔓基部，典型症状为全株萎蔫。通常幼苗发病，子叶萎蔫或全株枯萎，茎基部变褐缢缩，多呈猝倒状。成株发病，一般在开花结瓜后陆续表现症状，初期病株叶片从下向上逐渐萎蔫，外观似缺水状，尤以中午更为明显，早晚尚能恢复，数天后全株叶片枯萎下垂，不再恢复常态。挖检病株，可见根部变褐或腐烂，茎基部稍缢缩，有的呈纵裂，或患部溢出琥珀色胶质物。剖切病茎，其维管束变为褐色。幼果或近成熟果实染病，先端变褐，严重的整个果实褐变。潮湿时患部表面常见近粉红色霉状物，即病原菌的分生孢子丛和分生孢子。

病原 *Fusarium oxysporum* Schl. f. sp. *lagenariae* Matuo et Yamamoto，称尖镰孢葫芦专化型，属真菌界子囊菌门镰刀菌属。

瓠子枯萎病萎凋状和茎基部症状

瓠子枯萎病花器、幼瓜受害状

传播途径和发病条件 主要以菌丝体和厚垣孢子随病残体遗落土中或未腐熟的带菌肥料及种子上越冬。厚垣孢子在土中能存活5～10年。病土和病肥中存活的病菌成为翌年主要初侵染源。病菌从根部自然裂口或伤口侵入，在根茎维管束内生长发育，通过堵塞维管束和分泌毒素，破坏植株正常输导机能而引起萎蔫。发病限温 8～34℃，最适 24～28℃，连作或土质黏重、地势低洼、排水不良、地温低、耕作粗放、土壤过酸（pH 值 4.5～6）和施肥不足或偏施氮肥，或施用未腐熟肥料致植株根系发育不良，都会使病害加重。品种间抗性有一定差异。

防治方法 参见黄瓜、水果型黄瓜镰孢枯萎病。

瓠子、葫芦疫病

症状 主要为害瓠瓜、葫芦、节瓜、西瓜、南瓜、西葫芦等瓜类的茎、叶及果实。茎部染病，多在茎基部或嫩茎节部产生暗绿色水渍状斑，后变软缢缩，造成病部以上的叶片萎蔫或枯死。叶片染病，产生圆形至不规则形水渍状大病斑，叶片软腐下垂，干燥条件下呈青白色至浅褐色薄纸状，易破裂。果实染病，产生水渍状暗绿色斑，逐渐缢缩凹陷，连续阴雨或湿度大的条件下长出稀薄的灰白色霉状物，即病菌的孢囊梗和孢子囊。该病扩展速度极快，病部易腐烂，散发出腥臭味。

病原 *Phytophthora capsici* Leonian，称辣椒疫霉，属假菌界卵菌门疫霉属。

传播途径和发病条件 病菌以菌丝、卵孢子、厚垣孢子随病残体在土壤或种子中越冬，翌年条件适宜时产生孢子，借风、雨、灌溉水传播到瓠瓜等的茎基部或近地面的果实上，进行初侵染，几天后病部又产生大量孢子囊，遇水后释放出游动孢子进行多次再侵染，使疫病迅速扩展。气温 20～30℃，雨日多、雨量大、持续时间长，或田间湿气滞留很易造成该病大流行。

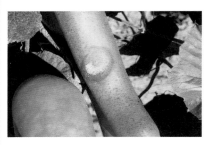

瓠子疫病及病瓜上的子实体（温庆放摄）

葫芦疫病果实上的菌丝、孢囊梗和孢子囊

防治方法 参见黄瓜、水果型黄瓜疫病。

瓠子、葫芦褐腐病

症状 俗称烂蛋。发病初期花和幼果呈水渍状湿腐，病花变褐腐败，病菌从花蒂部侵入幼瓜，向瓜上扩展，造成整个幼瓜变褐，高温高湿该病扩展很快，造成果柄也变褐。

瓠子褐腐病病花及幼瓜受害状

病原　*Choanephora cucurbitarum* （Berk.et Rav.）Thaxt.，称瓜笄霉，属真菌界接合菌门笄霉属。

病菌形态特征、传播途径和发病条件、防治方法参见南瓜、小南瓜花腐病。

瓠子、葫芦灰霉病

症状　灰霉病菌先侵染瓠瓜、葫芦等瓜类蔬菜开放或开败的花，致花瓣腐烂，并长出灰褐色霉层，后侵入瓜条。幼瓜多在开花中或谢花后发病，先在脐部出现水渍状浅黄色病斑，后幼瓜迅速变软、萎缩、腐烂，表面密生霉层。大瓜染病时组织先变黄并生灰霉，受害瓜停止生长，后腐烂脱落。病花落在叶片上产生圆形至不规则形水渍状病斑，后变浅灰褐色，湿度大时生有灰色霉层。病花落在茎秆上造成茎部数节变褐腐烂，瓜蔓折断，植株枯死。

病原　*Botrytis cinerea* Pers.：Fr.，称灰葡萄孢，属真菌界子囊菌门葡萄孢核盘菌属。可侵染葫芦、瓠瓜、黄瓜、西葫芦、番茄、茄子、辣椒、草莓、菜豆等多种植物。

瓠子灰霉病病花上的灰霉

传播途径和发病条件　病菌以菌丝体、菌核、分生孢子在病残叶、病株或土壤中越冬，翌年病菌先在植物枯叶或植株上繁殖，产生分生孢子进行初侵染。该菌的侵染需要低温高湿条件，持续阴天、温度低、湿度高、光照不足、大棚不及时放风，发病重。

防治方法　①生物防治。提倡喷洒哈茨木霉300～500倍液，防效可达80%。②农业防治。a.选用抗灰霉病的品种。b.清洁棚室，把棚室中所有瓜类、茄果类病残物全部清除烧毁以减少菌源。c.据天气情况合理放风，千方百计地降低棚内湿度及叶面结露持续时间。d.增施腐熟有机肥，做到氮磷钾配合使用，控制氮肥用量。控制密度以利通风透光。提倡采用双垄覆膜、膜下灌水等栽培方法，以利降湿增温。③药剂防治。防治适期要在苗期和花果期2个阶段，交替使用不同种类的杀菌剂。技术要点：a. 重视苗期防治，掌握在灰霉病发生第一个高峰前用药，宜早不宜迟。b. 强化花果期防治，即在灰霉病第二个高峰期，2月中旬至3月上旬，初花期开始，北方可稍晚些，隔7～10天1次。使用药剂参见黄瓜、水果型黄瓜灰霉病。

瓠子、葫芦叶点霉叶斑病

症状 主要为害叶片。叶片上病斑圆形至椭圆形，大小5～7mm，初浅褐色，后变成深褐色，四周浅褐色，略具黄晕，中央有一浅色区域，后期病斑中心开裂，多个病斑融合，叶片局部枯死。

瓠子叶点霉叶斑病

病原 *Phyllosticta cucurbitacearum* Sacc.，称南瓜叶点霉，异名为 *P. orbicularis* Ell.，均属真菌界子囊菌门叶点霉属。分生孢子器叶两面生，散生或聚生，突破表皮，近球形至扁球形，器壁浅褐色，膜质，大小65～140μm。分生孢子椭圆形，无色透明，多数正直，大小（5～

7）μm×（2～2.5）μm。

传播途径和发病条件、防治方法参见南瓜、小南瓜叶点霉斑点病。

瓠子、葫芦链格孢叶斑病

症状 主要为害叶片和果实。叶片染病，在叶缘或叶脉间初生水渍状小斑点，后扩展成近圆形至不规则形暗褐色大斑。果实染病，初生水渍状暗色斑，后扩展成不规则黑色大斑，湿度大时长出黑霉，即病原菌分生孢子梗和分生孢子。

瓠瓜采种瓜上的链格孢叶斑病

病原 *Alternaria alternate*（Fr.）Keissl.，称链格孢，属真菌界子囊菌门无性型链格孢属。分生孢子梗单生，或数根束生，暗褐色；分生孢子倒棒形，褐色或青褐色，串生，有纵隔1～2个，横隔3～4个，横隔处有缢缩现象。

传播途径和发病条件 病菌以菌丝体随病残体在土壤中或种子上越冬。翌年条件适宜时，病菌的分生孢子萌发，借风雨传播进行初侵染；以后病部又产生分生孢子，进行多次再侵染，致病害不断扩展蔓延。进入雨季雨日多、湿度大易发病。

防治方法 ①建立无病留种田，从无病株上采种，选用当地适宜的优良品种。注意清除病残体，集中烧毁或深埋。②施足腐熟有机肥或有机生物菌肥，提倡采用配方施肥技术，增强寄主抗病力。③种子用75%百菌清可湿性粉剂800倍液浸种2h，冲净后晾干播种。④开花坐果后或发病初期喷洒50%异菌脲可湿性粉剂1000倍液、40%嘧霉·百菌清悬浮剂400倍液、30%戊唑·多菌灵悬浮剂700倍液。

瓠子、葫芦炭疽病

症状 叶、茎、果实均可发病。叶片发病，病斑初为淡黄色近圆形或不整齐形，边缘不明显，叶片上病斑少的数个，多的数十个，直径5～20mm，后期病斑中央易破裂，病斑多时互相融合连成片，致叶片枯死。叶柄及茎染病，出现淡褐色至白色梭形或条状病斑。果实染病，初为淡绿色水浸状小点，后扩大为中间

瓠子果实上的炭疽病

凹陷近圆形的深褐色至黑褐色病斑，有时表面溢出橙色黏稠物，致病瓜腐烂。

病原 *Colletotrichum orbiculare* Arx，称瓜类炭疽菌，异名为 *C. lagenarium*（Pass.）Ell. et Halst. 属真菌界子囊菌门瓜类刺盘孢属。有性态为 *Glomerella cingulata* var. *orbicularis* Jenk. et al.，称葫芦小丛壳，属真菌界子囊菌门小丛壳属，在自然条件下很少发生。

传播途径和发病条件 见黄瓜、水果型黄瓜炭疽病。

防治方法 ①选用耐炭疽病的品种，如华瓠杂1号、圆瓠1号等。②种子包衣。每50kg种子用10%咯菌腈悬浮种衣剂50ml，以0.25～0.5kg水稀释药液后均匀拌种，晾干后播种。其他方法参见黄瓜、水果型黄瓜炭疽病。

瓠子、葫芦霜霉病

症状 瓠子、葫芦霜霉病主要为害叶片。叶片染病初生黄绿色斑点，扩展后变为浅褐色，受叶脉限制呈多角形，病情扩展后相互融合成不规则形大病斑，致叶片变黄褐色干枯。湿度大时，叶背可见灰色至紫黑色霉状物，即病原菌孢囊梗和孢子囊。该病危害较重。

病原 *Pseudoperonospora cubensis*（Berk. et Curt.）Rostov.，称古巴假霜霉菌，属假菌界卵菌门霜霉属。

瓠子霜霉病病叶

传播途径和发病条件　南方终年种植黄瓜、南瓜、瓠瓜地区，病菌在病株上辗转为害。在北方冬季不能种植黄瓜、瓠瓜的地区，瓠瓜霜霉病的初侵染源尚未明确，病菌孢子囊有可能从南方的病株上随风吹到华中或华北，辗转传播蔓延，发病后病部产生的孢子囊借风雨传播进行多次再侵染。在田间瓠瓜霜霉病的流行与温、湿度关系密切，高温、高湿、叶缘吐水和叶面结露利于发病。瓠瓜霜霉病发生比黄瓜霜霉病温度要求稍高，其发病适温为27℃，入夏以后连阴雨天气多或忽晴忽雨或反季节栽培易发病，田间湿度大、通风不良或植株生长衰弱，发病重。

防治方法　①地爬瓠瓜较搭架瓠瓜发病重，应改为搭架栽培。雨后注意排水降湿，发病初期摘除病叶，加强通风透光，生育中期适当追肥，增强抗病能力。②为弥补雨季昆虫授粉不充分，可在傍晚瓠子开花时进行人工辅助授粉，以提高产量。③药剂防治方法，参见苦瓜霜霉病。

瓠子、葫芦尾孢叶斑病

症状　①瓠子褐斑病。主要危害叶片，在叶片上形成较大的黄褐色至棕黄褐色病斑，大小10～22mm，形状不规则。病斑周围水浸状，后褪绿变薄或现出浅黄色至黄色晕环，严重的病斑融合成片，最后破裂或大片干枯。②葫芦褐斑病。发生于植株生育后期，主要为害叶片，产生浅灰黄色或褐色至灰褐色不规则病斑。症斑边缘不明晰，有别于其他叶斑病，大小5～20mm，差异很大。后期病斑穿孔或融合为大块枯斑，致叶片干枯或脱落。

葫芦叶片上的尾孢叶斑病

病原　*Cercospora citrullina* Cooke，称瓜类尾孢，属真菌界子囊菌门尾孢属。

传播途径和发病条件　病菌以分生孢子丛或菌丝体在遗落土中的病残体上越冬，翌春产生分生孢子借气流和雨水溅射传播，引起初侵染。发病后病部又产生分生孢子进行多次再侵染，致病害逐渐扩展蔓延，湿度高或通风透光不良易发病。

防治方法 ①选用早熟蒲瓜、中熟青葫芦等优良品种。②发病初期喷洒 25% 吡唑醚菌酯乳油 1000 倍液、20% 硅唑·多菌灵悬浮剂 900 倍液、70% 丙森锌可湿性粉剂 500～600 倍液、36% 甲基硫菌灵悬浮剂 400～500 倍液，隔 10 天左右 1 次，防治 1～2 次。

瓠子、葫芦白粉病

症状 主要为害叶片、叶柄。叶片染病，初生稀疏白粉状霉斑，圆形至近圆形或不整齐形，发病轻的叶片组织产生病变不明显，条件适宜时白粉斑迅速扩展连片或覆满整个叶面，形成浓密的白粉状霉层，致叶片老化、功能下降，叶片干枯而死。

瓠子、葫芦白粉病

病原 *Podosphaera xanthii*，称苍耳叉丝单囊壳，属真菌界子囊菌门叉丝壳属。无苍耳性态为 *Oidium erysiphoides*，称白粉孢，属真菌界子囊菌门叉丝单囊壳属。

传播途径和发病条件 病菌以闭囊壳在病残体上越冬，翌春弹射出子囊孢子，进行初侵染，发病后病斑上产生大量分生孢子，借风雨或气流或雨水反溅传播，营体外寄生，以吸器从寄主体内吸取养分。

防治方法 ①育苗时与其他瓜类隔离，防止苗期染病，选择高燥地块种植。②加强田间管理，合理密植，以 667m² 栽 1000～1050 株为宜，摘除下部老叶、病叶，改善通风透光条件；科学浇水降低田间湿度；施足底肥，增施磷钾肥，生长中后期及时追肥增强抗病力。③药剂防治。发病初期喷洒 5% 己唑醇悬浮剂 1500 倍液，隔 20 天 1 次，或 30% 氟菌唑可湿性粉剂 2000 倍液。

瓠子、葫芦蔓枯病

症状 瓠子、葫芦蔓枯病主要为害茎蔓和叶柄、叶片。茎蔓和叶柄染病，初生长梭形灰白色至褐色条斑，扩展后融为长条形斑，深秋病原菌的子实体突破表皮，病斑上布满小黑点。叶片染病初生不整齐褪绿斑，沿脉扩展，后变成浅黄褐色，斑边缘深褐色，其上也生子实体。

病原 有性态为 *Didymella bryoniae*，称蔓枯亚隔孢壳，属子囊菌门亚隔孢壳属。其无性型为 *Phoma cucurbitacearum*，称瓜茎点霉，属子囊菌门瓜茎点霉属。

传播途径和发病条件 主要以分生孢子器或子囊壳随病残体在土中越冬。翌年靠灌溉水、雨水传播蔓延，从伤口、自然孔口侵入，病部产生分生孢子进行重复侵染。种子也可

瓠子蔓枯病病蔓

带菌，引起子叶发病。土壤含水量高、气温 18 ～ 25℃、相对湿度 85% 以上易发病；重茬地、植株过密，通风透光差、生长势弱发病重。

防治方法　①选用抗病品种，如扁蒲 CG-66-10、CG-70-2、CG-70-5 抗病。②与非瓜类作物实行 2 ～ 3 年轮作。③用种子重量 0.3% 的 50% 福美双可湿性粉剂拌种。④高畦栽培，地膜覆盖，雨季加强排水。⑤发病初期喷洒 32.5% 苯甲·嘧菌酯悬浮剂 1500 倍液混 27.12% 碱式硫酸铜 500 倍液，或 25% 嘧菌酯悬浮剂 1000 倍液、55% 戊唑·多菌灵悬浮剂 700 ～ 1000 倍液。⑥棚室可喷撒 5% 防黑霉粉尘剂，每 667m² 用 1kg，隔 7 ～ 10 天 1 次，连续 2 ～ 3 次。也可涂抹上述杀菌剂 50 倍液。

瓠子、葫芦果斑病

症状　主要危害果实。果实上病斑圆形或近圆形，大小 4 ～ 8mm，褐色至深褐色，没有边缘，发生多时常相互融合，形成大块病斑，后在病部生许多小黑粒点，即病原菌的分生孢子器。

瓠子果斑病病果

病原　*Phoma cucurbitacearum*（Fries）Saccardo，称葫芦茎点霉，属真菌界子囊菌门瓜茎点霉属。

传播途径和发病条件　病菌在病残体上越冬，翌年借风雨传播蔓延，经伤口或皮孔侵入，导致果斑病。生产上水肥条件差、管理不好、生长衰弱则易染病。

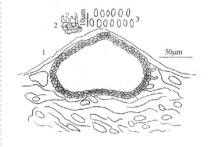

葫芦茎点霉（白金铠）
1—分生孢子器；2—产孢细胞；
3—分生孢子

防治方法　①定植前施足腐熟的有机肥或生物有机复合肥，生长期一般不要追施速效氮肥，苗期及时松土、锄草，促进根系发育，甩蔓后及时压蔓、盘蔓。②浇水宜少不宜多，雨后及时排水。③与瓜类作物实行 3 年以上轮作，注意选择高燥地块或采用高畦栽培，收获后及时清洁田园，发现病瓜及时摘除，集中深埋。④发病初期开始喷洒 10% 苯醚甲环唑微乳剂 600 倍液、20% 唑菌酯悬浮剂 900 倍液、35% 福·烯酰可湿性粉剂 500 倍液，隔 7 天左右 1 次，连续防治 2～3 次。

葫芦根腐病

症状 主要为害根部，染病部位初呈水渍状，以后呈黄褐色坏死腐烂，湿度大时病根表面产生少量白色霉层，后病部腐烂，维管束变褐，但不向上扩展，有别于枯萎病。随病情发展病部略收缩变细，病株或幼苗叶片由下向上逐渐褪绿萎蔫，最后枯死。后期病株全部腐朽仅剩下丝状维管束组织。

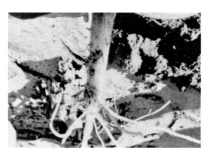

葫芦根腐病病根症状（刘宝玉）

病原 *Fusarium solani*（Mart.）Sacc.，称茄腐镰孢，属真菌界子囊菌门镰刀菌属。

传播途径和发病条件、防治方法参见黄瓜、水果型黄瓜镰孢根腐病。此外，对葫芦可在定植的地方开沟，浇施氰胺化钙，每 667m² 穴施 5kg，能有效防止根腐病兼治根结线虫病。

瓠子、葫芦病毒病

症状 初在叶片上现浓淡不均的嵌花斑，扩展后呈深绿和浅绿色相间的花叶。病叶小，略皱缩或畸形，枝蔓生长停滞，植株矮小。轻病株结瓜还正常，重病株不结瓜或呈畸形状。该病 7～9 月发生，一般田仅有少数植株染病，重病田病株率可达 32%。

病原 *Cucumber mosaic virus*（CMV），称黄瓜花叶病毒，属雀麦花叶病毒科黄瓜花叶病毒属病毒。

瓠子病毒病

传播途径和发病条件 瓠瓜种子不带毒，主要在多年生宿根植物上越冬，由于鸭跖草、反枝苋、刺儿菜、酸浆等都是桃蚜、棉蚜等传毒蚜虫的越冬寄主，每当春季发芽后，蚜虫开始活动或迁飞，成为传播此病的主要媒介，发病适温 20℃，气温高于 25℃多表现隐症。

[防治方法] 参见黄瓜、水果型黄瓜病毒病。

瓠子绿斑花叶病

[症状] 瓠瓜绿斑花叶病是系统性感染的病害。田间被感染的植株叶片变小，呈现出明显的黄绿嵌纹，严重的绿色部分皱褶凸起，节间缩短、开花少，结果明显减少，在温室中接种后 10 ～ 15 天新叶可见轻微斑驳，后期叶片变小并呈现明显嵌纹。

瓠子绿斑花叶病症状

[病原] *Cucumber green mottle mosaic virus*（CGMMV），称黄瓜绿斑驳花叶病毒，属烟草花叶病毒属病毒。病毒粒子杆状，粒子大小 300nm×18nm，超薄切片观察，细胞中病毒粒子排列成结晶形内含体，钝化温度 80 ～ 90℃，10min，稀释限点 1000000 倍，体外保毒期 1 年以上。可经汁液摩擦或土壤传播，体外存活期数月至 1 年，侵染瓠子及甜瓜。

[传播途径和发病条件] 种子和土壤传毒，遇适宜条件即可进行初侵染，种皮上的病毒可传到子叶上，20

天左右致幼嫩叶片显症。此外，该病毒易通过手、刀子、衣物及病株污染的地块及病毒汁液借风雨或农事操作传毒，进行多次再侵染，田间遇有暴风雨，造成植株互相碰撞、枝叶摩擦或锄地时造成的伤根都是侵染的重要途径，高温条件下发病重。

[防治方法] ①建立无病留种田，施用无病毒的有机肥，培育壮苗；农事操作应小心从事，及时拔除病株，采种要注意清洁，防止种子带毒。②在常发病地区或田块，对市售的商品种子进行消毒，用 10% 磷酸三钠浸种 20min 后，用清水冲洗 2 ～ 3 次后晾干备用或催芽播种。或用 0.5% 香菇多糖水剂 100 倍液浸种 20 ～ 30min，冲净，催芽，播种，对控制种传病毒病有效。③发病初期喷洒 1% 香菇多糖水剂，每 667m² 用 80 ～ 120ml，对水 30 ～ 60kg，或 20% 盐酸吗啉胍悬浮剂，667m² 用 200 ～ 300ml，对水 45 ～ 60kg，均匀喷雾。喷施上述药剂时加入 0.004% 芸薹素内酯水剂 1000 ～ 1500 倍液提高防效。

瓠子、葫芦幼苗戴帽出土

[症状] 瓜类蔬菜在育苗过程中常出现种皮不脱落、夹住子叶的现象，俗称戴帽或顶壳。由于子叶被种皮夹住，不能顺利展开，妨碍幼苗光合作用的进行，致幼苗长势不强，成为弱苗。

[病因] 影响葫芦、瓠等瓜类戴

瓠子幼苗戴帽出土

帽出土的因素比较多。一是覆土厚度不够，覆土对种子出苗的挤压不够。二是墒情不佳，底水不足，造成种子吸水不均匀或未等出苗时表土已经变干，种皮也变得干燥发硬，给种皮脱落增加了困难，子叶很容易被夹住。三是种子处在竖置的状态，覆土对种子挤压力较种子平置的要小得多，致种子戴帽出土率明显升高。四是种子质量不好，播种时不注重选种，尤其采用成熟度不足、储藏过久或受病虫等危害的劣质种子，由于这些种子生活力低，出土时往往无力挣脱种壳，很容易造成秧苗戴帽。五是出苗时间长，温度低，特别是床温低，造成秧苗出苗时间长，种子在出土过程中养分消耗过多，致使秧苗出土时无力脱壳，造成戴帽苗发生。

【防治方法】①适当增加覆土厚度，要根据土壤质地、墒情等确定。沙质土宜厚些，黏质土宜薄些，墒情差的宜厚，墒情好、土壤含水量适中的宜薄。瓜类种子覆土厚度一般为2～3cm。②种子要平置。③出苗后发现有戴帽的要及时人工去壳。④选用优良种子。优良种子发芽率高，生活力强，出土时有力，对种皮束缚挣脱率高。⑤播前墒情要好，底水要浇足，水深应达到10～15cm，以确保床土含有充足的水分，供种子发芽出苗。⑥加强苗床管理，提高温度，缩短出苗时间。早春育苗正值寒冷季节，而播种到出苗前需要维持较高的温度，瓜类蔬菜白天需保持25～30℃，夜晚为15～20℃，因此播后需立即进行保温，如是阳畦育苗需在播后立即覆盖薄膜，膜四周需用土压严，防止进风，晚上需用草苫等保温覆盖物加以覆盖，白天应在太阳晒暖畦面时立即揭去草苫，让苗床充分采光增加温度，下午太阳尚未离开苗床前立即回苫盖苗床，以保持苗床内的适宜温度。增加保墒的措施：a. 播完后可在苗床的表面覆盖一层地膜或稻草，防止蒸发过大表皮变干，便于足墒出苗。b. 二次覆土，幼苗出土弓腰时，在苗床上撒施1次过筛细湿土，厚度约为0.5cm，一方面保了墒，另一方面增加了土壤对秧苗的挤压力，对减少戴帽苗发生效果显著。⑦对已发生戴帽的秧苗，可在早期利用喷雾器向苗床内少量喷水，以增加苗床内的湿度，使种皮变软，然后用竹签将种皮轻轻除去，葫芦、瓠瓜等瓜类种子的壳较大，用手揭除也较方便。

葫芦缺镁症

【症状】 叶脉间失绿黄化，叶脉仍保持绿色呈掌状花叶，严重时下部老叶脉间变成棕褐色枯死，但叶缘仍较完整。

葫芦缺镁

病因、防治方法参见黄瓜、水果型黄瓜缺素症。

葫芦畸形果

症状 葫芦也会出现畸形葫芦，体长筒形弯曲或上半部小葫芦不发育，仅下部发育成近圆形葫芦。

病因 小葫芦产生畸形有生理原因和物理原因。营养不良，瓜株瘦弱是产生畸形葫芦的生理原因。物理原因是光照过强及温度过高，一般前期这些因素出现会导致花芽分化不良，产生瓜畸形。此外雌花或幼果被架材或茎蔓夹住或阻挡也可造成畸形瓜。

葫芦畸形果

防治方法 ①生产上要做好温度、湿度、光照及水分管理，防止花芽分化出问题。庭院栽培的葫芦阳光不可过强，防止温度过高，必要时可适当遮阳。②加强肥水管理，保证养分供应充足。喷施核苷酸、甲壳素、云大120等，可加强抗逆能力，改善瓜条品质。

十、蛇瓜病害

蛇瓜疫病

症状 为害全株，叶、茎蔓、果实均常受害。叶片染病，初生暗绿色水渍状圆形病斑，后病斑迅速扩展成圆形至不规则形大斑，病部污绿色湿腐状，湿度大时有白色霉状物，干燥时呈青白色易破裂。茎蔓染病，初呈水浸状，暗绿色，后扩展，常引起茎部缢缩。果实染病，初病部水渍状，组织暗色软腐，湿度大时表面生灰白色霉，即病原菌孢囊梗和孢子囊。

蛇瓜疫病病瓜

病原 *Phytophthora drechsleri* Tucker，称掘氏疫霉，异名为 *P.melonis* Katsura，称甜瓜疫霉，均属假菌界卵菌门疫霉属。

传播途径和发病条件、防治方法参见黄瓜、水果型黄瓜疫病。

蛇瓜瓜链格孢叶枯病

症状 主要为害叶片、茎及果实。叶片染病，叶面或叶缘初生褐色小点，后扩展成形状不规则的褐色大斑，病健分界处不明显，病斑四周迅速变黄，湿度大时病斑上长出黑色霉状物，即病菌分生孢子梗和分生孢子。发病重的叶缘向上卷，致整个叶片很快干枯。瓜条染病，产生黑色不规则形大斑。

蛇瓜瓜链格孢叶枯病病叶

病原 *Alternaria cucumerina* (Ell. et Ev.) Elliott，称瓜链格孢，属真菌界子囊菌门链格孢属。

传播途径和发病条件、防治方法参见瓠子、葫芦链格孢叶斑病。

蛇瓜链格孢叶斑病

症状、病原、传播途径和发病条件、防治方法参见瓠子、葫芦链格孢叶斑病。

蛇瓜链格孢叶斑病斑上的分生孢子

蛇瓜叶点霉叶斑病

症状 主要为害叶片。叶片染病，发病初期出现水渍状褐色斑点，后逐渐扩展成大小不一的病斑，灰褐色至褐色，圆形或近圆形，严重的病斑融合成片，致叶片局部干枯，后期病斑表面出现小黑点，即病原菌分生孢子器。最后病斑破裂或穿孔。

蛇瓜叶点霉叶斑病

病原 *Phyllosticta cucurbitac-earum* Sacc.，称南瓜叶点霉，属真菌界子囊菌门叶点霉属。

传播途径和发病条件 病菌以分生孢子器和菌丝体随病残体遗落土中越冬。翌年，气温 25 ~ 28℃，相对湿度高于 90% 或有雨水及露水

时，从分生孢子器中涌出分生孢子借风雨溅射传播，进行初侵染和多次再侵染。

防治方法 ①选较高地块种植蛇瓜，栽植密度适中，及时整杈插架。②重病地与非瓜类作物进行 2 年以上轮作，适当增施磷钾肥，合理灌水，雨后及时排水，防止积水和湿气滞留。③发病初期喷洒 25% 吡唑醚菌酯乳油 1000 倍液、40% 百菌清悬浮剂 600 倍液、70% 丙森锌可湿性粉剂 600 倍液。

蛇瓜细菌性角斑病

症状 主要发生在叶片上，初生油渍状小斑点，后扩展成角状或不规则形浅灰褐色病斑，四周有油浸状晕圈，病斑有时穿孔，后期病斑融合，致叶片焦枯。有时也为害茎蔓。

蛇瓜细菌性角斑病发病初期症状

病原 *Pseudomonas syringae* pv. *lachrymans*（Smith et Bryan）Young.Dye & Wilkie，称丁香假单胞杆菌黄瓜角斑病致病变种，属细菌界薄壁菌门。

传播途径和发病条件、防治方法 参见黄瓜、水果型黄瓜细菌性角斑病。

蛇瓜病毒病

症状 苗期、成株期均可发病。病株顶部叶片产生浓淡不均的小型花叶斑驳,严重的伴随出现轻微的病斑花叶,病叶变小且略显畸形。病株结瓜少,近果柄处略现花斑,病瓜扭曲。6 ～ 8 月发生,较普遍。病株率 30% ～ 40%,严重的高达 80%。

病原 可由多种病毒引起,但以黄瓜花叶病毒(CMV)为主。

蛇瓜病毒病

传播途径和发病条件、防治方法参见黄瓜、水果型黄瓜花叶病毒病。药剂防治,可选用 20% 吗胍·乙酸铜可溶性粉剂 300 ～ 500 倍液 +0.01% 芸薹素内酯乳油 2500 倍液或 1% 香菇多糖水剂 500 倍液。

十一、佛手瓜、笋瓜病害

佛手瓜　学名 *Sechium edule* Swartz，别名梨瓜。四川、云南称洋丝瓜、瓦瓜、拳头瓜，福建称合掌瓜，台湾称万年瓜等。佛手瓜起源于墨西哥和中美洲，19世纪初传入我国，栽种1次，可连续采收10~20年。蔓尖脆嫩，可炒食，味美如炒芥蓝，果实除供菜用外，也是家畜的好饲料。两年生以上的植株，地上部还能产生块根，其形状和风味均与甘薯相似。佛手瓜是宿根性攀缘植物，在温暖地区是多年生典型的短日照植物，在长日照下不易开花结果。现已扩展到河南、山东、河北、北京、天津及内蒙古等地，有的已在棚室栽培成功，很受北方人们的欢迎。但病虫害跟踪而至。

笋瓜　学名 *Cucurbita maxima* Duch. ex Lam.，别名印度南瓜、玉瓜、北瓜等。现已传到世界各地。是葫芦科南瓜属中的栽培种，系一年生蔓性草本植物。笋瓜起源于南美洲，我国栽培的笋瓜可能由印度引进。日本用笋瓜作砧木与黄瓜嫁接提高了其对枯萎病的抗性。我国的笋瓜分为黄皮笋瓜、白皮笋瓜及花皮笋瓜等，各地均有种植。

佛手瓜（梨瓜）霜霉病

症状　佛手瓜霜霉病主要为害叶片。棚室栽培易发病。初在叶面叶脉间出现黄色褪绿斑，后在叶片背面出现受叶脉限制的多角形黄色斑。病斑多时叶片向上卷曲，湿度大时病叶背面生有稀疏白霉，即病原菌的孢囊梗和孢子囊。

佛手瓜（梨瓜）霜霉病病叶背面的水浸状斑

病原　*Pseudoperonospora cubensis*（Berk. et Curt）Rostov.，称古巴假霜霉菌，属假菌界卵菌门假霜霉属。

传播途径和发病条件、防治方法参见苦瓜霜霉病。

佛手瓜蔓枯病

症状　棚室或室内栽培易发病。主要为害蔓、果和叶片。蔓枯病影响较大，蔓上初生褐色长圆形至不规则形病斑，斑上生有黑色小粒点，即病原菌子实体。病情严重后导致蔓枯，致病部以上蔓果生长发育受到很大影响，严重时可引起茎蔓死亡，果实萎缩。

佛手瓜蔓枯病病蔓

病原 有性态为 *Didymella bryoniae*，称蔓枯亚隔孢壳，属子囊菌门亚隔孢壳属。无性态为 *Phoma cucurbitacearum*，称瓜茎点霉，属真菌界子囊菌门瓜茎点霉属。

传播途径和发病条件 北方主要以分生孢子器或子囊壳随病残体在土中越冬，翌春靠灌溉水、雨水传播蔓延，从伤口、自然孔口侵入，病部产生分生孢子进行重复侵染。南方可在病部辗转传播蔓延。北方引种或在棚室或反季节栽培的植株过密，通风透光差，生长势弱则发病重。

防治方法 ①北方与非瓜类作物实行 2～3 年轮作。②用种子重量 0.3% 的 50% 福美双可湿性粉剂拌种。③高畦栽培，地膜覆盖，雨季加强排水。④南、北方均可在发病初期喷洒 32.5% 苯甲·嘧菌酯悬浮剂 1500 倍液、56% 嘧菌·百菌清悬浮剂 700 倍液、70% 代森联水分散粒剂 600 倍液，隔 7～10 天 1 次，连续 2～3 次。

佛手瓜白粉病

症状 南方露地栽培时有发生，北方主要发生在棚室或露地或反季节栽培条件下。主要为害叶片。叶面初生白色小粉斑，后逐渐扩展融合，严重时整个叶面覆一层白色粉霉状物，持续一段时间后，致叶缘上卷，叶片逐渐干枯死亡。叶柄和茎蔓均可染病，症状与叶片相似。

佛手瓜白粉病

病原 *Podosphaera xanthii* Anagnostou et al. 2000，称苍耳叉丝单囊壳，属真菌界子囊菌门叉丝壳属。

形态特征、传播途径和发病条件参见冬瓜、节瓜白粉病。

防治方法 ①生物防治。白粉寄生菌在我国分布广泛，采用人工大量繁殖白粉寄生菌 *Ampelomyces* Ces. ex Schlecht（称白粉菌黑点病菌），异名为 *Cicinnobolus* Ehrenb.，于佛手瓜白粉病发病初期喷洒到植株上去，可有效抑制白粉病的扩展。②发病初期喷洒 4% 四氟醚唑水乳剂 1200 倍液。

佛手瓜叶点病

症状　主要为害叶片。初在叶片上产生褐色坏死小斑点，四周组织褪绿略具黄色，病斑边缘明显，中央灰白色，大小 2 ～ 4mm，近圆形，后病斑上长出黑色小粒点，即病菌分生孢子器。

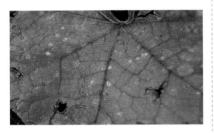

佛手瓜叶点病病叶上的症状

病原　*Phyllosticta* sp.，称一种叶点霉，属真菌界子囊菌门叶点霉属。分生孢子器球形，有明显的孔口，器壁细胞可见。分生孢子卵圆形至椭圆形，单胞无色。

传播途径和发病条件、防治方法参见黄瓜、水果型黄瓜斑点病。

笋瓜花腐病

症状　主要为害花和幼果，初呈湿腐状，上生一层白色霉层，即病菌的孢囊梗。从花器蔓延到幼果，引起花器枯萎，果实烂腐。

病原　*Choanephora cucurbitarum*（Berk. et Rav.）Thaxter，称瓜笋霉，属真菌界接合菌门笋霉属。

笋瓜花腐病病花

传播途径和发病条件、防治方法参见西葫芦、小西葫芦褐腐病。

笋瓜炭疽病

症状　主要为害叶片、茎蔓和果实，苗期至成株期均可受害。苗期染病，子叶边缘出现半圆形褐色病斑，湿度大时可见溢有粉红色黏状物。茎蔓染病，初生褐色至黑褐色凹陷斑。成株叶片染病，病斑褐色，四周具黄色晕圈，病斑多时全叶枯死。果实染病，亦生褐色凹陷斑，轮生黑色小粒点。

笋瓜炭疽病病叶

病原　*Colletotrichum orbiculare* Arx，称瓜类炭疽菌，属真菌界子囊菌门瓜类刺盘孢属。有性态为

Glomerella cingulata，称葫芦小丛壳，属真菌界子囊菌门小丛壳属。

传播途径和发病条件、防治方法参见南瓜、小南瓜炭疽病。

笋瓜蔓枯病

症状　主要危害叶片和茎蔓，果梗和果实也可受害。叶片染病，初在叶面上形成黑褐色、具同心轮纹不规则病斑。果梗和茎染病，先在表皮层形成似疮痂状病斑，后有褐色胶状物从表皮溢出。果实染病，初现水浸状病斑，中间呈褐色枯死，发病后期病斑则成开裂星状或不规则，内部组织干腐木栓化。

笋瓜蔓枯病病蔓

病原　*Didymella bryoniae*（Fuckel）Rehm，称蔓枯亚隔孢壳，属真菌界子囊菌门亚隔孢壳属。

传播和发病条件、防治方法参见黄瓜、水果型黄瓜蔓枯病。

笋瓜白粉病

症状　主要为害叶片、叶柄。

菌丝体生于叶的两面和叶柄上，初生白色圆斑，后长满全叶，致叶片黄枯或卷缩，秋季霉斑逐渐变成灰白色，其上长出黑色小粒点，即病原菌的子囊果。

笋瓜白粉病

病原　*Podosphaera xanthii*，称苍耳叉丝单囊壳，属真菌界子囊菌门叉丝单囊壳属。寄生于西葫芦、黄瓜、笋瓜、南瓜和棱角丝瓜。

传播途径和发病条件、防治方法参见瓠子、葫芦白粉病。

笋瓜花叶病

症状　主要表现为叶绿素分布不均，叶面出现黄斑或深浅间的斑驳花叶，有时沿叶脉叶绿素浓度增

笋瓜花叶病

高，形成深绿色相间带，严重的致叶面凹凸不平，脉皱曲变形。一般新叶症状较老叶明显。病情严重的，茎蔓和顶叶扭缩。果实染病出现褪绿斑。开花结果后病情趋于加重。

病原 *Squash mosaic virus*（SqMV），称南瓜花叶病毒，属豇豆花叶病毒科豇豆花叶病毒属病毒。寄主范围较窄，只侵染瓜类及豆科植物。病毒粒体球形，直径 25～30nm。病毒汁液稀释限点 10000～1000000 倍，钝化温度70～80℃，体外存活期28天以上。

传播途径和发病条件 该病毒主要通过汁液摩擦或黄瓜条叶甲、十一星叶甲等传毒。田间种子带毒率高、管理粗放、虫害多，发病也重。

防治方法 ①从无病株选留种子，防止种子传毒。②加强田间管理，及时防治蚜虫、叶甲等。③商品种子用 10% 磷酸三钠浸种 20min，水洗后播种。也可用 0.5% 香菇多糖水剂 100 倍液浸种 25min，冲净、催芽、播种。④发病初期喷洒 1% 香菇多糖水剂，每 667m² 用 150～250ml，对水 30～60kg，均匀喷雾。也可喷洒 5% 菌毒清水剂 200 倍液，隔 10天左右 1 次，连续防治 2～3 次。

十二、金瓜（金丝瓜）病害

金瓜 学名 *Cucurbita pepo* L. var.*medullosa* Alef，是葫芦科一年生草本植物，是西葫芦的一个变种，原产于非洲，引入我国已有300多年历史。金瓜经过冷冻或蒸煮后搅开，瓜肉呈金丝状，质脆、味清淡、脆嫩可口，风味独特。金瓜含有多种人体所需的氨基酸，因此具"天然粉丝"或"健康食品"之美称。金瓜耐储藏，生食、熟食很有特色，是调节蔬菜淡季的品种之一，受到各地普遍欢迎。主要病害如下。

金瓜枯萎病

症状 苗期、成株期均见染病。苗期染病症状一般不明显，有时叶片萎蔫，叶呈淡黄褐色，茎基部或茎部变褐缢缩或成立枯状，后子叶变黄，病苗萎蔫或枯死。成株染病多发生在开花结果后，初仅部分或植株一侧叶片中午打

金瓜枯萎病病瓜

蔫，似缺水状，早晚能复原，后萎蔫叶增多，逐渐蔓延至全株，坐瓜后，发育缓慢萎蔫，剖开病茎可见维管束褐变，湿度大时可见病部长有白色至粉红色霉状物，即病菌分生孢子梗和分生孢子。

病原 *Fusarium oxysporum* (Schl.) f. sp.*cucumerinum* Owen.，称尖镰孢菌黄瓜专化型，属真菌界子囊菌门镰刀菌属。

形态特征、传播途径和发病条件、防治方法参见黄瓜、水果型黄瓜镰孢枯萎病。

金瓜炭疽病

症状 主要侵害叶片、茎蔓和果实。苗期至成株期都可受害。幼苗期染病，子叶边缘出现半圆形褐色病斑，潮湿时可见粉红色黏状物，茎部病斑黑褐色，严重时苗猝倒。叶片染病，病斑褐色，周围具黄晕圈，病斑多时全叶枯死。茎蔓、叶柄染病，病斑长圆形，稍凹陷。果实染病，病斑褐色，凹陷，轮生小黑点，潮湿时表面具淡红色黏状物。

病原 *Colletotrichum orbiculare* Arx，称瓜类炭疽菌，异名为 *C. lagenarium* (Pass.) Ell. et Halst.，属真菌界子囊菌门瓜类刺盘孢属。

金瓜子叶上的炭疽病

病菌形态特征、传播途径、防治方法参见苦瓜炭疽病。

金瓜蔓枯病

症状　茎蔓染病，病斑梭形至椭圆形，褐色至灰褐色或仅中央褪为灰褐色，病部可见黑色小粒点，即病菌分生孢子器。有时病部溢有琥珀色树脂状胶质物，又称流胶。严重时导致蔓枯，影响果实生长发育，果实朽住不长或早落，严重的病部以上枯死。

病原　有性态为 *Didymella bryoniae*，称蔓枯亚隔孢壳，属子囊菌门亚隔孢壳属；无性态为 *Phoma cucurbitacearum*，称瓜茎点霉。

播种带菌的金瓜种子，长出的子叶发生蔓枯病症状

金瓜蔓枯病病瓜上的典型症状

防治方法　①选用裸仁金瓜、金丝瓜等优良品种。②其他方法参见南瓜、小南瓜蔓枯病。

金瓜曲霉病

症状　主要为害花和果实，病部生出黑霉，严重时整个果实和花全部变为黑褐色，果实逐渐腐烂。

金瓜曲霉病病瓜

病原　*Aspergillus niger* van Tiegh.，称黑曲霉，属真菌界曲霉属。

传播途径和发病条件、防治方法参见西葫芦、小西葫芦曲霉病。

金瓜细菌性角斑病

症状　为害叶片和果实。叶片

染病病斑多角形，初为水浸状，渐变褐色，中间变薄，半透明，质脆易裂，脱落穿孔，受叶脉限制，大小2～5mm，病斑多时可汇合成一大斑块，致叶片枯死。果实染病，初现圆形小点，水浸状，稍凹陷，严重的病斑裂开，但由于金瓜皮厚，一般影响不大。

金瓜白粉病

病原 *Podosphaera xanthii* Anagnostou，称苍耳叉丝单囊壳，属真菌界子囊菌门叉丝壳属。

传播途径和发病条件 在江苏、浙江一带病菌以闭囊壳随病残体在土表越冬。翌年4月放射出子囊孢子，引起初侵染。田间发病后，病菌产生分生孢子进行再侵染。上海多在6月上旬末，金瓜果实膨大期始见发病中心，内蒙古7月中下旬发病，病部产生分生孢子借风、雨传播，进行多次再侵染，致病害迅速蔓延，遇连阴雨高湿或高湿与高温交替条件，仅10～16天，病害可迅速蔓延至全田。

防治方法 ①选用抗病品种。如涡阳金丝瓜。②其他方法参见冬瓜、节瓜白粉病。

金瓜细菌性角斑病症状

病原 *Pseudomonas syringae* pv.*lachrymans*（Smith et Bryan）Young，Dye&Wilkie，称丁香假单胞杆菌黄瓜角斑病致病变种，属细菌界薄壁菌门。

传播途径和发病条件、防治方法参见冬瓜、节瓜细菌性角斑病。

金瓜白粉病

症状 主要为害叶片。初发病时，先在病叶正、背两面生出白色霉点，后扩展成近圆形的白色粉斑，湿度大或连阴雨天粉斑迅速扩展，形成边缘不大明显的白色粉区，后期白色粉层逐渐变为灰白色，叶片黄化或枯黄卷曲，未见闭囊壳。该病发生、危害有上升之势。

金瓜病毒病

症状 主要为害叶片、茎蔓和果实。叶片染病主要有两种类型：一是花叶型，先在新叶上现出明脉或褪绿斑点，后随之出现花叶，严重的叶片失绿或仅残留几个绿点或顶部叶片呈鸡爪状，仅残留几条线状主侧脉；

二是黄点型，在叶缘或近叶柄处产生黄色小点，后扩散至全叶，致叶片呈泡泡纱布状向叶背卷缩，重者叶片黄化。茎蔓染病，现浅褐色坏死条斑，病蔓缩短。果实染病，病果表面布满大小不等的瘤状突起，致果面凹凸不平。

金瓜病毒病

病原　*Cucumber mosaic virus*（CMV），称黄瓜花叶病毒组中的一个株系，属雀麦花叶病毒科黄瓜花叶病毒属病毒。黄瓜花叶病毒寄主范围 39 科 117 种植物，病毒颗粒状，直径 28 ～ 30nm。病毒汁液稀释限点 1000 ～ 10000 倍，钝化温度 60 ～ 70℃ 10min，体外存活期 3 ～ 4 天，不耐干燥，在指示植物普通烟、心叶烟及曼陀罗上呈系统花叶，在黄瓜上也现系统花叶。

传播途径和发病条件　金瓜种子不带毒，病毒主要在田间多年生宿根植物上越冬，靠蚜虫传播蔓延。春播金瓜 6 ～ 7 叶期田间始见病株，盛花期进入发病高峰，膨瓜期病情趋于停滞。在同一株上，4 ～ 6 节位的叶片易发病，后向前扩展，重病株开花前在雌花子房上即显症，果实症状多出现在膨瓜期。发病早的受害重。目前随种植面积扩大，该病危害有日趋严重之势。

防治方法　①选用抗病毒病的品种。如涡阳金丝瓜及上海崇明的 86-1、86-2 两个品系均表现抗病，生产上可大面积推广应用。②施用酵素菌沤制的堆肥，注意氮、磷、钾的配合，可提高金瓜抗病性。③采用金瓜与大麦间作，共生期 20 天左右，由于麦秆遮挡，可减轻蚜虫迁入，发病时期延后 3 ～ 12 天，可减缓发病。④金瓜定植后，用防虫网或银灰膜覆盖，可避蚜，减少病毒病发生。⑤必要时喷洒 15% 唑虫酰胺乳油 1000 ～ 1500 倍液或 10% 烯啶虫胺水剂 2500 倍液灭蚜防病。⑥发病初期喷洒 5% 盐酸吗啉胍可溶性粉剂（每 667m^2 用 600 ～ 800g，对水 30 ～ 45kg）或 1% 香菇多糖水剂（每 667m^2 用 80 ～ 120ml，对水 30 ～ 60kg，均匀喷雾），也可喷洒 20% 吗胍·乙酸铜可溶性粉剂 300 ～ 500 倍液 +0.01% 芸薹素内酯乳油 2500 倍液，10 天左右 1 次，防治 2 ～ 3 次。

十三、砍瓜病害

砍瓜 果实长棒状，不用等瓜成熟摘下食用，在砍瓜生长期可任意砍着吃，不影响瓜的继续生长。

砍瓜褐腐病

症状 发病初期花和幼果产生水渍状湿腐，病花变褐腐败，病原真菌从花蒂部继续侵入幼瓜，向瓜上扩展，致病瓜表面逐渐变褐，并生出白色茸毛状菌丝和黑色大头针状物，即病原菌的孢子囊。湿度大、气温高病情发展很快，致半个或全部变褐，最后脱落。

砍瓜褐腐病病花和幼果染病症状

病原 *Choanephora cucurbitarum*（Berk.et Rav.）Thaxt.，称瓜笋霉，属真菌界接合菌门笋霉属。

传播途径和发病条件、防治方法参见黄瓜、水果型黄瓜花腐病。

砍瓜斑点病

症状 主要为害中下部叶片，多在砍瓜结瓜期发病。叶上初生水渍状小斑点，后扩展成大小不一的近圆形至不规则形病斑，边缘浅褐色，中央灰白色，四周有浅绿色晕环，直径2～10mm，中部变薄易破，叶缘上病斑易卷起，湿度大时病斑上现不大明显的小黑点，即病菌分生孢子器。

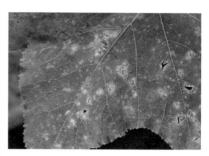

砍瓜斑点病叶片上的病斑

病原 *Phyllosticta cucurbitacearum* Sacc.，称南瓜叶点霉，属真菌界子囊菌门叶点霉属。

病害传播途径和发病条件、防治方法参见南瓜、小南瓜叶点霉斑点病。

砍瓜白粉病

症状 砍瓜从苗期至成株期均可发生，主要为害叶片、茎蔓和叶柄。叶片被侵染后，在叶面或叶背产生白色近圆形的霉斑，叶面居多，条件适宜时白粉斑向四周扩展，叶面布满白色粉状物，即病菌的菌丝体、分生孢子梗和分生孢子。后期粉斑颜色逐渐变成灰白色，当天气变冷时，其中长出很多黑色小粒点，即病菌的有性态闭囊壳。该菌侵染叶柄或嫩茎时只产生稍小的白粉霉斑。

砍瓜白粉病病叶

病原　*Podosphaera xanthii* Anagnostou，称苍耳叉丝单囊壳，属真菌界子囊菌门叉丝壳属。

传播途径和发病条件　南方及一年四季种植瓜类作物的地区，白粉病终年不断发生，病菌以分生孢子在瓜类植株上辗转侵染，周年危害，这些地区一般不产生有性态。北方冬季寒冷地区，秋末或生长后期瓜株衰老变黄时才产生闭囊壳随病残体越冬，第 2 年春天气温升高，释放出子囊孢子，从瓜株表皮或直接侵入进行初侵染。在保护地里病菌在棚室内越冬，翌春产生分生孢子借气流及水滴溅射传播，侵染露地瓜类。气温 20 ～ 24℃、湿度较高利于白粉病的发生和流行。

防治方法　①选择土质肥沃、通风良好的地块种植砍瓜，施足腐熟有机肥，增强抗病力，科学浇水，雨后排渍，防止干旱。②发病初期喷洒 4% 四氟醚唑水乳剂 1200 倍液、25% 乙嘧酚悬浮剂 800 ～ 1000 倍液、20% 唑菌酯悬浮剂 900 倍液。

砍瓜曲霉病

症状　主要危害花和果实，病部生出黑霉，严重时整个果实和花全部变为黑褐色，果实逐渐腐烂。

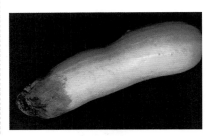

砍瓜曲霉病病瓜

病原　*Aspergillus niger* van Tiegh.，称黑曲霉，属真菌界子囊菌门曲霉属。

传播途径和发病条件、防治方法参见西葫芦、小西葫芦曲霉病。

砍瓜蔓枯病

症状　主要为害叶片、茎蔓和果实。叶片染病，初生近圆形、不规则形病斑，中央灰白色，边缘黑褐色，微具轮纹，直径 5 ～ 25mm，后期病斑常破裂穿孔，病斑上现黑色小粒点，即病原菌载孢体，又称分生孢子器。茎蔓染病，出现梭形或椭圆形病斑，扩展后成数厘米长的大斑，有时溢出琥珀色胶质物，后病部呈灰褐色干缩，引起蔓枯。果实染病，多在幼瓜期受害，果肉淡褐色，呈心腐状凹陷斑，后期病斑凹陷处产生黑色小粒点，即病原菌分生孢子器。

病原 有性态为 *Didymella bryoniae*，称蔓枯亚隔孢壳，属子囊菌门亚隔孢壳属；无性态为 *Phoma cucurbitacearum*，称瓜茎点霉，属真菌界子囊菌门茎点霉属。

传播途径和发病条件 病菌以菌丝体、分生孢子器及子囊壳随病残体在土中或附着种子或架材上越冬，

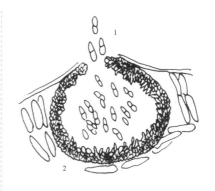

砍瓜蔓枯病菌西瓜壳二孢
1—分生孢子；2—分生孢子器

砍瓜蔓枯病叶片上的病斑

砍瓜蔓枯病果实上的病斑

5～10cm 土层中的病残体上的病菌可存活 6～9 个月，在土表和杂草丛中经 15～18 个月后才失去传病能力。分生孢子和子囊孢子借风雨或灌溉水传播，从伤口、气孔、水孔或直接侵入，发病后新产生的分生孢子进行再次侵染。气温 10～32℃，相对湿度高于 80%，田间都能见病，尤以 18～25℃、雨日多、雨量大、湿度高利于发病。2006 年北京气温偏高，雨量多于常年，该病发生偏重。

防治方法 ①积极选育抗蔓枯病的砍瓜新品种，现生产上用的品种抗病性不高。②用种子重量 0.3% 的 50% 福美双或扑海因拌种。③实行 2～3 年轮作，选择地势高燥、排水良好的地块种植，采用高畦栽培，雨后及时排水，施足基肥，结瓜期及时追肥。④发病初期喷洒 2.5% 咯菌腈乳油 1000 倍液、25% 嘧菌酯悬浮剂 800 倍液、20% 丙硫多菌灵悬浮剂 2000 倍液、560g/L 嘧菌·百菌清

悬浮剂 800 倍液，隔 7 ～ 10 天 1 次，连续 2 ～ 3 次。

砍瓜细菌性缘枯病

症状　植株叶、茎、瓜均可受害。叶片发病，初在叶缘水孔附近产生水渍状小斑点，逐渐扩大，因受叶脉限制，产生黄褐色不规则形病斑，周围有晕圈，以后病斑相互连接，叶片边缘产生带状枯斑，严重的产生大型水浸状病斑，由叶缘向叶中间扩展，产生 V 字形或不规则形斑块，湿度大时叶背病斑处有乳白色菌脓，后期病斑易破裂或穿孔。

砍瓜细菌性缘枯病病叶

病原　*Pseudomonas marginalis*（称边缘假单胞菌）和 *P.viridiflava*（称绿黄假单胞菌）。边缘假单胞菌异名为 *P.marginalis* pv.*marginalis*（Brown）Stevens。

传播途径和发病条件　种子带菌和土壤中的病菌是主要初侵染源，病原细菌从叶缘的自然孔口侵入，借风雨或灌溉水传播，进行初侵染和再侵染，雨日多、湿度大易发病。

防治方法　参见黄瓜、水果型黄瓜细菌性缘枯病。

砍瓜病毒病

症状　新长出的叶片出现皱纹或蕨叶，有时沿叶脉坏死或产生凹凸不平的瘤状物，果实表现尤为明显，严重时病株枯死。

砍瓜病毒病病叶

砍瓜病毒病果实症状

病原　*Squash mosaic virus*（SqMV），称南瓜花叶病毒，属豇豆花叶病毒科豇豆花叶病毒属病毒。只侵染葫芦科、豆科和芹菜属植物。病毒粒体球状，直径 21 ～ 30nm。钝化温度 70 ～ 80 ℃，稀释限点10000 ～ 100000 倍，体外存活期 28

天以上。

传播途径和发病条件 病毒在温室瓜类蔬菜上越冬，翌年砍瓜出苗后，借蚜虫传毒，蚜虫多、夏季高温则易发病。

防治方法 ①种子用 10% 磷酸三钠溶液浸种 20min，然后用水冲洗干净，晾干播种，或种子用 60℃温水浸种 10min 后，移入冷水中 12h 再催芽播种。②定植后在田间连续喷洒 25% 吡蚜酮悬浮剂 2000～2500 倍液灭蚜，防止传毒引起发病。③发病初期喷洒 20% 吗胍·乙酸铜可溶性粉剂 300～500 倍液 +0.004% 芸薹素内酯水剂 1500 倍液。

砍瓜大肚瓜

症状 砍瓜坐住后顶部膨大形成大肚瓜。

病因 砍瓜大肚瓜是由于授精不完全或营养不良造成的，仅仅果实顶部授精形成种子，使得顶部膨大而形成大肚瓜。

砍瓜大肚瓜

防治方法 ①选用单性结实能力强的品种。增施有机肥，控制化肥使用量。②防止温度过高或过低；要小水勤浇，不要大小漫灌；施肥要少量多次，不要一次施肥过多；③及时绑蔓，打老叶、黄叶、病叶；及时采收根瓜，保持瓜株生长旺盛。

十四、瓜类蔬菜害虫

美洲斑潜蝇

病源 *Liriomyza sativae*
（Blanchard），属双翅目潜蝇科。异
名 为 *L. pullata* Frick、*L.munda* Frick、
L. canomarginis Frick、*L. guytona*
Freeman 等。俗称蔬菜斑潜蝇、蛇
形斑潜蝇、甘蓝斑潜蝇等。美洲斑
潜蝇原分布在巴西、加拿大、美国、
墨西哥、古巴、巴拿马、智利等 30
多个国家和地区。我国 1994 年在
海南首次发现后，现已扩散到广东、
广西、云南、四川、山东、北京、
天津等地，菜田发生面积 2000 多
万亩。

寄主 黄瓜、番茄、茄子、辣
椒、豇豆、蚕豆、大豆、菜豆、芹
菜、甜瓜、西瓜、冬瓜、丝瓜、西葫
芦、小西葫芦、人参果、樱桃番茄、
蓖麻、大白菜、棉花、油菜、烟草等
22 科 110 多种植物。

美洲斑潜蝇幼虫和成虫

美洲斑潜蝇成虫放大（石宝才）

为害特点 成虫、幼虫均可为
害，雌成虫飞翔把植物叶片刺伤，进
行取食和产卵，幼虫潜入叶片和叶柄
为害，产生不规则蛇形白色虫道，叶
绿素被破坏，影响光合作用。受害重
的叶片脱落，造成花芽、果实被灼
伤，严重的造成毁苗。美洲斑潜蝇
发生初期，虫道呈不规则线状伸展，
虫道终端常明显变宽。

危害严重的叶片迅速干枯。受
害田块受蛀率 30% ～ 100%，减产
30% ～ 40%，严重的绝收。

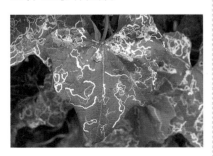

美洲斑潜蝇幼虫蛀害丝瓜叶

生活习性 成虫以产卵器刺伤叶片，吸食汁液。雌虫把卵产在部分伤孔表皮下，卵经2～5天孵化，幼虫期4～7天。末龄幼虫咬破叶表皮在叶外或土表下化蛹，蛹经7～14天羽化为成虫。每世代夏季2～4周，冬季6～8周。美洲斑潜蝇等在我国南部周年发生，无越冬现象。世代短，繁殖能力强。

防治方法 美洲斑潜蝇抗药性发展迅速，具有抗性水平高的特点，给防治带来很大困难，因此已引起各地重视。①严格检疫，防止该虫扩大蔓延。北运菜发现有斑潜蝇幼虫、卵或蛹时，要就地销售，防止把该虫运到北方。②各地要重点调查，严禁从疫区引进蔬菜和花卉，以防传入。③农业防治。在斑潜蝇危害重的地区，要考虑蔬菜布局，把斑潜蝇嗜好的瓜类、茄果类、豆类与其不危害的作物进行套种或轮作；适当疏植，增加田间通透性；收获后及时清洁田园，把被斑潜蝇危害作物的残体集中深埋、沤肥或烧毁。④棚室保护地和育苗畦提倡用蔬菜防虫网，能防止斑潜蝇进入棚室中危害、繁殖。提倡全生育期覆盖，覆盖前清除棚中残虫，防虫网四周用土压实，防止该虫潜入棚中产卵。可选20～25目（每平方英寸面积内的孔数）、丝径0.18mm、幅宽12～36m、白色、黑色或银灰色的防虫网，可有效防止该虫危害。此外，还可防治菜青虫、小菜蛾、甘蓝夜蛾、甜菜夜蛾、斜纹夜蛾、棉铃虫、豆野螟、瓜绢螟、黄曲条跳甲、猿叶虫、二十八星瓢虫、蚜虫等多种害虫。为节省投入，北方于冬春两季，南方于6～8月，也可在棚室保护地入口和通风口处安装防虫网，阻挡多种害虫侵入，有效且易推广。⑤防虫网中存有残虫的，可采用灭蝇纸诱杀成虫。在成虫始盛期至盛末期，每667m²设置15个诱杀点，每个点放置1张诱蝇纸诱杀成虫，3～4天更换1次。也可用黄板诱杀。⑥生物防治：a.释放潜蝇姬小蜂，平均寄生率可达78.8%。b.喷洒0.5%楝素杀虫乳油（川楝素）800倍液、6%绿浪（烟百素）900倍液。⑦没有使用防虫网的，适期进行科学用药。该虫卵期短，大龄幼虫抗药力强，生产上要在成虫高峰期至卵孵化盛期或低龄幼虫高峰期用药：瓜类、茄果类、豆类蔬菜某叶片有幼虫5头、幼虫2龄前、虫道很小时，于8～12时，首选三嗪胺类生长调节剂——50%灭蝇胺可湿性粉剂1800倍液，持效期10～15天或20%阿维•杀单微乳剂1000倍液、10%溴虫腈悬浮剂1000倍液、1.8%阿维菌素乳油1800倍液、40%阿维•敌畏乳油1000倍液、1%苦参碱2号可溶性液剂1200倍液、0.9%阿维•印楝素乳油1200倍液、3.3%阿维•联苯菊酯乳油1300倍液、70%吡虫啉水分散粒剂8000倍液、25%噻虫嗪水分散粒剂1800倍液，斑潜蝇发生量大时，定植时可用噻虫嗪2000倍液灌根，更有利于对斑潜蝇的控制。

南美斑潜蝇（拉美斑潜蝇）

[病源] *Liriomyza huidobrensis*（Blanchard），双翅目潜蝇科。别名斑潜蝇。分布于新北区、北半球温带地区，近年已蔓延到欧洲和亚洲。1994 年我国随引进花卉该虫进入云南昆明，从花卉圃场蔓延至农田。现在云南、贵州、四川、青海、山东、河北、北京等地已有为害蚕豆、豌豆、小麦、大麦、芹菜、烟草、花卉等的报道，是危险性特大的检疫对象。

[寄主] 黄瓜、蚕豆、马铃薯、小麦、大麦、豌豆、油菜、芹菜、菠菜、生菜、菊花、鸡冠花、香石竹等花卉和药用植物及烟草等 19 科 84 种植物。

[为害特点] 成虫用产卵器把卵产在叶中，孵化后的幼虫在叶片的上、下表皮之间潜食叶肉，嗜食中肋、叶脉，食叶成透明空斑，造成幼苗枯死，破坏性极大。该虫幼虫常沿叶脉形成潜道，幼虫还取食叶片下层的海绵组织，从叶面看潜道常不完整，有别于美洲斑潜蝇。

南美斑潜蝇成虫放大（石宝才）

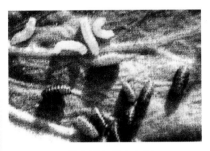

南美斑潜蝇幼虫和蛹

[生活习性] 该虫在云南发生的代数不详。据国外报道，此虫适温为 22℃，在云南滇中地区全年有两个发生高峰，即 3～4 月和 10～11 月，此间均温 11～16℃，最高不超过 20℃，利于该虫发生。5 月气温升至 30℃以上时，虫口密度下降。6～8 月雨季虫量较低，12 月至翌年 1 月月均温 7.5～8℃，最低温为 1.4～2.6℃，该虫也能活动危害。滇北元谋一带年平均气温 27.8℃，11 月至翌年 3 月上中旬，此间均温 17.6～21.8℃，最高气温低于 30℃，利其发生。3 月中下旬气温升至 35℃以上时，虫量迅速下降。4 月后进入

南美斑潜蝇幼虫蛀害黄瓜叶片

炎夏高温多雨季节田间虫量很少，直至 9 月气温降低，虫量逐渐回升。此外，还与栽培作物情况有关。云南中部蚕豆老熟期，成虫大量转移到瓜菜及马铃薯等作物上。南美斑潜蝇在北京 3 月中旬开始发生，6 月中旬以前数量不多，以后虫口逐渐上升，7 月 1～7 日达到最高虫量，每卡诱到 244.5 头，后又下降，7 月 28 日～9 月 15 日～11 月 10 日，虫口数量不高。该虫主要发生在 6 月中下旬至 7 月中旬，占斑潜蝇总量的 60%～90%，是这一时期田间潜叶蝇的优势种。该虫目前仅在少数地区发现，但却是我国危险性更大的潜叶蝇，应引起足够的重视。其天敌有 *Diglyphus isaea*（Walker）、*Pediobius mitsukurii*（Ashmead）、*Opius* sp. 等。

【**防治方法**】①严格检疫，防止该虫向其他省市蔓延。②控制虫源。③其他方法参见美洲斑潜蝇。

瓜蚜

【**病源**】*Aphis gossypii* Glover，同翅目蚜科。别名棉蚜。除西藏未见

瓜蚜（棉蚜）为害黄瓜叶片

瓜蚜无翅蚜放大

瓜蚜无翅蚜和有翅蚜放大

报道外，全国各地均有发生。

【**寄主**】黄瓜、南瓜、西葫芦、豆类、菜用玉米、玉米、茄子、菠菜、葱、洋葱等蔬菜及棉、烟草、黄秋葵、甜瓜、哈密瓜、西瓜、食用仙人掌、菜用番木瓜、甜菜等农作物。

【**为害特点**】以成虫及若虫在叶背和嫩茎上吸食作物汁液。瓜苗嫩叶及生长点被害后，叶片卷缩，瓜苗萎蔫，甚至枯死。老叶受害，提前枯落，缩短结瓜期，造成减产。

【**形态特征**】无翅胎生雌蚜体长 1.5～1.9mm，夏季黄绿色，春、秋季墨绿色。触角第 3 节无感觉圈，第 5 节有 1 个，第 6 节膨大部有 3～4 个。体表被薄蜡粉。尾片两侧各具毛

3根。

生活习性　华北地区年发生10余代，长江流域20～30代，以卵在越冬寄主上或以成蚜、若蚜在温室内蔬菜上越冬或继续繁殖。春季气温达6℃以上开始活动，在越冬寄主上繁殖2～3代后，于4月底产生有翅蚜迁飞到露地蔬菜上繁殖危害，直至秋末冬初又产生有翅蚜迁入保护地，可产生雄蚜与雌蚜交配产卵越冬。春、秋季10余天完成1代，夏季4～5天完成1代，每雌可产若蚜60余头。繁殖适温为16～20℃，北方超过25℃、南方超过27℃，相对湿度达75%以上，不利于瓜蚜繁殖。北方露地以6～7月中旬虫口密度最大，危害最重。7月中旬以后，因高温、高湿和降雨冲刷，不利于瓜蚜的生长发育，危害程度也减轻。通常，窝风地受害重于通风地。

防治方法　①保护地提倡采用24～30目、丝径0.18mm的银灰色防虫网防治瓜蚜，兼治瓜绢螟、白粉虱等其他害虫，方法参见美洲斑潜蝇。②采用黄板诱杀。用一种不干胶或机油，涂在黄色塑料板上，粘住蚜虫、白粉虱、斑潜蝇等，可减轻受害。③生物防治。a.人工饲养七星瓢虫，于瓜蚜发生初期，每667m²释放1500头于瓜株上，控制蚜量上升。b.于瓜蚜点片发生时，喷洒1%苦参碱2号可溶性液剂1200倍液、0.3%苦参碱杀虫剂纳米技术改进型2200倍液、99.1%敌死虫乳油300倍液、0.5%印楝素乳油800倍液。④药剂防治。可喷洒50%氟啶虫胺腈水分散粒剂1g/667m²，持效14天；22.4%螺虫乙酯悬浮剂3000倍液，持效30天；5%啶虫脒乳油2500倍液；22%螺虫乙酯·噻虫啉（稳特）悬浮剂每667m²用40ml，持效21天。15%唑虫酰胺乳油600～1000倍液、50%丁醚脲悬浮剂或可湿性粉剂1000～1500倍液、10%烯啶虫胺水剂或可溶性液剂2000～3000倍液、25%吡蚜酮悬浮剂2000～2500倍液、50%吡蚜酮水分散粒剂4500倍液。抗蚜威对菜蚜（桃蚜、萝卜蚜、甘蓝蚜）防效好，但对瓜蚜效果差。保护地可选用15%异丙威杀蚜烟剂，每667m²550g，每60m²放一燃放点，用明火点燃，6h后通风，效果好。也可选用灭蚜粉尘剂，每667m²用1kg，用手摇喷粉器喷撒在瓜株上空，不要喷在瓜叶上。生产上蚜虫发生量大时，可在定植前2～3天喷洒幼苗，同时将药液渗到土壤中。要求每平方米喷淋药液2L，也可直接向土中浇灌根部，控制蚜虫、粉虱，持效期为20～30天。

温室白粉虱

病源　*Trialeurodes vaporariorum*（Westwood），同翅目粉虱科。俗称小白蛾子。异名为*Aleurodes vaporariorum*。该虫1975年始于北京，现几乎遍布全国。

寄主 黄瓜、菜豆、茄子、番茄、青椒、甘蓝、甜瓜、西瓜、花椰菜、白菜、油菜、萝卜、莴苣、魔芋、芹菜等各种蔬菜及花卉、农作物等200余种。

为害特点 成虫和若虫吸食植物汁液，被害叶片褪绿、变黄、萎蔫，甚至全株枯死。此外，由于其繁殖力强，繁殖速度快，种群数量庞大，群聚危害，并分泌大量蜜液，严重污染叶片和果实，往往引起煤污病的大发生，使蔬菜失去商品价值。除严重为害番茄、青椒、茄子、马铃薯等茄科作物外，也是严重为害黄瓜、菜豆的害虫。

温室白粉虱成虫放大（石宝才）

生活习性 在北方，温室1年可发生10余代，冬季在室外不能存活，因此是以各虫态在温室越冬并继续为害。成虫羽化后1～3天可交配产卵，平均每雌产142.5粒。也可进行孤雌生殖，其后代为雄性。成虫有趋嫩性，在寄主植物打顶以前，成虫总是随着植株的生长不断追逐顶部嫩叶产卵，因此白粉虱在作物上自上而下的分布是，新产的绿卵、变黑的卵、初龄若虫、老龄若虫、伪蛹、新羽化成虫。白粉虱卵以卵柄从气孔插入叶片组织中，与寄主植物保持水分平衡，极不易脱落。若虫孵化后3天内在叶背可做短距离游走，当口器插入叶组织后就失去了爬行机能，开始营固着生活。粉虱发育历期：18℃时31.5天，24℃时24.7天，27℃时22.8天。各虫态发育历期，在24℃时，卵期7天，1龄5天，2龄2天，3龄3天，伪蛹8天。白粉虱繁殖适温为18～21℃，在生产温室条件下，约1个月完成1代。冬季温室作物上的白粉虱，是露地春季蔬菜上的虫源，通过温室开窗通风或菜苗向露地移植而使粉虱迁入露地。因此，白粉虱的蔓延，人为因素起着重要作用。白粉虱的种群数量，由春至秋持续发展，夏季高温多雨抑制作用不明显，到秋季其数量达高峰，集中为害瓜类、豆类和茄果类蔬菜。在北方，由于温室和露地蔬菜生产紧密衔接和相互交替，可使白粉虱周年发生。

防治方法 对白粉虱的防治，应以农业防治为主，加强蔬菜作物的栽培管理，培育"无虫苗"，积极开展生物防治和物理防治，辅以合理使用化学农药。①农业防治。a. 提倡温室第一茬种植白粉虱不喜食的芹菜、蒜黄等较耐低温的作物，而减少黄瓜、番茄的种植面积。b. 培育"无虫苗"，把苗房和生产温室分开，育苗前彻底熏杀残余虫口，清理杂草和残株，并在通风口及门口安装防虫网，控制外来虫源。c. 避免黄瓜、番茄、菜豆混栽。d. 温室、大棚附近避免栽植黄瓜、番茄、茄子、菜豆等白粉虱发生严重的蔬菜。提倡种植白粉虱不喜食的十字花科蔬菜，以减少虫源。②生物防治。可人工繁殖释放丽蚜小蜂（又名粉虱匀鞭蚜小蜂，Encarsia formosa）。在温室第二茬番茄上，当白粉虱成虫在 0.5 头/株以下时，每隔 2 周放 1 次，共 3 次。释放丽蚜小蜂成蜂至 15 头/株，寄生蜂可在温室内建立种群并能有效地控制白粉虱危害。③物理防治。白粉虱对黄色敏感，有强烈趋性，可在温室内设置黄板诱杀成虫。方法是利用废旧的纤维板或硬纸板，裁成 1m×0.2m 长条，用油漆涂为橙皮黄色，再涂上一层黏油（可使用 10 号机油加少许黄油调匀），每 667m^2 设置 32～34 块，置于行间，可与植株高度相同。当白粉虱粘满板面时，需及时重涂黏油，一般可 7～10 天重涂 1 次。要防止油滴在作物上造成烧伤。黄板诱杀与释放丽蚜小蜂可协调运用，并配合生产"无虫苗"，作为综合治理的几项主要内容。此外，由于白粉虱繁殖迅速易于传播，在一个地区范围内的生产单位应注意联防联治，以提高总体防治效果。④药剂防治。由于粉虱世代重叠，在同一时间、同一作物上存在各虫态，而当前药剂没有对所有虫态皆有效的种类，所以采用化学防治法，必须连续几次用药。可选用的药剂和浓度如下。a.25% 噻嗪酮乳油 1000 倍液，对白粉虱若虫有特效。b.25% 甲基克杀螨乳油 1000 倍液，对白粉

虱成虫、卵和若虫皆有效。c.50% 灭蝇胺可湿性粉剂 1800 倍液或 99.1% 敌死虫乳油 300 倍液、25% 噻虫嗪水分散粒剂 1800 倍液、20% 吡虫啉浓可溶剂 2800 倍液。d.2.5% 联苯菊酯乳油 900 倍液，可杀成虫、若虫、伪蛹，对卵的效果不明显。e.22% 螺虫乙酯·噻虫啉悬浮剂 40ml/667m^2，持效 21 天，或 40% 啶虫脒水分散粒剂 6000 倍液、1.8% 阿维菌素乳油 1800 倍液。对上述药剂产生抗药性的，可选用 0.3% 苦参碱杀虫剂纳米技术改进型 2200 倍液，或与联苯菊酯、噻嗪酮、吡虫啉混用防治抗性白粉虱，有较好效果。

吡虫啉是一种正温度效应杀虫剂，气温高于 25℃时可用吡虫啉，一天中也应在中午温度较高时施药，可提高其杀虫活性。气温低于 25℃时，可选用拟除虫菊酯类或温度效应不明显的杀虫剂。生产上白粉虱、烟粉虱危害严重时，可在蔬菜定植时浇灌 10% 烯啶虫胺水剂 2000～3000 倍液或 25% 噻虫嗪 4000 倍液，可控制 20～30 天。

烟粉虱和 B 型烟粉虱、Q 型烟粉虱

病源 烟粉虱 Bemisia tabaci Gennadius，近年来又出现了 B 型烟粉虱和 Q 型烟粉虱。北京、河北一带，现在 Q 型烟粉虱已全部取代了 B 型烟粉虱。现在海南又出现了螺旋粉虱（Aleurodicus dispersus Russell）。

寄主 葫芦科、十字花科、豆科、茄科、锦葵科等10多科及番茄、番薯、木薯、柑橘、梨、橄榄、棉花、烟草等50多种植物。B型烟粉虱寄主更多，危害更重。

为害特点 成虫、若虫刺吸植物汁液，受害叶褪绿萎蔫或枯死。近

采用绿色防控技术用黄板诱杀粉虱和蚜虫
（李明远）

烟粉虱的伪蛹

烟粉虱成虫（焦小国摄）

年该虫危害呈上升趋势，有些地区与B型烟粉虱及白粉虱混合发生、混合危害更加猖獗。除刺吸寄主汁液外，造成植株瘦弱矮小，若虫和成虫还分泌蜜露，诱发煤污病，严重时叶片呈黑色。B型烟粉虱的若虫分泌的唾液能造成西葫芦、南瓜等葫芦科植物和番茄、绿菜花等的生理功能紊乱，产生银叶病或白茎。2004年北京、郑州，2005年浙江先后发现了Q型烟粉虱，危害甜辣椒，引起煤污病。

生活习性 亚热带年生10～12个重叠世代，几乎月月出现一次种群高峰，每代15～40天。夏季卵期3天，冬季33天。若虫3龄，9～84天，伪蛹2～8天。成虫产卵期2～18天，每雌产卵120粒左右，卵多产在植株中部嫩叶上。成虫喜欢无风温暖天气，有趋黄性。气温低于12℃停止发育，14.5℃开始产卵。气温达21～33℃时，随气温升高，产卵量增加，高于40℃成虫死亡。相对湿度低于60%成虫停止产卵或死去。暴风雨能抑制其大发

B型烟粉虱引起的南瓜银叶病

生，非灌溉区或浇水次数少的作物受害重。

防治方法 综合防治，加强植物检疫，切断初次侵染虫源。如培育"无虫"幼苗，清除残株杂草，挂黄板诱杀，释放寄生蜂等措施，都有一定的防治效果。实践证明，科学合理地施用农药仍是目前生产上重要的防治手段。

根据烟粉虱发生特点，采取"抓两头、控中间，治上代、压下代"的防治策略。①狠抓当年越冬前第10代成虫和来年越冬代羽化成虫的防治，以减少烟粉虱的虫口基数。②重点防治全年繁殖速度较快的第5～8代，以压制其种群的连续扩展。③释放天敌昆虫，保护地在烟粉虱、B型烟粉虱和Q型烟粉虱初发期，按粉虱与丽蚜小蜂1：（2～4）的比例释放，隔7～10天释放1次，连续放蜂3次，可基本控制烟粉虱和B型烟粉虱的危害。④生产上在粉虱危害初期或虫量快速增长时喷洒65%噻嗪酮可湿性粉剂2500～3000倍液、24%螺虫乙酯悬浮剂2000倍液、40%啶虫脒水分散粒剂6000倍液、22%螺虫乙酯·噻虫啉悬浮剂40ml/667m²（持效21天）、1.8%阿维菌素乳油2000倍液、10%烯啶虫胺水剂或可溶性液剂2000～2500倍液、50%吡蚜酮水分散粒剂4500倍液、5%氯虫苯甲酰胺悬浮剂1000倍液、25%噻虫嗪水分散粒剂5000倍液（灌根时用2000～3000倍液）、70%吡虫啉水分散粒剂5000倍液，

对烟粉虱、Q型烟粉虱防效优异。温度高时可喷洒15%唑虫酰胺乳油1000～1500倍液。对烟粉虱若虫防效90%以上的杀虫剂有70%吡虫啉5000倍液、0.3%苦参碱1000倍液、10.8%吡丙醚1000倍液+20%啶虫脒5000倍液、10%吡丙醚1000倍液、33%吡虫啉·高效氯氟氰菊酯微粒剂（2.31～2.64g/667m²）。单用4.5%高效氯氟氰菊酯乳油防效仅为19.9%，说明抗药性很高，不能用于防治烟粉虱了。

黄足黄守瓜

病源 *Aulacophora femoralis chinensis* Weise，鞘翅目叶甲科。别

黄足黄守瓜成虫放大

黄足黄守瓜幼虫为害瓜株根部（司升云）

名黄守瓜黄足亚种、瓜守、黄虫、黄
萤。分布于东北、华北、华东、华
南、西南等地区。

寄主　已知 19 科 69 种以上，
但以葫芦科为主，如黄瓜、南瓜、丝
瓜、苦瓜、西瓜、甜瓜等，也可食害
十字花科、茄科、豆科等蔬菜。

为害特点　成虫取食瓜苗的叶
和嫩茎，常常引起死苗，也为害花及
幼瓜。幼虫在土中咬食瓜根，导致瓜
苗整株枯死，还可蛀入接近地表的瓜
内危害。防治不及时，可造成减产。

生活习性　华北 1 年发生 1 代，
华南 3 代，台湾 3 ～ 4 代，以成虫在
地面杂草丛中群集越冬。翌春气温达
10℃时开始活动，以中午前后活动最
盛，自 5 月中旬至 8 月皆可产卵，以
6 月最盛，每雌可产卵 4 ～ 7 次，每
次平均约 30 粒，产于潮湿的表土内。
此虫喜温湿，湿度愈高产卵愈多，每
在降雨之后即大量产卵。相对湿度在
75% 以下卵不能孵化，卵发育历期
10 ～ 14 天，孵化出的幼虫即可危害
细根，3 龄以后食害主根，致使作物
整株枯死。幼虫在土中活动的深度为
6 ～ 10cm，幼虫发育历期 19 ～ 38
天。前蛹期约 4 天，蛹期 12 ～ 22 天。
1 年 1 代区的成虫于 7 月下旬至 8 月
下旬羽化，再危害瓜叶、花或其他作
物，此时瓜叶茂盛，多不引起注意，
秋季以成虫进入越冬。

防治方法　①苗期防黄守瓜保
苗。在黄瓜 7 片真叶以前，采用网罩
法罩住瓜类幼苗，待瓜苗长大后撤掉
网罩。②撒草木灰法。对幼小瓜苗在
早上露水未干时，把草木灰撒在瓜苗
上，能驱避黄守瓜成虫。③人工捕
捉。于 4 月瓜苗小时于清晨露水未干
成虫不活跃时捕捉，也可在白天用捕
虫网捕捉。④药驱法。把缠有纱布或
棉球的木棍或竹棍蘸上稀释的农药，
纱布棉球朝天插在瓜苗旁，高度与瓜
苗一致，农药可用 52.5% 毒死蜱·氯
氰菊酯 20 ～ 30 倍液，驱虫效果好。
⑤进入 5 月中下旬瓜苗已长大，这时
黄守瓜成虫开始在瓜株四周往根上产
卵，于早上露水未干时在瓜株根际土
面上铺一层草木灰或烟草粉、黑籽南
瓜枝叶、艾蒿枝叶等，能驱避黄守
瓜前来产卵，可减少对黄瓜的危害。
⑥进入 6 ～ 7 月经常检查根部，发
现有黄守瓜幼虫时，地上部萎蔫，
或黄守瓜幼虫已钻入根内时，马上
往根际喷淋或浇灌 5% 氯虫苯甲酰
胺悬浮剂 1500 倍液、24% 氰氟虫腙
悬浮剂 900 倍液、10% 虫螨腈悬浮
剂 1200 倍液、30% 氯虫·噻虫嗪悬
浮剂 6.6g/667m^2，7 ～ 10 天 1 次。
交替使用，效果好。

黄足黑守瓜

病源　*Aulacophora lewisii* Baly，
鞘翅目叶甲科。别名柳氏黑守瓜、黄胫
黑守瓜。异名 *Aulacophora cattigarensis*
Weise。分布于黄河以南至海南。

寄主　瓜类蔬菜。

为害特点　成虫食害瓜苗叶和
嫩茎，幼虫食害苗根，造成死苗，
导致减产。

黄足黑守瓜成虫放大

黄足黑守瓜幼虫形态（司升云）

生活习性　成虫昼间交尾，产卵于土面缝隙中，聚成小堆。幼虫食害瓜类根部，老熟时建成土室，在其中化蛹。本种比黄守瓜发生迟，危害作物的种类较少，以丝瓜、苦瓜受害较烈，一些年份发生严重。

防治方法　参见黄足黄守瓜。

黑足黑守瓜

病源　*Aulacophora nigripennis* Motschulsky，鞘翅目叶甲科。异名 *Ceratia nigripennis* Motschulsky。别名黑胫黑守瓜。分布在陕西、甘肃等省。

寄主　苦瓜、丝瓜、黄瓜、南瓜、冬瓜、罗汉果等。

为害特点　成虫取食瓜叶、茎、花及瓜条，幼虫食害瓜苗根部，严重时造成全株死亡。

黑足黑守瓜成虫

生活习性　成虫白天交尾，产卵在土面缝隙中，幼虫危害根部。黑足黑守瓜越冬成虫一般出现较晚，喜在丝瓜、苦瓜上活动，其生活习性与黄守瓜相似。

黑足黑守瓜初孵幼虫和卵

防治方法　①提早播种，当越冬代成虫发生量大时，瓜苗已长出5片真叶以上，可减轻受害和着卵。这是防治的关键技术之一。②在成虫产卵期单用或混用草木灰、石灰粉、锯末或 2% 巴丹粉剂，每 667m² 用 2kg，撒在瓜根附近土面或瓜叶上，防止成虫产卵和危害。③瓜苗移栽前后至 5 片真叶前及时喷洒云菊牌 5% 天然除虫菊素乳油 1000 倍液或 240g/L 氰氟虫腙悬浮剂 700 倍液或 40% 啶虫脒水分散粒剂 3500 倍液，7～10 天 1 次，防治 2 次。④防治幼虫危害根部可用 50% 辛硫磷乳油 1500 倍液灌根。黄瓜对辛硫磷敏感，应严格掌握使用浓度，使用辛硫磷的采收前 3 天停止用药。生产 A 级绿色食品蔬菜，每个生长季节，每种农药只限使用 1 次（后同）。

瓜褐蝽

【病源】 *Aspongopus chinensis* Dallas，半翅目蝽科。异名 *Coridius chinensis*（Dallas）。别名九香虫、黑兜虫、臭屁虫。分布在河南、江苏、广东、广西、浙江、福建、四川、贵州、台湾。

瓜褐蝽成虫为害瓜蔓

【寄主】 节瓜、冬瓜、南瓜、丝瓜，亦危害豆类、茄、桑、玉米、柑橘等。

【为害特点】 小群成虫、若虫栖集在瓜藤上吸食汁液，造成瓜藤枯黄、凋萎，对植株生长发育影响很大。

【生活习性】 该虫在河南信阳以南、江西以北年生 1 代，广东、广西年生 3 代。以成虫在土块、石块下或杂草、枯枝落叶下越冬。发生 1 代的地区 4 月下旬至 5 月中旬开始活动，随之迁飞到瓜类幼苗上为害，尤以 5～6 月间危害最盛。6 月中至 8 月上旬产卵，卵串产于瓜叶背面，每雌产卵 50～100 粒。6 月底至 8 月中旬幼虫孵化，8 月中旬至 10 月上旬羽化，10 月下旬越冬。发生 3 代的地区，3 月底越冬成虫开始活动。第 1 代多在 5～6 月间，第 2 代在 7～9 月间，第 3 代多发生在 9 月底，11 月中成虫越冬。成虫、若虫常几头或几十头集中在瓜藤基部、卷须、腋芽和叶柄上为害，初龄若虫喜欢在蔓裂处取食为害。成虫、若虫白天活动，遇惊坠地，有假死性。

【防治方法】 ①利用瓜褐蝽喜闻尿味的习性，于傍晚把用尿浸泡过的稻草，插在瓜地里，每 667m² 插 6～7 束，成虫闻到尿味就会集中在草把上，翌晨集中草把深埋或烧毁。②必要时喷洒 22% 氰氟虫腙悬浮剂 500～700 倍液、40% 啶虫脒水分散粒剂 3000～4000 倍液、20% 虫酰肼悬浮剂 800 倍液、3% 甲氨基阿维菌素苯甲酸盐微乳剂 2500～3000 倍液，

7 ～ 10 天 1 次，防治 2 次。

细角瓜蝽

病源 *megymenum gracillicorne* Dallas，半翅目蝽科。别名锯齿蝽。

细角瓜蝽成虫正在交尾

细角瓜蝽若虫

寄主 南瓜、黄瓜、苦瓜、豆类、刺槐。

为害特点 受害瓜蔓初现黄褐色小点，卷须枯死，叶片黄化；严重的环蔓变褐，提前枯死。

生活习性 江西、河南年生 1 代，广东年生 3 代，以成虫在枯枝丛中、草屋的杉皮下、石块、土缝等处越冬。翌年 5 月，越冬成虫开始活

动，6 月初至 7 月下旬产卵，6 月中旬至 8 月上旬孵化，7 月中旬末至 9 月下旬羽化，进入 10 月中下旬陆续蛰伏越冬。成虫、若虫性喜荫蔽，白天光强时常躲在枯黄的卷叶里、近地面的瓜蔓下及蔓的分枝处，多在寄主苞部至 3m 高处的瓜蔓、卷须基部、腋芽处危害，低龄若虫有群集性，喜栖息在茎蔓内，成虫把卵产在蔓基下、卷须上，个别产在叶背，多成单行排列，个别成 2 行，每雌产卵 24 ～ 32 粒，一般 26 粒。卵期 8 天，若虫期 50 ～ 55 天，成虫寿命 10 ～ 20 天。

防治方法 ①利用椿象的群集性和假死性，振落地上，集中杀灭。②人工摘除卵块。③喷洒 40% 乙酰甲胺磷乳油 700 倍液或 40% 啶虫脒水分散粒剂 3500 倍液。

显尾瓜实蝇

病源 *Dacus caudatus* Fabricius，双翅目实蝇科。别名胡瓜实蝇、显纹瓜实蝇、瓜蜂，幼虫称瓜蛆。

寄主 苦瓜、节瓜、黄瓜、西瓜、南瓜等。

为害特点 幼虫钻进瓜内取食，受害瓜初局部变黄，后全瓜腐烂变臭。危害轻的刺伤处流胶，畸形下陷，俗称"歪嘴""缩骨"，造成品质下降。

生活习性 年约生 8 代，以末龄幼虫和蛹在表土中越冬，翌年气温升高后羽化为成虫，早晨或晚上交

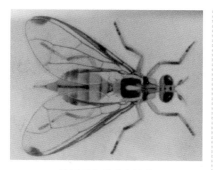

显尾瓜实蝇成虫放大

配，成虫把卵产在瓜的表皮内，被产卵处略凹陷，着卵瓜发育不良或产生畸形，初孵幼虫钻入瓜内取食，有的从伤口处流出汁液或果实腐烂，幼瓜受害容易脱落，幼虫善跳，末龄幼虫跳至地表入土后化蛹。该虫喜欢食甜食，寿命长达数月。天敌有 *Opius fletcheri* 等。

防治方法 ①在成虫发生期用糖1份、10%多来宝胶悬剂1份，加适量水后制成毒饵，滴在厚吸水纸上，挂在瓜田或瓜棚架杆上，诱杀成虫。每667m²设20个点，每周更换1次。也可用克蝇溶液诱杀。②摘除受害果，减少幼虫食饵，销毁受害瓜，注意田间卫生，收获后及时拔除残株，集中深埋或烧毁，以减少下一季或翌年虫源。在瓜实蝇危害重的地区，不种或拔除非经济性寄主植物。③用加保扶颗粒剂处理土壤，杀死土中幼虫。④饲养释放不妊虫（γ放射线处理），使其与田间雌蝇交配，产生不能孵化的卵。也可利用实蝇成虫对颜色及光波长的反应，采用黄板诱集，使用银灰膜也有忌避作用。⑤必要时采用套袋法，防止侵入。⑥成蝇盛发时，喷洒50%灭蝇胺可湿性粉剂1500～2000倍液、2.5%溴氰菊酯乳油1000倍液，每667m²喷对好的药液60～70L。使用溴氰菊酯的采收前3天停止用药。⑦用猎蝇0.02%饵剂，667m²用量100ml，喷在瓜株1～1.5m处叶背面，药点间距3～5m，施药间隔时间7天，喷药后1～2天遇雨要补喷。

苹斑芫菁

学名 *Mylabris calida* Pallas，鞘翅目芫菁科。分布在黑龙江、内蒙古、新疆、河北、山东、江苏、湖北、河南、青海等地。

寄主 瓜类、苹果、沙果等。

为害特点 成虫为害瓜类蔬菜、果树的叶片，呈缺刻状或孔洞；幼虫捕食蝗卵。

苹斑芫菁成虫栖息在黄瓜花上

生活习性 北方年生1代，南方年生2代。以前蛹期在土中越冬，北方翌年5月中旬羽化，7月中旬为盛发期。成虫有二次交尾现象，交尾后1周产卵于杂草、地表10cm之间，先挖土，产后埋土，每只雌虫一次能产卵120粒左右，无遗病，多于10时和17时产卵，每产一次卵约半小时，产卵不规则，卵期平均25天，卵多在7～8时和17～18时孵化。成虫产卵后，群居性很强，一般几十只到上百只，并远距离飞翔危害。成虫喜在9时和16时活动和交尾，中午炎热静伏不动，温度25℃时活动最盛。9月下旬停止活动。寿命96天。成虫有假死性，无趋光、趋化现象。幼虫共6龄，每龄期平均15天左右，1～2龄活动迅速，3～4龄多在黑暗中活动和寻食，主要取食蝗卵，5～6龄进入休眠状态。

防治方法 一般不需单独防治。

南瓜斜斑天牛

病源 *Apomecyna histrio*（Fabricius），鞘翅目天牛科。异名*Apomecyna alboguttata* Megerle.，别名四斑南瓜天牛、瓜藤天牛、钻茎虫，是瓜类藤蔓的主要害虫。分布于贵州、云南、四川、广西、广东、湖南、浙江、福建、江苏、台湾等地。

寄主 南瓜、冬瓜、丝瓜、节瓜、葫芦等。

为害特点 以幼虫蛀食瓜藤，破坏输导组织，导致被害瓜株生长衰弱，严重时茎断瓜蔫，影响产量和品质。被蛀害的植株抗力减弱，田间匍

匍于地面的藤蔓易受白绢病菌侵染，加速其死亡。据贵州省荔波县和福建省建阳区调查，受害重的有虫株率高达20%～75%，减产20%～30%。

南瓜斜斑天牛成虫脱虫孔
及幼虫排出的虫粪

南瓜斜斑天牛成虫

生活习性 年生几代，以老熟或成长幼虫越冬。越冬幼虫在枯藤内于翌年4月陆续化蛹和羽化，蛹期10～14天。5月中旬开始产卵，产卵期长达2个多月。贵州荔波县7月下旬第1代成虫羽化，田间8月中旬可同时见到四种虫态。8月下旬至9月中旬，初孵幼虫危害，此后进入越冬。成虫羽化后，啃食瓜株幼嫩组织

和花及幼瓜。卵多散产于叶腋间，也有产在茎节中部的。产前成虫用上颚咬伤茎皮组织，埋卵其内或直接把卵产在瓜茎裂缝伤口处。幼虫孵出先在皮层取食，渐潜蛀于茎中。随着食量的增大，被害部外溢的瓜胶脱落，幼虫蛀空髓部，化蛹其间，成虫羽化后静置数日，从排粪孔中脱出。虫量大时，一株瓜蔓最多可捕获 21 头幼虫。

防治方法 ①注意田间清洁，冬前彻底清除田间残藤，烧灰积肥。特别是爬攀在树上和墙、房上的瓜蔓不可留下，可降低越冬虫口密度。②6～7月间，加强检查，发现瓜株有新鲜虫粪排挂，用注射器注入内吸性杀虫剂毒杀幼虫。5月用 50% 杀螟丹可溶性粉剂 1000 倍液或 35% 伏杀硫磷乳油 300～400 倍液喷雾防治成虫，喷雾时应避开瓜花，以防止杀害蜜蜂。

黄瓜天牛

病源 *Apomecyna saltator*（Fabr.），鞘翅目天牛科。异名 *Apomecyna neglecta* Pascoe、*A. excavaticeps* Pic.。别名瓜藤天牛、南瓜天牛、牛角虫、蛀藤虫。分布在浙江、江苏、云南、贵州、福建、广西、广东、湖南和台湾等地。

寄主 黄瓜、南瓜、丝瓜、油瓜、冬瓜、葫芦等。

为害特点 与南瓜斜斑天牛相同。

黄瓜天牛成虫

生活习性 年生 1～3 代，以幼虫或蛹在枯藤内越冬。翌年 4 月初越冬幼虫化蛹，羽化为成虫后迁移至瓜类幼苗上产卵，初孵幼虫即蛀入瓜藤内为害。8 月上旬幼虫在瓜藤内化蛹，8 月底羽化为成虫，成虫羽化后飞至瓜藤上产卵，卵散产于瓜藤叶节裂缝内，幼虫初孵化横居藤内，蛀食皮层。藤条被害后轻者折断、腐烂或落瓜，严重的全株枯萎。成虫羽化后静伏一段时间后咬破藤皮钻出，有假死性，稍触动便落地，白天隐伏瓜茎及叶荫蔽处，晚上活动取食、交配。

防治方法 发现瓜株上有新鲜虫粪的蛀孔后，用注射器注入内吸性杀虫剂毒杀幼虫，用药棉蘸少许同样的药液堵塞虫孔，使幼虫中毒死亡。

瓜绢螟

病源 *Diaphania indica*（Saunders），鳞翅目螟蛾科。别名瓜螟、瓜野螟。异名 *Glyphodes indica* Saunders。北起辽宁、内蒙古，南至国境线，长江以南密度较大。近年山东常常发生，为害也很严重。种群呈明显上升趋势。

瓜绢螟成虫放大

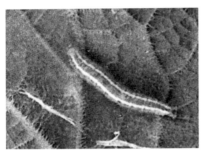

瓜绢螟3龄幼虫放大

瓜绢螟末龄幼虫

寄主　丝瓜、苦瓜、节瓜、黄瓜、甜瓜、冬瓜、西瓜、哈密瓜、番茄、茄子等。

为害特点　幼龄幼虫在叶背啃食叶肉，呈灰白斑。3龄后吐丝将叶或嫩梢缀合，匿居其中取食，致使叶片穿孔或缺刻，严重时仅留叶脉。幼虫常蛀入瓜内，影响产量和质量。

生活习性　在广东年发生6代，以老熟幼虫或蛹在枯叶或表土越冬，翌年4月底羽化，5月幼虫为害。7～9月发生数量多，世代重叠，为害严重。11月后进入越冬期。成虫夜间活动，稍有趋光性，雌蛾产卵于叶背，散产或几粒在一起，每雌螟可产卵300～400粒。幼虫3龄后卷叶取食，蛹化于卷叶或落叶中。卵期5～7天，幼虫期9～16天共4龄，蛹期6～9天，成虫寿命6～14天。浙江第1代为6月中旬，第2代7月中旬，第3代在8月上旬至中旬，第4代9月初前后，第5代10月初前后。

防治方法　①提倡采用防虫网，防治瓜绢螟兼治黄守瓜。②及时清理瓜地，消灭藏匿于枯藤落叶中的虫蛹。③提倡用螟黄赤眼蜂防治瓜绢螟。此外，在幼虫发生初期，及时摘除卷叶，置于天敌保护器中，使寄生蜂等天敌飞回大自然或瓜田中，但害虫留在保护器中，以集中消灭部分幼虫。④近年瓜绢螟在南方周而复始地不断发生，用药不当，致瓜绢螟对常用农药产生了严重抗药性，应引起注意。⑤加强瓜绢螟预测预报，采用性诱剂或黑光灯预测预报发生期和发生量。⑥药剂防治掌握在种群主体处在1～3龄时，喷洒30%杀铃·辛乳油1200倍液或5%氯虫苯甲酰胺

悬浮剂 1200 倍液或 20% 氟虫双酰胺
水分散粒剂 3000 倍液。害虫接触该
药后，即停止取食，但作用慢。也可
喷洒 1.8% 阿维菌素乳油 1500 倍液、
240g/L 甲氧虫酰肼乳油 1500～2000
倍液、2.5% 多杀菌素悬浮剂 1000 倍
液、15% 茚虫威悬浮剂 2000 倍液。
⑦提倡架设频振式或微电脑自控灭虫
灯，对瓜绢螟有效，还可减少蓟马、
白粉虱的危害。

葫芦夜蛾

病源 *Anadevidia peponis*
Fabri-cius，鳞翅目夜蛾科。异名
Plusia peponis（Fabricius）。北起黑龙
江，南抵台湾、广东、广西、云南。

寄主 葫芦科蔬菜、桑。

为害特点 幼虫食叶，在近叶
基 1/4 处啃食成一弧圈，致使整片叶
枯萎，影响作物生长发育。

生活习性 在广东年发生
5～7代，以老熟幼虫在草丛中越冬。
全年以 8 月发生较多，为害黄瓜、节
瓜和葫芦瓜等。成虫有趋光性，卵散
产于叶背。初龄幼虫食叶呈小孔，3

葫芦夜蛾成虫

葫芦夜蛾带刺幼虫

龄后在近叶基 1/4 处将叶片咬成一弧
圈，使叶片干枯。老熟幼虫在叶背吐
丝结薄茧化蛹。

防治方法 零星发生，不单独
采取防治措施。

瓜实蝇（果蔬实蝇）

病源 *Bactrocera*（*Zeugodacus*）
cucurbitae（Coquillett），双翅目实蝇科。
别名黄瓜实蝇、瓜小实蝇、瓜大实
蝇、"针蜂"、瓜蛆。异名 *Chaetodacus
cucurbitae* Coquillett、*Dacus
cucurbitae* Coquillett。北限厦门，南
至广东、广西、台湾、海南、云南、
四川。

瓜实蝇成虫（江昌木摄）

寄主　苦瓜、节瓜、冬瓜、南瓜、黄瓜、丝瓜、番石榴、番木瓜、笋瓜等瓜类作物。

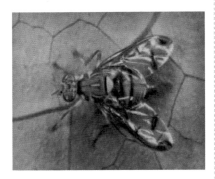

瓜实蝇（江昌木）

为害特点　成虫以产卵管刺入幼瓜表皮内产卵，幼虫孵化后即钻进瓜内取食，受害瓜先局部变黄，而后全瓜腐烂变臭，大量落瓜。即使不腐烂，刺伤处凝结着流胶，畸形下陷，果皮硬实，瓜味苦涩，品质下降。

生活习性　在广州年发生 8 代，世代重叠，以成虫在杂草、蕉树越冬。翌春 4 月开始活动，以 5 ～ 6 月危害重。成虫白天活动，夏天中午高温烈日时，静伏于瓜棚或叶背，对糖、酒、醋及芳香物质有趋性。雌虫产卵于嫩瓜内，每次产几粒至 10 余粒，每雌可产数十粒至百余粒。幼虫孵化后即在瓜内取食，将瓜蛀食成蜂窝状，以致腐烂、脱落。老熟幼虫在瓜落前或瓜落后弹跳落地，钻入表土层化蛹。卵期 5 ～ 8 天，幼虫期 4 ～ 15 天，蛹期 7 ～ 10 天，成虫寿命 25 天。

防治方法　①毒饵诱杀成虫。用香蕉皮或菠萝皮（也可用南瓜、番薯煮熟经发酵）40 份、90% 敌百虫晶体 0.5 份（或其他农药）、香精 1 份，加水调成糊状毒饵，直接涂在瓜棚篱竹上或装入容器挂于棚下，每 667m^2 放 20 个点，每点放 25g，能诱杀成虫。②及时摘除被害瓜，喷药处理烂瓜、落瓜并要深埋。③保护幼瓜。在严重地区，将幼瓜套纸袋，避免成虫产卵。④药剂防治。在成虫盛发期，选中午或傍晚喷洒云菊牌 5% 天然除虫菊素乳油 1000 倍液，或 60% 灭蝇胺水分散剂 2500 倍液或 3% 甲氨基阿维菌素苯甲酸盐微乳剂 3000 ～ 4000 倍液、80% 敌敌畏乳油 900 倍液。⑤6 ～ 7 月、9 ～ 11 月高发期提倡用瓜实蝇性诱剂。选用整支扎针孔诱芯或 0 号柴油和普通矿泉水瓶制作的诱捕器，防效达 80%，持效期 100 天。

葫芦寡鬃实蝇

病源　*Dacus*（*Dacus*）*bivittatus*（Bigot），双翅目实蝇科。异名 *Leptoxys bivittatus* Bigot、*D.pectoralis* Walker 等。主要分布在热带。

寄主　葫芦、西葫芦、黄瓜、苦瓜、丝瓜、笋瓜、南瓜、佛手瓜、甜瓜、番茄等。

为害特点　幼虫潜居在瓜内为害至发育成熟。

生活习性　在热带雨林地主要为害瓜类蔬菜，以卵和幼虫随寄主果实调运传播。

葫芦寡鬃实蝇成虫放大

防治方法 ①严禁从疫区进口未经产地检疫或进行灭虫处理的葫芦科瓜果的果实。②对来自该虫发生区的葫芦科、茄科及西番莲属瓜果蔬菜要严格进行检疫。③药剂防治参见瓜实蝇。

葫瓜实蝇

病源 *Bactrocera*（*Zeugodacus*）*nubilus* Hendel，双翅目实蝇科。又称纤小寡鬃实蝇。异名 *Dacus*（*Zeugodac-us*）*nubilus* Hendel。分布于长江以南、陕西、甘肃。

寄主 西葫芦、西瓜、南瓜等。

为害特点 幼虫蛀害果实，造成瓜腐烂。

葫瓜实蝇雌成虫（梁广勤）

生活习性 葫瓜实蝇在陕西年生1代，以蛹在土内5～10cm处越冬，少数深达15～20cm。西葫芦和南瓜7月开花结瓜时，越冬蛹羽化，成虫交配后卵产于幼瓜和嫩瓜皮下组织内。每产一次卵约3min，产卵孔处有水渍流出，干燥后似一层白色胶质涂于产卵孔之上。产卵孔周围组织木质化，圆形、褐色。孵化后，幼虫在瓜内蛀食，常整瓜被吃一空，全部腐烂。瓜老熟后表皮组织坚硬不再产卵。一瓜内有虫60～70头，多者100余头。幼虫老熟后，从腐烂瓜内弹跳入土化蛹越冬。成虫对糖酒醋液有一定趋性，但无趋光性。

防治方法 葫瓜实蝇属危险性害虫，随瓜调运传播和扩散，目前该虫在甘肃尚属局部发生，现有扩散趋势。为控制其扩大为害，应做好以下几项工作。①认真实施检疫制度，防止扩散蔓延。②发动群众，对葫瓜实蝇蛀食的瓜，集中深埋于深0.5～1m土坑内。③在幼瓜和嫩瓜期，覆盖青草或套袋，防止成虫产卵。④其他方法参见瓜实蝇。

西花蓟马

2003年7月北京首先在辣椒和黄瓜上发现西花蓟马严重为害，随后云南、贵州、浙江、山东、新疆、江苏、湖南都发现西花蓟马，现在西花蓟马在北京、云南等地广布，严重为害辣椒、黄瓜及花卉，平均每朵花上有虫近百头、通常与花蓟马、棕榈蓟马混合发生混合为害。

病源 *Frankliniella occidentalis* (Pergande)，缨翅目蓟马科。是我国危险性外来入侵生物，2003年春夏在北京局部地区暴发成灾，每朵辣椒花上有成虫、若虫百多头，为害严重。

西花蓟马为害黄瓜花

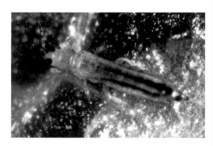

西花蓟马成虫

境外分布 北美、肯尼亚、南非、新西兰、哥斯达黎加、日本。

寄主 辣椒、彩色甜椒、樱桃番茄、番茄、茄子、洋葱、菜豆、草莓、玫瑰等60多科500多种植物。

为害特点 成虫在叶、花、果实的薄皮组织中产卵，幼虫孵化后取食植物组织，造成叶面退色，受害处有齿痕或由白色组织包围的黑色小伤疤，有的还造成畸形。西花蓟马还可传带番茄斑萎病毒（TSWV）和烟草环斑病毒（TRSV），造成整个温室辣椒或番茄染上病毒病，造成植株生长停滞，矮小枯萎。

生活习性 西花蓟马食性杂，寄主范围广。寄主植物包括蔬菜、花卉、棉花等，且随着西花蓟马的扩散，寄主植物也在不断增加，即存在明显的寄主谱扩张现象。西花蓟马的远距离传播主要靠人为因素如种苗、花卉调运及人工携带传播，该蓟马适应能力很强，在运输途中遇有温湿度不适或恶劣环境，经短暂潜伏期后，很快适应新侵入地区的条件，而成为新发生地区的重大害虫，因此成为我国潜在的侵入性重要害虫。

防治方法 西花蓟马个体小适应性强，一旦定植成功种群迅速增长，很难清除。国外经验表明，使用单一防治技术难以有效控制该蓟马的危害，必须采取综合防控措施。现我国也建立了适应中国特点的西花蓟马综合防治技术，采用以隔离、净苗、诱捕、生防和调控为核心的防控技术体系。隔离：在通风口、门窗等处增设防虫网，阻止外面的蓟马随气流进入棚室内。净苗：控制初始种群数量，培育无虫苗或称清洁苗，是防治西花蓟马的关键措施，只要抓住这一环节，保护地茄科、葫芦科蔬菜可免或少受害。诱捕：在蔬菜生长期内悬挂蓝色粘虫板诱捕西花蓟马成虫。生防：在加温或节能日光温室春、夏、秋果菜上，在西花蓟马种群密度低时，释放新小植绥螨（*Neoseiulus* spp. 或 *Amblyseius* spp.）等捕食螨。调控：把化学防治作为防控西花蓟马种群数量和使保护地蔬菜免受其他病虫害为害的辅助性措施，在茄果类或瓜类 2～3 片真叶至成株期心叶有 2～3 头蓟马时，及时喷洒 25g/L 多杀霉素悬浮剂 1000～1500 倍液或 24% 螺虫乙酯悬浮剂 2000 倍液、10% 柠檬草乳油 250 倍液 +0.3% 印楝素乳油 800 倍液、15% 唑虫酰胺乳油 1000～1500 倍液、10% 烯啶虫胺可溶性液剂 2500 倍液，7～15 天 1 次，连续防治 3～4 次，采用穴盘育苗的也可在定植前用 20% 吡虫啉或 25% 噻虫嗪 3000～4000 倍液蘸根，每株蘸 30～50ml，持效期 1 个月。

棕榈蓟马

病源　*Thrips palmi* Karny，缨翅目蓟马科。别名瓜蓟马、南黄蓟马。分布于浙江、福建、台湾、海南、广东、广西、湖南、贵州、云南、四川、西藏。

寄主　节瓜、黄瓜、苦瓜、冬瓜、西瓜、白瓜、茄子、甜椒、豆科蔬菜、十字花科蔬菜。

为害特点　成虫和若虫锉吸瓜类嫩梢、嫩叶、花和幼瓜的汁液，被害嫩叶、嫩梢变硬缩小，茸毛呈灰褐色或黑褐色，植株生长缓慢，节间缩短。幼瓜受害后亦硬化，毛变黑，造成落瓜，严重影响产量和质量。茄子受害时，叶脉变黑褐色。发生严重时，也影响植株生长。近年已成为传播瓜类、茄果类番茄斑萎病毒（TSWV）病的重要媒介，造成病毒病流行成灾。

生活习性　在广西年发生 17～18 代，广东年发生 20 多代。世代重叠，终年繁殖。3～10 月危害瓜类和茄子，冬季取食马铃薯、水茄等植物。在广东，5 月下旬至 6 月中旬、7 月中旬至 8 月上旬和 9 月为发生高峰期，以秋季严重。在广西，早造毛节瓜上 4 月中旬、5 月中旬及 6 月中下旬有 3 次虫口高峰期，以 6 月中下旬最烈。成虫活跃、善飞、怕光，多在节瓜嫩梢或幼瓜的毛丛中取食，少数在叶背危害。雌成虫主要行孤雌生殖，偶有两性生殖。卵散产于叶肉组织内，每雌产卵 22～35 粒。若虫也怕光，到 3 龄末期停止取食，落入表土"化蛹"。卵期 2～9 天，若虫期 3～11 天，"蛹期" 3～12 天，成虫寿命 6～25 天。此虫发育适温为 15～32℃，2℃仍能生存，但骤然降温易死亡。土壤含水量在 8%～18% 时，"化蛹"和羽化率都高。

棕榈蓟马为害甜瓜叶片

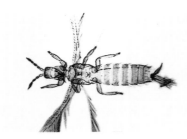

棕榈蓟马成虫

采用蓝板诱杀蓟马

防治方法 ①农业防治。根据蓟马繁殖快、易成灾的特点，应注意预防为主，综合防治。如用营养土方育苗，适时栽植，避开为害高峰期。瓜苗出土后，用薄膜覆盖代替禾草覆盖，能大大降低虫口密度。清除田间附近野生茄科植物，也能减少虫源。②生物防治。a.南方提倡用小花蝽（*Orius similis*）防治瓜蓟马。b.中后期采用喷雾法。提倡选用6%绿浪水剂1000倍液、0.5%楝素杀虫乳油1500倍液、2.5%鱼藤酮乳油500倍液、5%多杀霉素悬浮剂800～1000倍液。③化学防治。当每株虫口达3～5头时，提倡采用生长点浸泡法，即用99.1%敌死虫乳油300倍液或20%丁硫克百威乳油1000倍液，置

于小瓷盆等容器中，然后于晴天把瓜类蔬菜的生长点浸入药液中，即可杀灭蓟马，既省药又保护天敌。

防治苗期蓟马：用20%吡虫啉或25%噻虫嗪水分散粒剂3000～4000倍液于定植前1～2天进行灌根或药剂蘸根，采用灌根的每株灌对好的药液30～50ml，采用穴盘进行药剂蘸根的，把整个穴盘苗根部蘸湿透即可，持效期长达1个月，效果好于喷洒。此外，也可喷洒70%吡虫啉水分散粒剂8000倍液、25%噻虫嗪水分散粒剂1800倍液、10%吡虫啉可湿性粉剂1200倍液、0.3%印楝素乳油800倍液、2.5%高渗吡虫啉乳油1200倍液均有效。上述杀虫剂防效不高的地区，可选用25%吡·辛乳油1500倍液、10%柠檬草乳油250倍+0.3%印楝素乳油800倍液或10%烯啶虫胺水剂1500～2000倍液。但要连用2～3次才能收到稳定明显的效果。

黄蓟马

病源 *Thrips flavus* Schrank，缨翅目蓟马科。别名菜田黄蓟马、棉蓟马、节瓜蓟马、瓜亮蓟马、节瓜亮蓟马。异名 *Thrips clarus* Moulton、*T. florum* Schrank。分布于淮河以南及长江以南各省。

寄主 节瓜、胡瓜、水果型黄瓜等瓜类蔬菜作物及葱、油菜、百合、甘薯、玉米、棉、豆类。

为害特点 成虫和若虫在瓜类作物幼嫩部位吸食为害,严重时导致嫩叶、嫩梢干缩,影响生长。幼瓜受害后出现畸形,生长缓慢,严重时造成落瓜。茄子受害后,叶片皱缩变厚,黄化变小,严重的整株枯死。菜用大豆受害,致叶片变黄脱落,豆荚萎缩,子粒干瘪。

黄蓟马为害黄瓜果实

黄蓟马成虫为害黄瓜叶片

黄蓟马成虫放大

生活习性 发生代数不详,河南以成虫潜伏在土块下、土缝中或枯枝落叶间越冬,少数以若虫越冬,翌年4月开始活动,5~9月进入危害期,秋季受害重。晴天成虫喜欢隐蔽在幼瓜的毛茸中取食,少数在叶背为害,把卵散产在叶肉组织内。发育适温25~30℃,暖冬利其发生。

防治方法 ①农业防治。春瓜注意及时清除杂草,以减少该蓟马转移到春黄瓜上。注意调节黄瓜、节瓜等的播种期,尽量避开蓟马发生高峰期,以减轻危害。②物理防治。提倡采用遮阳网、防虫网,可减轻受害。③保护利用天敌。④药剂防治。在黄瓜现蕾和初花期,及时喷洒24%螺虫乙酯悬浮剂2500倍液、25g/L多杀霉素悬浮剂1200倍液、25%噻虫嗪水分散粒剂4500倍液、40%啶虫脒水分散粒剂3500倍液、10%烯啶虫胺水剂2500倍液。

美洲棘蓟马

病源 *Echinothrips americanus* Morgan,缨翅目蓟马科。原产于北美东部,现已侵入扩散至欧洲、泰国、日本。

寄主 温室作物特别是蔬菜,如黄瓜、番茄等。

为害特点 主要为害苗期蔬菜。

形态特征 雌成虫体长1.6mm,雄成虫1.3mm,浅褐色或黑褐色,腹部体节红色,触角1~2节深褐色,

3～4节颜色变浅呈半透明状。卵椭圆形，透明，位于叶片表皮之内。初孵若虫体色透明，取食后渐变白色，后变成浅黄色。2龄若虫在变成前蛹之前为乳白色或浅黄色。蛹白色或浅黄色，翅芽较长，长超过体长的1/2，触角弯向体后方。

美洲棘蓟马成虫黑褐色（石宝才）

生活习性 该蓟马营两性生殖和孤雌产雄生殖两种生殖方式。把卵产在叶背表皮下。若虫孵化后就在叶片上取食为害。直到2龄蜕皮后才进入前蛹期，前蛹经蜕皮后进入蛹期。卵、1龄若虫、2龄若虫、蛹和从卵至成虫的发育历期在黄瓜上分别是（15.6±1.8）天、（3.6±0.8）天、（2.1±0.4）天、（5.2±0.9）天和26.5天。在辣椒上的发育历期比在黄瓜上长20%。在温室中可常年发生危害。

防治方法 ①保护利用塔六点蓟马、捕食螨进行生物控制。②在田间喷洒24%螺虫乙酯悬浮剂2000倍液、10%烯啶虫胺可溶性液剂2500倍液、10%吡虫啉悬浮剂1500倍液。

色蓟马

病源 *Thrips coloratus* Schmutz，缨翅目蓟马科。异名 *Thrips japonicus* Bagnall、*Thrips melanurus* Bagnall。别名日本蓟马。分布在江南一些省区。

色蓟马成虫

寄主 黄瓜、苦瓜、十字花科植物、洋葱、茶花、桂花、枇杷、水稻等。

为害特点 成虫和若虫为害黄瓜植株的生长点及其附近，心叶常停止生长，致生长点附近的幼叶短小、弯曲或畸形，生长停止，致果皮粗糙。此症状与茶黄螨危害状容易区别。色蓟马主要在花内活动，以锉吸式口器吸取花器汁液，严重的花提早凋谢，影响结实。

生活习性、防治方法参见黄胸蓟马。

黄胸蓟马

病源 *Thrips hawaiiensis*（Morgan），缨翅目蓟马科。异名 *Thrips*

albi-pes Bagnall。别名夏威夷蓟马。该虫在淮河以南各地普遍发生。

寄主 各种瓜类、豇豆、四季豆、空心菜、辣椒、茄子、番茄、韭瓜、蚕豆、十字花科蔬菜等。

为害特点 以成虫和若虫锉吸植物的花、子房及幼果汁液，花被害后常留下灰白色的点状食痕，为害浆果，受害处现红色小点，后变黑，此外，还有产卵痕。危害严重的花瓣卷缩，致花提前凋谢，影响结实及产量。在广州瓜类的花上，黄胸蓟马与花蓟马、节瓜蓟马等共存，总体数量少于棕榈蓟马。

黄胸蓟马成虫

生活习性 年生 10 多代，热带地区年生 20 多代，在温室可常年发生。以成虫在枯枝落叶下越冬。翌年 3 月初开始活动危害。成虫、若虫隐匿花中，受惊时，成虫振翅飞逃。雌成虫产卵于花瓣或花蕊的表皮下，有时半埋在表皮下。成虫、若虫取食时，用口器锉碎植物表面吸取汁液，但口器并不锐利，只能在植物的幼嫩部位锉吸。该蓟马食性很杂，在不同植物间常可相互转移危害。高温干旱利于此虫大发生，多雨季节发生少。借风常可将蓟马吹入异地。

防治方法 ①保护原有天敌，引进外来天敌。②辅之以选用少量必需的杀虫杀螨剂，给天敌生存空间，抑制蓟马的密度。③发展使用昆虫生长调节剂和抑制蓟马几丁质合成剂。④田间用银灰膜覆盖，对蓟马、蚜虫均有忌避作用。⑤将蓝色的黏虫带悬于作物间，具预测作用，又能大量诱捕，减少成虫数量。⑥加强田间管理，注意虫口数量变化，生长点出现 1～3 头时，提倡采用生长点浸泡法：用 70% 吡虫啉水分散粒剂 8000 倍液、5% 多杀霉素悬浮剂 1200 倍液、20% 丁硫克百威乳油 1000 倍液置于小瓷盆等容器中，于晴好天气把上述蔬菜的生长点浸入配好的药液中杀死蓟马。此外，也可喷洒 10% 柠檬草乳油 250 倍 +0.3% 印楝素乳油 800 倍液。

红脊长蝽

病源 *Tropidothorax elegans* (Distant)，半翅目长蝽科。别名黑斑红长蝽。分布于北京、天津、江苏、浙江、江西、河南、广东、广西、台湾、四川、云南。

寄主 瓜类、油菜、白菜等蔬菜作物。

为害特点 成虫和若虫群集于嫩茎、嫩瓜、嫩叶上刺吸汁液，刺吸处呈褐色斑点，严重时导致枯萎。

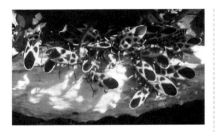

红脊长蝽成虫在瓜的果实上为害

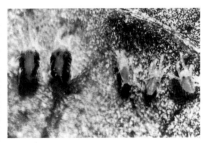

朱砂叶螨左♀右♂（程立生）

生活习性 分布在北京、天津以南的我国东部诸省。在江西南昌1年2代，以成虫在石块下、土穴中或树洞里成团越冬。翌春4月中旬开始活动，5月上旬交尾。第1代若虫于5月底至6月中旬孵出，7～8月羽化产卵。第2代若虫于8月上旬至9月中旬孵出，9月中旬至11月中旬羽化，11月上、中旬开始越冬。成虫怕强光，以上午10时前和下午5时后取食较盛。卵成堆产于土缝里、石块下或根际附近土表，一般每堆30余枚，最多达200～300枚。

防治方法 参见细角瓜蝽。

朱砂叶螨成虫（王少丽）

朱砂叶螨和二斑叶螨

病源 朱砂叶螨 *Tetranychus cinna-barinus*（Boisduval），真螨目叶螨科。别名棉红蜘蛛、棉叶螨（误定）、红叶螨。二斑叶螨 *T. urticae* Koch。分布于北京、天津、河北、山西、陕西、辽宁、河南、山东、江苏、安徽。

寄主 过去把为害蔬菜的红色叶螨误定为棉叶螨，实际上棉叶螨是

二斑叶螨成虫和卵

1个包含朱砂叶螨、二斑叶螨等3个种以上的复合种群。在菜田主要为害黄瓜、水果型黄瓜、甜瓜、西瓜、小西瓜、哈密瓜、菜用仙人掌、草莓、人参果、食用玫瑰、紫苏、菜苜蓿、菜用番木瓜、甜玉米等。

为害特点

成虫和若虫在叶背面以刺吸式口器吸食汁液，形成淡黄色斑点，并结成丝网，叶渐渐失绿枯黄，影响光合产物的形成，造成叶片干枯、不能授粉，严重时甚至整株死亡，影响瓜的产量和品质。

生活习性 年发生 10 ～ 20 代（由北向南逐增），越冬虫态及场所随地区而不同：在华北以雌成虫在杂草、枯枝落叶及土缝中越冬；在华中以各种虫态在杂草及树皮缝中越冬；在四川以雌成虫在杂草或豌豆、蚕豆等作物上越冬。翌春气温达 10℃ 以上时，即开始大量繁殖。3 ～ 4 月先在杂草或其他寄主上取食，4 月下旬至 5 月上中旬迁入瓜田，先是点片发生，而后扩散全田。成螨羽化后即交配，第 2 天即可产卵，每雌能产 50 ～ 110 粒，多产于叶背。卵期在 15℃ 时为 13 天，20℃ 时为 6 天，22℃ 为时 4 天，24℃ 为时 3 ～ 4 天，29℃ 为时 2 ～ 3 天。由卵孵化出的 1 龄幼虫仅具 3 对足，2 龄及 3 龄（分别称前期若虫和后期若虫）均具 4 对足（雄性仅 2 龄）。在四川简阳，幼虫和若虫的发育历期：4 月为 9 天，5 月为 8 ～ 9 天，6 月为 5 ～ 6 天，7 月为 5 天，8 月为 6 ～ 7 天，9 ～ 10 月为 7 ～ 8 天，11 月为 10 ～ 11 天。成虫寿命在 6 月平均 22 天，7 月约 19 天，9 ～ 10 月平均 29 天。先羽化的雄螨有主动帮助雌螨蜕皮的行为，蜕出后即交配，交配时雄体在下方，锥形腹端翻转向上与雌体交接，交配时间在 2min 以上。雌雄一生可多次交配，交配能刺激雌螨产卵，并使雌性比增加。朱砂叶螨亦可孤雌生殖，其后代多为雄性。幼虫和前期若虫不甚活动。后期若虫则活泼贪食，有向上爬的习性。在黄瓜及架豆植株上，先为害下部叶片，而后向上蔓延。繁殖数量过多时，常在叶端群集成团，滚落地面，被风刮走，向四周爬行扩散。朱砂叶螨发育起点温度为 7.7 ～ 8.8℃，最适温度 29 ～ 31℃，最适相对湿度为 35% ～ 55%。因此，高温低湿的 6 ～ 8 月为害重，尤其干旱年份易于大发生。但温度达 30℃ 以上和相对湿度超过 70% 时，不利于其繁殖，暴雨有抑制作用。

防治方法 ①农业防治。铲除田边杂草，清除残株败叶，可消灭部分虫源和早春寄主。天气干旱时，注意灌溉，增加菜田湿度，不利于其发育繁殖。②生物防治。a. 提倡利用胡瓜钝绥螨防治黄瓜上的朱砂叶螨和二斑叶螨，把这种捕食螨装在含有适量食物的包装袋中，每袋 2000 只，只要把包装袋粘在或挂在黄瓜植株上，就可释放出捕食螨，消灭害螨。要求在害螨低密度时开始使用，且释放后禁止使用杀虫剂。b. 用拟长毛钝绥螨（*Amblyseius pseudolongispinosus*）防治朱砂叶螨、二斑叶螨等害螨。上海释放后在 6 ～ 8 天内能有效控制叶螨危害。该天敌分布在江苏、浙江、山东、辽宁、福建、云南等地，具广阔前景。c. 提倡喷洒植物性杀虫剂，如 0.5% 藜芦碱醇溶液 800 倍液、0.3% 印楝素乳油 1000 倍液、1% 苦参碱 6 号可溶性液剂 1200 倍液。③药剂防治。目前对朱砂叶螨有效的农药有 240g/L 螺螨酯悬浮剂 4000～6000 倍液、20% 四螨嗪可湿性粉剂 1800 倍液、15% 辛·阿维菌素乳油 1000～1200 倍液、25% 丁醚脲乳油 500～800 倍液。其中 5% 唑螨酯悬浮剂和 240g/L 螺螨酯悬浮剂对二斑叶螨卵毒力较高，可用于杀卵。以上药物交替轮换使用，提高防效。

康氏粉蚧

病源 *Pseudococcus comstocki* (Kuwana)，同翅目粉蚧科。别名桑粉蚧、梨粉蚧、李粉蚧。分布在全国各地。

寄主 佛手瓜、食用仙人掌、枣、梅、山楂、葡萄、杏、核桃、石榴、栗、柿、茶等。

康氏粉蚧为害佛手瓜

为害特点 若虫和雌成虫刺吸芽、叶、果实、枝干及根部的汁液，嫩枝和根部受害常肿胀且易纵裂而枯死。幼果受害多成畸形果。排泄蜜露常引起煤污病发生，影响光合作用，产量下降。

生活习性 年生 3 代，以卵在各种缝隙及土石缝处越冬，少数以若虫和受精雌成虫越冬。寄主萌动发芽时开始活动，卵开始孵化分散危害，第 1 代若虫盛发期为 5 月中下旬，6 月上旬至 7 月上旬陆续羽化，交配产卵。第 2 代若虫 6 月下旬至 7 月下旬孵化，盛期为 7 月中下旬，8 月上旬至 9 月上旬羽化，交配产卵。第 3 代若虫 8 月中旬开始孵化，8 月下旬至 9 月上旬进入盛期，9 月下旬开始羽化，交配产卵越冬；早产的卵可孵化，以若虫越冬；羽化迟者交配后不产卵即越冬。雌若虫期 35～50 天，雄若虫期 25～40 天。雌成虫交配后再经短时间取食，寻找适宜场所分泌卵囊产卵其中。单雌卵量，1 代、2 代 200～450 粒，3 代 70～150 粒，越冬卵多产于缝隙中。此虫可随时活动转移危害。其天敌有瓢虫和草蛉。

防治方法 ①注意保护和引放天敌。②初期点片发生时，人工刷抹有虫茎蔓。③药剂防治。在若虫分散转移期，分泌蜡粉形成介壳之前喷洒 99.1% 敌死虫乳油 300 倍液、20% 啶虫脒乳油 1500～2000 倍液、24% 螺虫乙酯悬浮剂 2500 倍液，如用含油量 0.3%～0.5% 柴油乳剂或黏土柴油乳剂混用，对已开始分泌蜡粉介壳的若虫也有很好的杀伤作用，可延长防治适期，提高防效。

瓜蔓颅沟饰冠小蠹

病源 *Cosmoderes monilicollis* Eichh.，鞘翅目小蠹虫科。颅沟饰冠小蠹虫是危害瓜蔓的一种蛀茎害虫。分布在贵州等省。

寄主 冬瓜、丝瓜、葫芦和南瓜濒死的藤蔓或枯蔓。

瓜蔓颅沟饰冠小蠹蛀害南瓜茎蔓

为害特点 以幼虫和成虫蛀食瓜茎组织，加速植株死亡。藤蔓被蛀后，输导组织被蛀成纵横交叉的虫道，充满碎屑。

生活习性 贵州年生3～4代，以成虫及少量老熟幼虫在瓜蔓内越冬。翌年3月成虫交尾，选择新的枯藤筑虫坑并产卵，在其中完成两个世代。7～9月，新一代成虫迁到生长弱、处于生命后期的濒死瓜株上危害，直至越冬。瓜茎内被蛀的纵坑多为营养道，成虫在道壁两侧咬成缺口，产卵1～3粒于其中。卵孵化后幼虫横向或斜纵向蛀食新坑，老熟后化蛹在此子坑中。树及立体攀缠物上的瓜蔓易受害。

防治方法 ①加强栽培管理，使瓜蔓生长健壮，延缓衰枯期，这样的植株蠹虫一般不蛀害；后期侵害瓜已老熟，对产量和品质无影响。②彻底清除瓜田内及附近残留的枯蔓，减少越冬虫源。

侧多食跗线螨

病源 *Polyphagotarsonemus latus*（Banks），蜱螨目跗线螨科。别名茶黄螨、茶嫩叶螨、白蜘蛛、阔体螨等。分布在全国各地，长江以南和华北受害重。

寄主 黄瓜、甜瓜、西葫芦、冬瓜、瓠子、茄子、辣椒、番茄、菜豆、豇豆、苦瓜、丝瓜、苋菜、芹菜、萝卜、蕹菜、落葵等多种蔬菜。

侧多食跗线螨

为害特点 以成螨或幼螨聚集在黄瓜幼嫩部位及生长点周围，刺吸植物汁液，轻者叶片缓慢伸开、变厚、皱缩，叶色浓绿，严重的瓜蔓顶端叶片变小、变硬，叶背呈灰褐色。叶具油质状光泽，叶缘向下卷，致生长点枯死，不长新叶，其余叶色浓绿，幼茎变为黄褐色，瓜条受害变为黄褐色至灰褐色。植株扭曲变形或枯死。该虫危害状与生理病、病毒病相似，生产上要注意诊断。

生活习性 各地发生代数不一，

北京5月下旬开始发生，6月下旬至9月中旬进入危害盛期，温暖多湿利其发生。

防治方法　①保护地要合理安排茬口，及时铲除棚室四周及棚内杂草，避免人为带入虫源。前茬茄果类、瓜类收获后要及时清除枯枝落叶并深埋或沤肥。②加强虫情检查，在发生初期进行防治。黄瓜、甜（辣）椒首次用药时间，北京、河北为5月底6月初，早茄子6月底至7月初，夏茄子为7月底8月初，一般应掌握在初花期第一片叶子受害时开始用药，对其有效的杀虫剂有15%唑虫酰胺乳油1000～1500倍液、10%虫螨腈悬浮剂600～800倍液、240g/L螺螨酯悬浮剂5000倍液。

覆膜瓜田灰地种蝇幼虫为害根部

灰地种蝇成虫放大

覆膜瓜田灰地种蝇

病源　*Delia platura*（Meigen），双翅目花蝇科。分布在全国各地。

寄主　为害瓜类、十字花科蔬菜、豆科蔬菜、葱等。

为害特点　瓜类种子发芽时幼虫从露外处钻入，造成种子霉烂不出苗；幼虫蛀害幼苗的根、茎，使瓜株停止生长或全株枯死，造成缺苗断垄，甚至毁种。尤其是早春覆膜西瓜受害重，呈逐年加重的趋势。

生活习性　灰地种蝇在山东年生4代，以蛹越冬，早春西瓜播种后，3月下旬至4月上旬为害西瓜等瓜类作物，4月初1代幼虫进入发生为害盛期，常较露地不覆膜的西瓜田提早5～10天。为害西瓜主要发生在播种后真叶长出之前至第1片真叶

提倡用蓝板诱杀种蝇和蓟马

展开、第2片真叶露出时，危害期为10～15天。由于发生在出苗前后，再加上覆膜，人们不易发现。主要原因是施用了未腐熟的有机肥，膜下温度高于15℃，均温为24.5℃，较露地高1倍以上，对灰地种蝇生育有利，再加上早春西瓜出苗时间长利于种蝇幼虫蛀害。

防治方法　①进行测报，尽早

把病虫防治信息告知瓜农。②施用腐熟有机肥，防止成虫产卵。③采用育苗移栽，不用或少用催芽直播法。④发生期挂蓝板诱杀种蝇和蓟马，每667m² 挂 10 ～ 20 块经济有效。平均单日可诱到种蝇108 头、蓟马103 头。⑤播种时用90% 敌百虫可溶性粉剂200g，加 10 倍水，拌细土28kg，撒在播种沟或栽植穴内，然后覆土。播完后再用敌百虫200g拌麦麸3 ～ 5kg，撒在播种行的表面后及时覆膜，不仅可有效防止灰地种蝇，且对蝼蛄、蛴螬有兼治效果。⑥灰地种蝇对黄瓜、西瓜、甜瓜危害期较短，出苗后用1.8% 阿维菌素乳油2000 倍液或5% 天然除虫菊素乳油1500 倍液灌根，每喷雾器用20ml，对水20～30L即可，为防止瓜苗产生药害，黄瓜、西瓜苗期尽量不用有机磷农药。

瓜田斜纹夜蛾

病源 *Spodoptera litura*（Fabricius），鳞翅目夜蛾科。

寄主 西葫芦、冬瓜、瓠瓜、西瓜等瓜类。

为害特点 幼虫咬食瓜类叶、花、果实，大发生时能把西葫芦等瓜

斜纹夜蛾成虫

类全棚植株吃成光秆，造成绝收。

防治方法 ①在各代幼虫低龄期，用90% 敌百虫50g，对水 60kg，喷雾，效果好。②冬瓜、瓠瓜田可喷洒25% 噻虫嗪水分散粒剂5000 倍液或1.8% 阿维菌素乳油2000 倍液、1.5% 甲维盐乳油2500 倍液、15% 茚虫威悬浮剂2500 倍液、10% 虫螨腈悬浮剂1500 倍液、20% 虫酰肼悬浮剂800 倍液，7 天防效90% 左右。

瓜田棉铃虫

病源 *Helicoverpa armigera*（Hübner），鳞翅目夜蛾科。

寄主 除为害茄果类外，近年还为害甜瓜、西瓜。

棉铃虫成虫

为害特点 幼虫蛀食甜瓜、西瓜花、幼蕾及果实，引起落花落蕾，偶尔蛀茎，咬食嫩叶食成缺刻或吃光，果实受蛀后引起腐烂。

生活习性 内蒙古、新疆年生3 代，华北4 代，黄河流域3 ～ 4代，长江流域4 ～ 5代，以蛹在土中越冬，翌春气温升至15℃以上，开始羽化，

4月下旬至5月上旬进入羽化盛期，成虫出现，第1代在6月中下旬，第2代在7月中下旬，第3代在8月中下旬至9月上旬。

防治方法　卵孵化盛期至幼虫2龄前幼虫未蛀入果内之前喷洒2%甲维盐3000～4000倍液或200g/L氯虫苯甲酰胺悬浮剂3000～4000倍液，10～12天1次。

瓜田烟夜蛾

病源　*Helicoverpa assulta*（Guenee），鳞翅目夜蛾科。

寄主　西瓜、南瓜、甜玉米等。

烟夜蛾成虫

为害特点　以幼虫蛀害蕾、花、果，也为害嫩茎、叶、芽，果实被蛀引起腐烂造成大量落果，大幅减产。是西瓜、南瓜生产上的重要害虫，尤其是西瓜开花后成虫进入瓜田产卵，1～2龄幼虫藏匿花中取食花蕊和嫩叶，3龄后咬食幼果或蛀入果中，造成大量烂瓜。

防治方法　参见瓜田棉铃虫。

瓜田甜菜夜蛾

病源　*Spodoptera exigua*（Hübner），鳞翅目夜蛾科。

寄主　西瓜、甜瓜，近年已发展成重要害虫。

为害特点　以幼虫蛀食叶片，初孵幼虫群集叶背，吐丝结网，在网内取食叶肉，留下表皮成透明的小孔，3龄后把叶片吃成缺刻，残留叶脉、叶柄，造成瓜苗死亡。

甜菜夜蛾成虫

生活习性　山东、江苏、陕西年生4～5代，北京5代，长江中下游年生5～6代，深圳10～11代，江苏北部地区以蛹在土室内越冬，广东、深圳终年危害。

防治方法　幼虫3龄前日落时喷洒5%氯虫苯甲酰胺悬浮剂1000～1500倍液，10～12天1次。或20%氟虫双酰胺水分散粒剂3000倍液，10～12天1次。或22%氰氟虫腙悬浮剂600倍液，6%乙基多杀菌素悬浮剂1500～2000倍液，有利于保护天敌。

附录 农药的稀释计算

1. 药剂浓度表示法

目前,我国在生产上常用的药剂浓度表示法有倍数法、百分比浓度(%)和百万分浓度法。

倍数法是指药液(药粉)中稀释剂(水或填料)的用量为原药剂用量的多少倍,或者是药剂稀释多少倍的表示法。生产上往往忽略农药和水的密度差异,即把农药的密度看作1。通常有内比法和外比法两种配法。用于稀释100(含100倍)以下时用内比法,即稀释时要扣除原药剂所占的1份。如稀释10倍液,即用原药剂1份加水9份。用于稀释100倍以上时用外比法,计算稀释量时不扣除原药剂所占的1份。如稀释1000倍液,即可用原药剂1份加水1000份。

百分比浓度(%)是指100份药剂中含有多少份药剂的有效成分。百分比浓度又分为重量百分比浓度和容量百分比浓度。固体与固体之间或固体与液体之间,常用重量百分比浓度;液体与液体之间常用容量百分比浓度。

2. 农药的稀释计算

(1)按有效成分的计算法

原药剂浓度 × 原药剂重量=稀释药剂浓度 × 稀释药剂重量

①求稀释剂重量

计算100倍以下时:

稀释剂重量=原药剂重量 ×(原药剂浓度−稀释药剂浓度)/稀释药剂浓度

例:用40%嘧霉胺可湿性粉剂10kg,配成2%稀释液,需加水多少?

$10kg×(40\%–2\%)/2\% = 190 kg$

计算100倍以上时:

稀释剂重量=原药剂重量 × 原药剂浓度/稀释药剂浓度

例:用100ml 80%敌敌畏乳油稀释成0.05%浓度,需加水多少?

$100ml×80\%/0.05\% = 160L$

②求用药量

原药剂重量=稀释药剂重量 × 稀释药剂浓度/原药剂浓度

例:要配制0.5%香菇多糖水剂1000ml,求40%乳油用量。

$1000ml×0.5\%/40\% = 12.5ml$

(2)根据稀释倍数的计算法

此法不考虑药剂的有效成分含量。

①计算100倍以下时

稀释剂重量=原药剂重量 × 稀释倍数 − 原药剂重量

例:用40%氰戊菊酯乳油10ml加水稀释成50倍药液,求稀释液用量。

$10ml×50–10 = 490ml$

②计算100倍以上时

稀释药剂量=原药剂重量 × 稀释倍数

例:用80%敌敌畏乳油10ml加水稀释成1500倍药液,求稀释液用量。

$10ml×1500 = 15×10^3ml$

参考文献

［1］ 中国农业科学院植物保护研究所 . 中国农作物病虫害 . 3 版 . 北京：中国农业出版社，2015.

［2］ 吕佩珂，苏慧兰，高振江 . 中国现代蔬菜病虫原色图鉴 . 呼和浩特：远方出版社，2008.

［3］ 吕佩珂，苏慧兰，高振江 . 现代蔬菜病虫害防治丛书 . 北京：化工出版社，2017.

［4］ 李宝聚 . 蔬菜病害诊断手记 . 北京：中国农业出版社，2014.